土木工程灾害防御及其发展研究

郭烽仁 ◎ 著

北京理工大学出版社
BEIJING INSTITUTE OF TECHNOLOGY PRESS

内 容 提 要

本书系统介绍了各类灾害的类型、特点、对人类社会的危害及防灾减灾对策与措施，是一本体系新颖、内容丰富、实用与创新并重的教材。

全书共分为八章对土木工程灾害防御研究及其发展进行介绍。第一章灾害学概述；第二章防灾减灾学概述；第三章地质灾害及其防治；第四章火灾及建筑防火；第五章地震灾害与建筑结构抗震设计；第六章风灾害与建筑结构抗风设计；第七章洪灾及城市防洪；第八章城市防雷、防爆及防空工程。每一章都根据灾害的各自特点，分析了灾害的成因与防灾减灾的对策。

本书可作为土木、水利、建筑学、城市规划、消防工程、安全工程等专业的研究生教材，也可供从事防灾减灾工程的广大工程技术人员和管理人员使用。

图书在版编目（CIP）数据

土木工程灾害防御及其发展研究 / 郭烽仁著. —北京：北京理工大学出版社，2017.9

ISBN 978-7-5682-4895-2

Ⅰ.①土… Ⅱ.①郭… Ⅲ.①土木工程－灾害防治－研究 Ⅳ.①TU3

中国版本图书馆CIP数据核字(2017)第243530号

出版发行 / 北京理工大学出版社有限责任公司
社　　址 / 北京市海淀区中关村南大街5号
邮　　编 / 100081
电　　话 / （010）68914775(总编室)
（010）82562903(教材售后服务热线)
（010）68948351(其他图书服务热线)
网　　址 / http://www.bitpress.com.cn
经　　销 / 全国各地新华书店
印　　刷 / 北京紫瑞利印刷有限公司
开　　本 / 710毫米×1000毫米　1/16
印　　张 / 14.5
字　　数 / 275千字
版　　次 / 2017年9月第1版　2017年9月第1次印刷
定　　价 / 75.00元

责任编辑 / 封　雪
文案编辑 / 封　雪
责任校对 / 周瑞红
责任印制 / 边心超

前　言 Preface

我国是世界上自然灾害类型众多的国家，主要灾害种类有地震、火灾、洪灾、地质灾害、风灾、雷电等。随着城市化的迅速发展，城市噪声、疾病、工业事故、交通事故、建设性破坏等城市灾害也有加重的趋势，还会不断出现新的灾害源，如超高层建筑、大型公共建筑、地下空间利用、天然气生产和使用、核技术利用中存在的致灾隐患等。可以说，我国防灾减灾的任务非常艰巨。防灾减灾与土木工程有着密切的关系。灾害之所以造成人员伤亡和财产损失，大多与土木工程的破坏有关，因此，土木工程师对防灾减灾负有重大责任。

自然灾害是自然界中物质变化、运动造成的损害。例如，强烈的地震，可使上百万人口的一座城市在顷刻之间化为废墟；滂沱暴雨泛滥成灾，可摧毁农田、村庄，使成千上万居民流离失所；严重干旱可使田地龟裂、禾苗枯萎、饿殍遍野；火山喷发出灼热的岩浆，可使城镇化为灰烬；强劲的飓风、海啸可使沿海村镇荡然无存。诸如此类，都是大自然带给人类的“天灾”。

本书共分为八章：第一章灾害学概述；第二章防灾减灾学概述；第三章地质灾害及其防治；第四章火灾及建筑防火；第五章地震灾害与建筑结构抗震设计；第六章风灾害与建筑结构抗风设计；第七章洪灾及城市防洪；第八章城市防雷、防爆及防空工程。

本书在编写过程中，参阅了许多学者的著作，并吸纳了其中的成果，在此特表感谢。防灾减灾工程涉及多个学科，知识面广，一些问题尚在探索之中。书中存在的不妥之处，请专家和读者批评指正。

著　者

作者简介：

郭烽仁，男，汉族，1971年1月出生，福建福州人，本科学历，硕士学位。福建信息职业技术学院建筑工程技术专任教师，副教授，高级工程师，国家注册监理工程师、建造师。从事多年现场施工技术与管理工作，发表多篇论文（含一篇核心论文），主持编写学报及面向“十三五”规划教材一部（《建筑工程施工图识读》）。主持研发实用新型专利两项。

目　录 Contents

第一章　灾害学概述

第一节　灾害的相关概念与类型

一、灾害的相关概念

（一）灾害的定义

传统的灾害定义是：社会功能的严重破坏，导致广大人员、物资或环境损失超出了社会自身资源处置能力的现象和过程。这仅仅是从灾害的损失角度定义的。现代灾害学根据灾害的特征，将灾害定义为：由于自然变异、人为因素或自然变异与人为因素相结合的原因所引发的对人类生命、财产和人类生存发展环境造成破坏损失的现象或过程。因此，灾害的定义可以概括为：由于社会生态系统失衡，或者受到外因干扰，社会生态系统的结构、功能遭到破坏，使人类生命、财产或生态环境造成破坏损失的现象或过程。这个定义表明：

(1)灾害的产生是内因或外因单独引发的，或者是内外因共同作用的结果。例如，沙尘暴灾害，内因是植被破坏，土地沙化，外因是干旱大风，两者共同作用便产生沙尘暴。

(2)作用对象必须是社会生态系统，其致使人类生命、财产或生态环境造成损害，如果作用对象不是社会生态系统，则不能称为灾害。例如，在人类还未开发火星的情况下，火星上的火山爆发，就不能称为灾害，只能说是自然变异。

(3)灾害的发生会导致社会生态系统的结构、功能遭到破坏，使人类生命、财产和人类生存发展环境造成损失。

(4)灾害，既是一种现象，也是一个过程。

从现代灾害学对灾害的定义可以看出，自然因素和人为因素是灾害产生的两大主要原因。通常，将以自然变异为主因产生的灾害称为自然灾害，如地震、风暴潮；将以人为影响为主因产生的灾害称为人为灾害，如人为火灾、交通事故、环境污染等。灾害的过程往往是很复杂的，有时候一种灾害可由几种灾因引起，或者一种灾因会同时引发几种不同的灾害。这时，灾害的类型就要根据起主导作用的灾因和其主要的表现形式而定。

(二)灾害源与承灾体

灾害由灾害源和承灾体两部分组成。灾害源即灾害的行动者，在有的场合下，又称致灾因子，是指灾害动力活动及其参与灾害活动的物体；承灾体即被害者，又称受灾体，是指遭受灾害破坏或威胁的人类及其社会经济系统。在一般情况下，灾害源作用于承灾体，产生各种灾害后果。由于人类和社会经济系统对多种灾害及其产生的基础条件具有越来越强烈的反馈作用，所以它一方面是承灾体，另一方面又是灾害源的直接组成或灾害体的影响因素。灾害作为一种自然社会综合体，是自然系统与人类社会系统相互作用的产物。灾害源与承灾体的相互作用，使灾害具有自然与社会的双重属性。

(三)原生灾害、次生灾害和衍生灾害

现代灾害学将灾害分为原生灾害、次生灾害和衍生灾害三个层次。原生灾害是指最早发生、起主导作用的灾害，如地震、滑坡、台风等；次生灾害为由原生灾害直接诱发或连锁引起的灾害，如地震引起的火灾、滑坡、海啸；衍生灾害是指由原生或次生灾害演变衍生形成的灾害，如一些自然灾害引发的人群病疫，或生产、金融、交通、信息等流程的受损、中断或破坏，经济计划的变动，社会心理危机，家庭结构破坏等；又如大地震的发生使社会秩序混乱，出现烧、杀、抢等犯罪行为；再如大旱之后，地表与浅层淡水极度匮乏，迫使人们饮用深层含氟量较高的地下水，从而患了氟病。有时为了简便，也有学者将衍生灾害并入次生灾害，还有学者将次生灾害或衍生灾害称为次期灾害。在植物保护学中，当植物处于衰弱状态才可能产生危害的一类病虫，叫作次期性病虫害，如小蠹虫、杨树烂皮病等，这类病虫在树木生长良好时不发生危害，当树木长势衰弱时就会大面积发生。

由于原生灾害发生，而可能引发次生灾害的物体，叫作次生灾害源，如易燃易爆物品、有毒物质储存设施、水坝、堤岸等。

由于原生灾害已经对生态环境造成了极大破坏，极易引发次生灾害与衍生灾害。此时如果不对次生灾害与衍生灾害采取有效措施，次生灾害与衍生灾害造成的损失会比原生灾害的危害还大，如洪灾后的疫病流行，旱灾后的饥荒造成的社会动荡等。

在较短时间内，同一种灾害连续发生，首次发生的灾害叫作首发灾害，首次

灾害发生之后的同种灾害称为二次灾害。二次灾害危害较大，首次灾害已经对生态、社会结构和功能产生破坏，在此基础上，即使很小的二次灾害，也会造成更大的损失，如地震中的余震、火灾之后的死灰复燃等。

(四)突发性灾害与缓发性灾害

灾害在形成过程中，致灾因子逐渐作用于承灾体，使其朝着灾害方向发展，当致灾因子的作用超过一定强度时，就表现出灾害行为。不同的灾害，其形成过程长短不同，在很短时间内就表现出灾害行为的灾害称为突发性灾害，如地震、洪水、飓风、风暴潮、冰雹等。致灾因子变化较慢，需要较长时间才表现出灾害行为的灾害称为缓发性灾害，如土地沙漠化、水土流失、环境恶化等。有些灾害，如旱灾，农作物和森林的病、虫、草害等，虽然一般要在几个月的时间内成灾，但灾害的形成和结束仍然比较快速、明显，直接影响国家的年度核算，所以也将它们列入突发性自然灾害。一般来说，突发性灾害容易使人类猝不及防，常能造成死亡事件和很大的经济损失。缓发性灾害持续时间比较长，发展比较缓慢，尤其是有些缓发性灾害危害性表现比较隐蔽，容易被人忽视，从而灾害扩散蔓延，影响面积扩大，影响时间延长，造成十分巨大的经济损失。等灾害发生到造成较大损失能引起人们注意时，其治理已经非常困难，如土地沙漠化、水土流失、环境恶化。

(五)灾度与灾害分级

通常人们所说“这是一次强度很大的灾害”，往往指的是致灾因子的致灾作用强度很大，如强台风、8级地震等，这里的度量内容都是表示致灾作用的强度，并不表示灾害造成损失的大小。因为如果8级强地震发生在无人的山区，强台风和暴雨发生在远海人口稀少的地区，都不会造成很大的人员伤亡和经济损失。灾害的大小是由两个基本因素决定的：一是致灾作用的强度；二是受灾地区人口与经济的密度以及防御和耐受灾害的能力。例如，我国东部一次5～6级中等地震造成的社会损失，往往比西部山区一次7级强地震造成的社会损失要高出许多倍。当然，东部地区一次强地震造成的损失就更为严重了，如唐山地震。划分灾情的大小，采用灾度的概念，灾度一般由灾害的发生强度和灾害造成的损失两个因子来表示。

不同的灾害，灾害发生强度表示方法不同，例如：地震用震级表示；暴雨用降雨量表示；虫害用虫口密度、虫株率等表示。

灾害损失一般用人员的死伤数量和社会经济损失的折算金额表示。《中华人民共和国突发事件应对法》和《国家突发公共事件总体应急预案》按照突发事件发生的紧急程度、发展势态、可能造成的严重程度、可控性和影响范围等，将灾害危害

(危险)等级分为四级：Ⅰ级(特别重大)、Ⅱ级(重大)、Ⅲ级(较大)和Ⅳ级(一般)，分别用红色、橙色、黄色和蓝色标示。《国家自然灾害救助应急预案》对四级做了明确规定，各种专项应急预案则据此做了更加详细的具体规定，如《国家地震应急预案》将地震灾害事件分级为：

(1)特别重大地震灾害(Ⅰ级)，是指造成300人以上死亡(含失踪)，或直接经济损失占地震发生省(区、市)上年国内生产总值1%以上的地震；当人口较密集地区发生7.0级以上地震，人口密集地区发生6.0级以上地震，初判为特别重大地震灾害。

(2)重大地震灾害(Ⅱ级)，是指造成50人以上、300人以下死亡(含失踪)，或造成严重经济损失的地震灾害；当人口较密集地区发生6.0级以上、7.0级以下地震，人口密集地区发生5.0级以上、6.0级以下地震，初判为重大地震灾害。

(3)较大地震灾害(Ⅲ级)，是指造成10人以上、50人以下死亡(含失踪)，或造成较大经济损失的地震灾害；当人口较密集地区发生5.0级以上、6.0级以下地震，人口密集地区发生4.0级以上、5.0级以下地震，初判为较大地震灾害。

(4)一般地震灾害(Ⅳ级)，是指造成10人以下死亡(含失踪)，或造成一定经济损失的地震灾害；当人口较密集地区发生4.0级以上、5.0级以下地震，初判为一般地震灾害。

(六)灾害学

灾害学是一门以灾害为研究对象，研究灾害发生和演变规律，寻求有效防灾减灾途径的综合性学科。学科内容涉及天文、地理、地质、历史、考古、气象、化学、工业、农业、林业、水文、建筑、经济、行政管理、法律、心理、新闻等一系列学科和门类。根据研究重点不同，灾害学学科一般划分为以下几种。

1. 理论灾害学

理论灾害学研究灾害形成机理、规律和特点。如灾害运动学，研究灾害的运动规律、成因与过程等；灾害经济学，研究灾害及灾害防治方法与经济的关系；灾害生态学，研究灾害与生态环境的关系；灾害社会学，研究灾害与人类社会的关系；灾害地理学，研究灾害与地理环境的关系、灾害分布等。

2. 灾害对策学

灾害对策学研究防灾减灾对策。如灾害预测学，研究灾害预测的原理与方法；灾害预防学，研究灾害预防的技术、工程与对策；灾害保险学，研究保险在灾害防治中的应用；灾害医学，研究灾害发生时人员伤亡的救护与救治；灾害心理学，研究灾害发生时人的心理状态与行为。

3. 分类灾害学

分类灾害学研究具体灾种的防灾减灾措施。如气象灾害学、火灾学、安全学、生物灾害学等，或者农业灾害学、林业灾害学、工业灾害学等，或者城市灾害学、农村灾害学、草原灾害学等。

二、灾害的类型

灾害分类在灾害学中占有举足轻重的作用。它是灾害学研究的基础，对灾害致灾机理、灾情分析，以及灾害的危机管理等方面都有重要的指导意义。

(一)灾害分类的原则

1. 科学性与合理性原则

灾害分类必须遵循科学合理的分类原则，分类标志必须明确，不能含糊不清。任何一种灾害均应根据分类标志，归于相应的灾害类型之中。

2. 层次性与同质性原则

灾害系统是一个异常复杂的大系统，具有显著的多元与多层次特性，由此决定了灾害分类体系具有层次性。灾害分类层次可为二级(灾类与灾种)、三级(灾型、灾类与灾种)与多级，通常选择二级或三级分类体系。每一灾害分类层次，根据其分类标志，应具有相同特性，不能将性质不同的灾害归为一类。

3. 概括性与唯一性原则

根据不同分类标志及研究目的，灾害分类有很多方案，每种方案应概括所有可能的灾害种类，同时每种灾害在各类型中出现的次数必须是唯一的。

4. 沿袭性与时效性原则

灾害系统处于变异中，随着社会的发展，人类认识水平与生存需求的不断提高，灾害系统也会不断发展壮大。因此，所建的灾害系统要有后瞻性，能适用较长时间。同时，新的分类体系应兼顾传统的分类习惯，沿袭传统灾害分类体系的合理之处。

5. 规范化原则

规范化原则是前几项原则的综合概括。其包括分类标志的规范化与分类方法的规范化。只有在一定规范化基础上建立灾害分类体系，才能确保灾害分类的实用性与可操作性；否则会出现大量模糊概念与交叉分类等问题，这必将阻碍灾害学的发展，造成灾害管理的混乱。

(二)灾害分类体系

1. 以成因为标志的灾害二元分类体系

灾害的二元分类体系就是将灾害分为自然灾害与人为灾害两类，如图 1-1 所示。

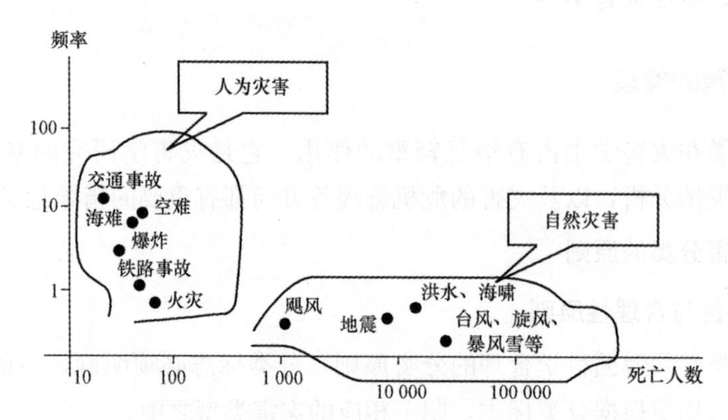

图 1-1　全球尺度上自然灾害与人为灾害的规模与发生频率比较

(1)自然灾害就是人力不能或难以支配和操纵的各种自然物质与自然力聚集、爆发所致的灾害，如图 1-2 所示。

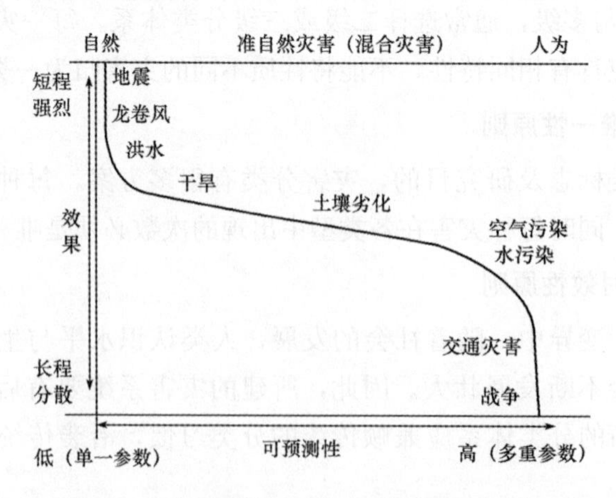

图 1-2　自然灾害、人为灾害与准自然灾害

(2)人为灾害则是指那些在社会经济建设和生活活动中各种不合理、失误或故意破坏性行为所造成的灾害。

这种分类方法的主要依据如下：

①主要致灾因子(自然或人为)；

②灾变事件死亡人数、发生周期与可控性。

自然灾害尽管发生频率低(周期长)，但造成大量人员伤亡，且难以控制；人为灾害则正相反。

2. 以成因为标志的灾害三元分类体系

根据成因，灾害可分为自然灾害与人为灾害，但这种分类方法无法回避一个问题，那就是对于那些由自然因素与人为因素共同作用产生的灾害现象归于哪类。这类灾害是人类与自然相互作用的结果，同样足以影响环境中的自然作用力，有些学者将其称为准自然灾害或混合性灾害。

3. 以成因为标志的灾害四元分类体系

近年来，随着人口的不断增加与经济的迅猛发展，环境问题日趋严重，其影响力与范围不断扩大，已成为危及人类生存环境，阻碍社会、经济持续、稳定与协调发展的重要因素，并且对人类生命财产构成一定威胁。早在 20 世纪 70～80 年代，加拿大的一些学者的研究结果揭示了自然灾害、人为灾害、社会灾害以及由空气与水体污染所造成的准自然灾害的根本区别，并根据危害造成损失的程度、可控性，对各种灾害事件进行归类。其具体可分为自然灾害、社会灾害、人为灾害和准自然灾害，如图 1-3 所示。

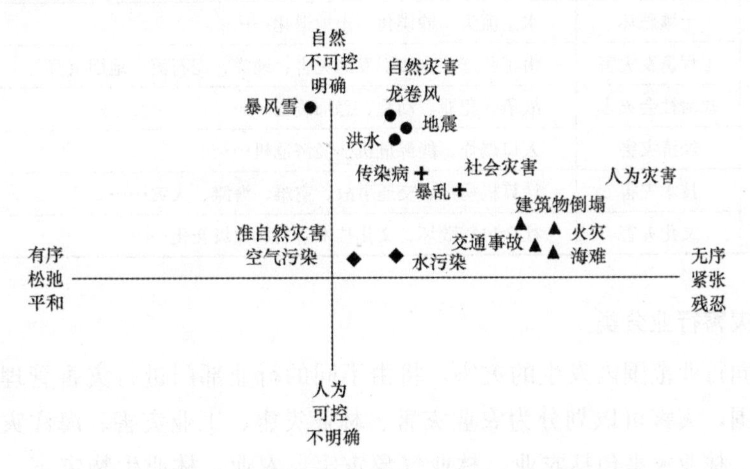

图 1-3　自然灾害、人为灾害与准自然灾害

4. 三元三级分类体系

表 1-1 所示分类体系不够明确，不利于灾害的分类统计和灾害学研究。我国通常使用的是三元三级分类法，将灾害分为自然灾害、环境灾害、人文灾害。其中，环境灾害即准自然灾害；人文灾害即纯人为灾害，是指人文环境中蕴藏的那些对自身有害的各种危险因素累积超过临界程度，而危及人类生存环境，造成人类生命与财产损失的灾害现象。灾害还可以依据原生灾害进行分类。例如，森林火灾、

人为故意纵火，属政治社会灾害；作业管理失当失火，属技术灾害；气候干燥、雷击或自然引发森林火灾，属气象灾害。

表 1-1　三元三级分类体系一览表

灾害类型（一级灾种）	二级灾种	三级灾种
自然灾害	天文灾害	陨石、太阳风……
	气象灾害	旱灾、雷电、飓风、暴雨、龙卷风、寒潮、热带风暴、暴风雪、霜冻……
	水文灾害	洪水、海侵……
	地质灾害	地震、火山、滑坡、泥石流……
	生物灾害	植物病虫鼠害、动物灭种、人类瘟疫……
环境灾害	资源枯竭	森林减少、湿地退化、物种灭绝、水危机……
	环境污染	化学污染(水污染、大气污染、臭氧层破坏、酸雨等)，物理污染(噪声、光污染、热污染、空间污染、核污染、信息污染等)，生物污染(微生物污染、基因污染等)……
	土壤破坏	水土流失、沙漠化、土地退化……
	工程诱发灾害	由工程施工直接引发的灾害：地震、泥石流、地面沉降等
人文灾害	政治社会灾害	战争、犯罪、动乱、恐怖袭击……
	经济灾害	人口爆炸、能源危机、经济危机……
	技术灾害	计算机病毒、交通事故、空难、海滩、火灾……
	文化灾害	社会风气败坏、文化技术落后、垃圾文化……

(三)灾害行业分类

在不同行业范围内发生的灾害，将由不同的行业部门进行灾害管理。按照行业管理范围，灾害可以划分为农业灾害、林业灾害、工业灾害、海洋灾害等。其中，农业、林业灾害包括农业、林业气象灾害，农业、林业生物灾害，森林火灾等；工业灾害包括工业污染、工业火灾、事故等；海洋灾害包括赤潮、海啸、海侵等。

第二节　灾害的基本特征及我国灾害的特点

从空间上看，灾害是一个事件，有着其外在的表现特征和内在机理特征；从时间上看，灾害是一个过程，有着其发生发展特征。

一、灾害的基本特征

1. 有害性

有害性是灾害首要的、不言而喻的特征，无害，就无所谓"灾害"。有些灾害，不但具有有害性，而且具有极大的危险性。对人类，对局部生态系统，甚至于整个地球生态系统带来重大破坏。例如，2013 年 6 月下旬，中国长江以南大部地区出现了历史罕见的持续高温少雨天气，持续时间长，范围特别广，温度异常高。江南大部、华南北部有些气象站的极端最高气温和平均气温均超过历史同期最高纪录，南方地区 38 ℃以上的酷热天气日数为近 50 年来之最，并出现连续超过 40 ℃的酷暑天气。高温干旱对一季稻、玉米等秋收作物所造成的危害已无法挽回。据统计，高温干旱造成南方湘、黔、渝、浙、赣、鄂、皖 7 省(市)农作物受灾 8 021 千公顷，绝收 1 123 千公顷。

2008 年 5 月 12 日汶川大地震，震级为 8.0，截至 2008 年 10 月 8 日，四川省遇难 69 227 人，失踪 17 923 人，受伤 374 640 人，受灾 4 624 万人，重灾区面积达 10 万平方公里，经济损失超过 10 000 亿元。

2011 年 3 月 11 日，日本 9.0 级特大地震，继而引发海啸，并造成福岛核电站严重核泄漏，损失高达 15 万亿～25 万亿日元(合 1 850 亿～3 000 亿美元)。

2015 年 4 月 25 日，尼泊尔中部地区突发 8.1 级强烈地震，造成境内约 9 000 人死亡，2.2 万多人受伤；地震还导致尼泊尔文物损毁严重。地震致使尼泊尔约 51.70 万座建筑物部分损毁，另有 51.34 万座建筑物完全损毁，1.6 万所学校遭到破坏，4 个地区 90%的医疗设施受到严重损毁，文化古迹损毁情况也较为严重，经济损失可能超过 50 亿美元(约合人民币 310.5 亿元)。截至 2015 年 5 月 19 日统计数据，地震造成我国西藏自治区 2 511 户房屋倒塌、24 797 户房屋受损，82 座寺庙受损(其中严重受损 13 座、中度受损 18 座)，直接经济损失共计 348.84 亿元人民币，间接经济损失 471.17 亿元人民币。

2003 年 SARS 造成全球直接经济损失 590 亿美元，其中我国内地损失 179 亿美元，相当于当年 GDP 的 1.3%，我国香港地区损失 120 亿美元，相当于当年 GDP 的 7.6%；根据世界卫生组织(WHO)2003 年 8 月 7 日公布的疫情，全球共报告 SARS 临床诊断病例 8 422 例，死亡 916 例，发病波及 32 个国家和地区。

2013 年 3 月底 H7N9 型禽流感在上海和安徽两地率先发现。截至 2015 年 1 月 10 日，全国确诊 134 人，死亡 37 人，痊愈 76 人。病例分布于北京、上海、江苏、浙江、安徽、山东、河南、台湾、福建、广东等地。

在有文字记载的 3 500 多年的时间里，世界上共发生过 14 531 次战争，生命和物资损失最惨重的战争是第二次世界大战，在这次战争中，战死的军人共达 5 480 万人，造成的物资损失约合 13 000 亿美元。如果未来爆发核战争，或者小行星撞击地球，那将会对整个地球生态系统带来灭顶之灾。

灾害的有害性，使人类生命、财产遭到巨大损失，破坏了人类的生存环境，甚至会毁灭人类文明，延缓人类社会的发展进程。现代科学界发现，地球周期性灾变，在地质史上形成了几次特大的生物灭绝。从已发现的证据看，史前人类文明曾因各种灾变而毁灭，这包括地震、洪水、火山、外来星体撞击、大陆板块的升降、气候突变等。亚特兰蒂斯曾是一个具有高度人类文明的大陆，但在大约 11 600年前一场世界性的大地震灾难中沉入海底。大约 12 000 年前，上一期人类文明曾遭受一次特大洪水的袭击，那次洪水也导致大陆的下沉，考古学家陆续发现了许多那次大洪水的直接和间接证据，人类文化学家也通过研究世界各地不同民族关于本民族文明起源的传说发现，世界各地不同民族的古老传说都普遍述及人类曾经历过多次毁灭性大灾难，并且如此一致地记述了在本次人类文明出现之前的某一远古时期，地球上曾发生过一次造成全人类文明毁灭的大洪水，而只有极少数人得以存活下来，近来考古学家发现的许多史前遗迹，均可能因那次洪水而消失。

2. 自然性

灾害的自然属性主要表现在灾害源上。如果把灾害从孕育到灾害发生、灾害救治、灾后恢复当作一个整体，显然，灾害是一个典型的系统，是属于自然社会系统的一个子系统，其发生发展都遵循一定的自然规律，是灾害本有的基本特性。灾害的自然性表明，灾害是自然社会系统固有的一种自然现象，不会因为人类存在而存在，也不会因为没有人类而灭失。在人类出现之前，灾害活动则只是整个宇宙中一种天文现象，只表现出其物理属性。

3. 社会性

灾害的社会属性主要表现在承灾体上。灾害的社会性是双向的，即灾害对人类社会的影响和人类活动对灾害的影响。

(1)由于人类社会的存在，才会有“灾害”。灾害是相对人类而言的，是对人类产生危害，没有人类存在的地方，“灾害”只是一种自然活动。

(2)灾害对人类社会的破坏性和人类心理的冲击性。其主要表现在灾害对人类生命财产、生存环境的破坏，以及灾害对社会秩序的破坏，亲人的丧失等对幸存者的心灵打击。

(3)人类的活动对自然系统的扰动，影响系统的稳定性，增加了灾害发生的概率和危害程度。其主要表现在两个方面：一方面，人类集中建设大工程，可能破坏了生态平衡，诱发灾害发生，而且灾害一旦降临，损失更加巨大，救援更加困难；另一方面，是人类通过消费拉动经济增长，片面追求高效率生产，助长高消费，从而造成了污染、资源枯竭、环境退化等直接灾害。

(4)人类通过对灾害的监测预报，并通过一定的防灾减灾措施，减轻灾害对人类的危害。

4. 连锁性

许多灾害，特别是等级高、强度大的灾害发生以后，常常诱发出一连串的次生灾害、衍生灾害。这种现象叫作灾害的连锁性或连发性，这一连串灾害就构成了灾害链。当然，灾害链中各种灾害相继发生，从外表来看是一种客观存在的现象，而其内在原因还值得进一步研究和探讨。但可初步认为，能量守恒、能量转化传递与再分配是认识它的重要线索和依据。

灾害链一般可以归纳出以下五种情形：

(1)因果型灾害链。因果型灾害链是指灾害链中相继发生的自然灾害之间有成因上的联系。例如，大震之后引起瘟疫，旱灾之后引起森林火灾等。

(2)同源型灾害链。同源型灾害链是指形成灾害链的各灾害的相继发生是由共同的某一因素引起或触发的。例如，太阳活动高峰年，因磁暴或其他因素，心脏病人死亡多，地震也相对多，气候有时也有重大波动，这三种灾情都与太阳活动剧烈这个共同因素相关。

(3)重现型灾害链。重现型灾害链是指同一种灾害二次或多次重现的情形。台风的二次冲击、大地震后的强余震都是灾害重现的例子。

(4)互斥型灾害链。互斥型灾害链是指某一种灾害发生后，另一灾害就不再出现或者减弱的情形。民间谚语“一雷压九台”就包含了互斥型灾害链的意义。历史上曾有所谓大雨截震的记载，这也是互斥型灾害链的例子。

(5)偶排型灾害链。偶排型灾害链是指一些灾害偶然在相隔不长的时间在靠近的地区发生的现象。

5. 突发性

灾害的发生过程有长有短，短则几分钟、几秒钟，甚至更短，如地震、爆炸事故等，其发生过程往往只有几秒钟甚至不到一秒钟；长则几个小时、几天、几个月，甚至几年、几十年，例如，农业生物灾害发生过程可达几个月，土地沙化、耕地退化、生态系统健康状况恶化等人为灾害发生过程会长达几十年。虽然灾害发生过程有长有短，一般来说，其造成的危害，对人类来说，还是猝不及防的，具有明显的突发性特点，给人类造成很大的损失。例如，农业生物灾害，发生过程长达几十天，但表现灾害结果的往往只有几天时间；由于人类原因，自然生态系统退化，则是一个十分缓慢的过程，长达几十年甚至百余年，但是开始表现灾难性后果的往往只有几天或几十天，如植被破坏造成泥石流、沙尘暴等。

灾害的突发性特点，是指其危害过程时间较短，并不是说明灾害孕育过程时间短。大多数灾害危害时间短，但是，其孕育时间是比较长的，例如，天然地震发生时间虽然短暂，但是其发生是地球内部运动长期积累能量急剧释放的结果，爆炸或有毒物质泄漏事故，则是由于管理原因，设备在超出安全阈值范围状况下运行，导致事故发生。

6. 随机性

灾害的发生及其要素(灾害发生的时间、地点、强度、范围等)“似乎”是不能事先确定的，这就是灾害的随机性。灾害的随机性源自灾害的模糊性、多样性与差异性，也即复杂性。其复杂性包括灾害系统的复杂性和灾害发生机理的复杂性。例如，台风灾害的发生，由于台风环境条件和台风本身状况的突变，台风路径经常发生急剧折向跳跃、停滞、旋转和摆动，台风强度也会出现突然加强或减弱的现象，这就导致了台风侵扰地区、时间和强度的随机性。生物灾害的发生，将会影响整个发生区生态系统健康，对发生区的生态影响很难做出准确描述。

在阐述灾害的随机性时，之所以用了“似乎”这个词，是因为灾害本身的发生发展过程是具有规律性的，是可以理解的，不是“绝对”随机的，只是由于人类目前对各种灾害还不完全了解，没有完全掌握灾害形成、发生、发展过程，不能准确对灾害发出准确预报，不能控制灾害的发展进程。在此意义上，灾害的发生对人类而言，具有随机性。因此，在灾害的随机性中，蕴涵着灾害的可预测性、可控制性。

各种灾害都有一定的前兆，称为灾兆。灾害可预测性就是根据灾害的灾兆与灾害之间的联系，对灾害的发生时间、发生范围、发生强度等进行预测。例如，在发生地裂和地陷前，地中会首先冒烟、冒气，并发出雷鸣般的声音，或地面产生变形。地震灾兆较多，如地下水水温的反常变化，动物行为异常，产生地声、地光、地变形，或地磁、地电和重力的异常。台风产生以前，远海天边散发出丝状云彩、半截(而不是弧形)的虹和暗蓝色的条纹。在台风来临前，早晨在海边望海，往往会看到一些顶部光秃，底部扁平，快速地从海面跑到陆地并消失的浓积云，这种云被称作“猪头云”，也称“和尚云”，它是由台风外围环流与陆风作用生成的。它的出现预示着台风已存在，但并不表示台风一定会登陆该地，是否登陆该地还要视后续的云层发展而定。若在出现“和尚云”1～2 天后出现了东南方向积聚的白亮毛卷云，且云层加厚变为高层云(透光变蔽光)并伴随着风力加大和降水的出现，则预示着台风正在逐渐逼近该地。若风力雨势进一步加大，且云已变成灰色，且有大量黑色漫无定型的碎雨云(“跑马云”)快速移动，说明台风已到附近。某种农业生物灾害爆发前，其种群密度会快速上升。对有害生物种群密度进行监测，正是目前开展农业生物灾害预报的基础手段。

灾害的可控制性，主要是人类通过对灾害的认识，对灾害实施科学干扰，减轻灾害产生的危害。灾害的可控制性是相对的，不是绝对的。这表现在以下两个方面：

(1)对灾害认识的深入使人类可以对灾害实施“科学”干扰，避免灾害的发生，或者减小灾害发生范围、降低灾害发生强度。这里之所以强调“科学”，是因为不科学的人工干扰，虽然会缓解当前灾害的危害程度，但可能会产生另外一种可能更为严重的灾害。例如，人类过度地使用化学农药造成的环境污染，以及有害生物产生抗药性，在近百年内，很难消除，严重威胁着人类身体健康和生态健康。

(2)由于技术水平或认识水平不够，对于某些灾害，人类目前还无法实施科学干扰，对于这一类灾害，可以预估灾害产生危害的结果，在灾前实施灾前预防。例如，台风来临前渔船进港避风，提高建筑物抗震强度以减轻地震灾害损失，通过营林措施或耕作方式调整，提高生态系统稳定性，从而减轻农业生物灾害的发生。

灾害的可预测性、可控制性是建立在人类对灾害的认识基础之上的。如果人类对于灾害毫无认识，即使灾兆客观存在，灾害对于人类来说也是完全随机的、不可知的、无法预测的、不可预防的。相反，如果人类社会的科学技术已经发展到一定水平，对于各种灾害的成因、机理与过程都能彻底地了解，则可及时对各种灾害事件做出预测预报，并实施有效控制，灾害就会失去随机性。由此可知，灾害的随机性与可预测性、可控制性是相对于人类的认识水平而言的。

7. 区域性

灾害的区域性是指灾害发生范围的局限性。从空间分布上看，任何一种灾害，其发生和影响的范围都是有限的。例如，地震灾害在全世界主要发生在几个地震带上；我国的旱涝灾害最严重的地区首先是海河平原，其次是黄淮平原、东北平原和海南岛南部，且多发区随季节的交替而变化；地球由于气候带的存在，土壤、水文、生物分布均具有地带性，有害生物的分布与危害具有明显的区域性。

不同灾害的区域性强弱不同，它们发生的条件与范围不同，因此，研究灾害的区域性是认识灾害的一条重要的途径，弄清楚不同灾害的区域性特征与其形成的原因、机理、过程紧密相关性，是进行灾害预测、预防的基础。

8. 灾害群发性

自然灾害的发生往往不是孤立的，它们常常在某一时间段或某一地区相对集中出现，形成众灾丛生的局面，这种现象称为灾害群发性。其实质就是一连串原生灾害的发生，或者原生灾害和由其产生的次生灾害连续发生。

我国，尤其是东部地区，是世界上记录灾害历史最早而又比较连续可考的地区。据这些记载发现，有些重大灾害，往往在几十年或一二百年内连续发生，间隔数百年或千年之后，又出现一段重灾连发的时段，一般把一二百年内灾害连发的时期称为自然灾害群发期。根据我国500余年详细的历史记载，科学家们发现在灾害群发期内，还有一二十年内灾害相对集中发生的时段，一般称为灾害群发幕。同样，在群发幕内还有更短的灾害群发时段，如二、三年内的灾害群发，称为灾害群发节，几个月内的灾害群发称为灾害群发丛。一般把自然灾害在时间过程中表现的多种时间尺度的群发性总称为灾害的时间有序性、韵律性或周期性，如能充分认识这其中的规律对于灾害的预报是很重要的。

二、我国灾害的特点

我国灾害的总体特点是：灾害发生的频率大、种类多、危害强。就自然灾害而言，我国是世界上自然灾害最严重的国家之一，这是由我国特殊的自然地理环境决定的，并与社会、经济发展状况密切相关。我国大陆东临太平洋，面临世界上最大的台风源，西部为世界上地势最高的青藏高原，陆海大气系统相互作用，关系复杂，天气形势异常多变等；地势西高东低，降雨时空分布不均，易形成大范围的洪、涝、旱灾；且位于环太平洋与欧亚大陆两大地震带之间，地壳活动剧烈，是世界上大陆地层最多和地质灾害严重的国家之一；西北是塔克拉玛干等大沙漠，风沙威胁东部大城市；西北部的黄土高原，在泥沙冲刷下，淤塞江河水库，造成一系列直接或潜伏的洪涝灾害。我国有70%以上的大城市、半数以上的人口和75%以上工农生产值分布在气象灾害、海洋灾害、洪水灾害十分严重的沿海及东部丘陵地区，所以，灾害的损失程度较大。我国还具有多种病、虫、鼠、草害滋生和繁殖的条件，随着近期气候暖化与环境污染加重，生物灾害也相当严重。其他灾害还有大气污染、水污染、城市噪声、光污染、电磁波污染、臭氧层被破坏、核泄漏、易燃易爆物爆炸、雷电灾害、战争危险等。另外，近代大规模的开发活动，更加重了各种灾害的风险度。

我国灾害的另一特点是：灾害重点已经从农村转移到城市，这种转移的原因之一是城市化进程。目前越来越多的专家认为，欲研究国家的可持续发展战略，首先要解决的是城市抵御灾害的能力。这是因为城市是人类经济、文化、政治、科技信息的中心。正因为城市具有“人口集中，建筑集中，生产集中，财富集中”的特点，因此一旦遇到自然灾害，势必造成巨大的损失。

第三节　城市灾害

城市灾害是指由自然因素、人为因素或两者共同引发的对城市居民生活或城市社会发展造成暂时或长期不良影响的灾害。

根据不同的标准可以对城市灾害进行不同的分类，例如，根据其发生原因，城市灾害可分为自然灾害与人为灾害两大类；根据发生时序，城市灾害又可分为主灾灾害和次生灾害。

一、城市灾害的分类

目前我国城市灾害主要有以下几种类型。

1. 地震灾害

地震是城市面临的第一大地质灾害，地震活动是当今地质应力作用中对自然地貌形态和城市地貌改造与破坏最强烈的一种作用。我国地震活动的特点是分布广、频率高、强度大、震源浅、危害大。我国人口在100万以上的大城市，70%位于地震烈度大于7度的地区内。我国是一个多地震的国家，8级以上的地震平均每10年1次，7级以上的地震平均每年1次，而5级以上的地震平均每年14次之多。我国地震活动强烈的地区，多分布在地壳不稳定的大陆板块和大洋板块接触带及板块断裂破碎带上，从地区分布上看主要是东南部的台湾和福建沿海；华北太行山沿线和京津唐地区；西南青藏高原及其边缘的四川、云南西部；西北的新疆、甘肃和宁夏。有资料记载以来，我国最大地震为8.5级，山东、西藏、宁夏各发生一次。一般情况下，地震中直接受地震波冲击而伤亡的人数在地震伤亡总人数中所占的比例并不高。更多的灾害是由于地震诱发的次生灾害造成的。这些次生灾害主要有山体滑坡，水库溃坝，电力线路短路，煤气、供排水管道泄漏，火灾，瘟疫等。特别是当这些灾害中的几种同时发生时，情况更加复杂。

2. 地面变形灾害

地面变形灾害包括地面沉降、地面塌陷和地面裂缝，广泛分布于城镇、矿区、铁路沿线。目前中国发生地面沉降活动的城市有70余个，明显成灾有30余个，最大沉降量已达2.73 m，这些沉降城市有的孤立存在，有的密集成群或连续相连，形成广阔地面沉降区域或沉降带，目前沉降带有6条：沈阳—营口；天津—沧州—德州—滨州—东营—潍坊；徐州—商丘—开封—郑州；上海—无锡—常州—镇江；太原—侯马—运城—西安；宜兰—台北—台中—云林—嘉义—屏东。严重的地区沉降还会引起次生灾害，如天津市地面标高降低，导致海水上岸，加重沼泽化、盐渍化，海河泄洪能力降低，市区有淹没的危险。

3. 崩塌、滑坡、泥石流灾害

崩塌、滑坡、泥石流灾害又称为物质运动灾害。此类灾害是世界上对城市危害比较严重的地质灾害之一。崩塌、滑坡、泥石流灾害的危害主要包括导致人员伤亡，破坏城镇的各种工程设施，破坏土地资源和生态环境等。我国城市中尤其是中西部地区城市大部分处于崩塌、滑坡、泥石流灾害的包围之中。丘陵山区的城市一般随坡度不同的地势而建，特别是一些特殊产业的城市，坡度更大，暴雨时极易发生崩塌、滑坡、泥石流灾害。崩塌是斜坡上的碎屑、土体和岩体，在重力作用下快速向下坡的移动，它的运动速度很快，一般为 5～200 m/s，有时可以达到自由落体的速度，其发生主要受地形、地质、气候、地震、人工开挖边坡等因素的影响。当城市岩层节理、裂隙发育时，由于长期水化作用、流水作用，加上城市强烈的人为活动，开挖山坡、城市施工、工业与生活用水的大量下渗等原因，造成地质条件改变，破坏了原来坡体的稳定性或古滑坡的平衡，从而产生新的滑坡。泥石流是我国山区城市众多自然灾害中有突发性灾害过程的主要灾种。我国 23 个省、市(自治区)都有泥石流发生，每年都造成几亿元的经济损失和几百人至上千人的伤亡。

4. 城市垃圾灾害(包括工业固体物)

由建筑施工和工业生产及生活的废弃物(如建筑碎料、旧建筑物拆毁残渣、工业灰渣、矿渣废石、生活垃圾等)人为堆积地质作用引起的危害性更大。人类生活垃圾堆积土中含有许多有机物质，分解后产生甲烷气体，可能构成易爆炸的危险环境。另外，未经地质评价而倾倒或填埋的废弃物极易被雨水淋滤下渗污染地下水，或呈地表径流排入地表水体造成新的污染。

5. 开挖工程灾害

我国工矿企业的发展与建设，促进了国民经济的发展，同时，在工程建设过程中产生了一大批城市，这些城市一般地处山区，地形复杂，在这些城市周围矿产资源开发和隧道等工程建设中，经常发生突水、突泥、冲击地压、冒顶、煤瓦斯突出、煤层自燃、井巷热害、矿震等灾害，由此造成人员伤亡、设备和工程毁坏、资源枯竭。

6. 水文地质环境污染灾害

由于城市“三废”处理不当，而引起地下水污染，导致水质恶化是城市环境地质研究的一个重大课题。据调查，国内 40 多个城市地下水，都有不同程度的污染。

二、城市灾害的特点

除具有灾害的一般特性之外，城市灾害还具有以下特点。

1. 灾害种类复杂

有许多灾害源可能诱发城市灾害，如地震、洪水、火、地貌变异(地陷、滑坡)、气象变异、城市噪声、疾病、工业事故、交通事故、工程质量事故、建设性破坏、人为破坏等。其中，建设性破坏、城市噪声、疾病、工业事故、交通事故、工程质量事故、人为破坏等灾害在城市发生的概率远高于非城市地区发生的概率。

随着城市的发展，还会不断出现新的灾害源，如超高层建筑、大型公共建筑、地下空间利用、天然气生产和使用、核技术利用中存在的致灾隐患等。

2. 传播速度快

某些灾害源通过载体在城市的传播速度远大于在非城市地区。由于城市交通发达，人员流动性大，使传染性疾病、流行性疾病的传播速度加快。上海、北京、广州等城市爆发的乙肝、流感和非典型性肺炎都是例证。

3. 强度和广度大

城市具有人口密集、建筑密集和经济发达的特点。城市灾害往往具有较大的强度和广度，相同等级的灾害事故所造成的损失比非城市地区大，其损失几乎与人口、经济的密集程度成正比。城市灾害还具有连发性强的特点，易产生次生灾害，这也与人口密度和经济发达有关。例如，汶川地震，严重破坏地区超过 10 万平方千米，其中，极重灾区共 10 个县(市)，较重灾区共 41 个县(市)，一般灾区共 186 个县(市)。铁路、桥梁与路基破坏，交通中断；地下管道破坏、水电断绝等，是新中国成立以来破坏力最大的地震，也是唐山大地震后伤亡最严重的一次地震。另外，城市人类活动强度大，可能加剧灾后的强度或缩短灾害发生的周期。例如，由于城市地面不透水面积增加，城市建设对泄洪通道的阻碍等因素影响，城市洪灾有加重的趋势。

4. 后果严重，恢复期长

城市供水、供电、油、气等生命线工程，城市重要基础设施，重要政治文化设施等，若遭受灾害损失后果严重，甚至可能会危及社会稳定。一旦某一部分设施破坏，势必影响另一部分设施功能的发挥，因此修复的工作量明显增大，例如，电力的中断，使供水、通信都可能因此受阻、受损，交通秩序也将受到影响，因此需要动用较多的人力、物力才能修复。同时，城市中这些基础设施构成的功能常呈现立体交叉的结构，许多管线深埋地下几米，甚至几十米纵横交织。一旦这些功能网受阻，不但给检测工作带来一定的困难，而且也增加了修复的难度，一般城市受灾害作用发生中等破坏时，其功能的基本恢复需要一个月以上；有时一次灾害甚至可使一个城市的现代化进程延缓 20 年。例如，在唐山地震中，市区供电、供水、交通、医疗设施等城市生命线工程遭受全面破坏，通往外界的铁路、公路交通中断，大批伤员无法外运，得不到救治；城市周边水库处于决堤的边缘；由于断电，近万名在地下矿井中作业的矿工被滞留在井下。

三、城市灾害的防治措施

对城市灾害的防治既是经济问题又是社会问题，关系到经济发展和社会稳定。

城市人口密集、工厂林立，是一个地区经济、政治、文化的心脏，同时，也是灾害频发区和重灾区，在同样强度下，灾害发生造成的损失明显高于非城市地区。另外，城市地质灾害伴随着次生灾害、人为灾害，又叠加形成二次、三次灾害，将会造成更大损失。因此，采取有力措施，防治城市地质灾害是一项迫在眉睫的工作。

1. 加强对城市灾害的综合研究

城市灾害的防治是一项复杂的系统工程。其包括政府部门管理职能、抗灾救灾预案的制定、城市地质灾害的评估、人员素质的提高、减灾措施论证、城市最佳位置的选择、灾害应急反应计划等方面，要从自然性与社会性更广泛的内容上去研究。因此，应加强对城市灾害链、灾害群、灾害机理、灾害区划、灾害评估及灾害预警系统的综合研究。建立城市地质灾害信息系统，为国家、地区和部门减灾提供综合灾害信息，组织多部门、多学科开展灾害的系统科学研究，共同协作攻关，解决城市地质灾害的共同难点。

2. 加大城市灾害防治的投入

加大城市灾害防治的投入，加强防灾工程建设，开展包括城市绿化、水土流失治理、防滑、防泥石流和入海口防潮工程，病库、危坝的加固工程，防洪、防震等城市防灾工程，以及小流域治理。同时，还要采取综合措施，加强水资源管理。治理“三废”污染，推行垃圾无公害处理，加大垃圾袋装推广的力度，加快完善排水网络，建设城市污水处理厂，发展城市煤气化和集中供热，改进道路交通建设、垃圾变废为宝(如发电、炼油、加工有机肥等)处理装置，不断提高城市防灾保护能力。

3. 减灾与发展并重

推动各部门、地区制订与经济建设同步发展的减灾计划，进行城市地质灾害的综合评价，提出切合实际的因灾设防，因地减灾，同域和异域协同减灾途径和措施，根据城市地质灾害评价结果，在制定和实施区域社会经济发展规划时，能有预见性地避开灾害危险区，避免不必要的损失和人员伤亡，实现国民经济发展与城市地质灾害防治的协调发展。

4. 制定科学的、切合实际情况的减灾措施

研究分析城市地质灾害的种类、成因、发展规律、危害程度、成灾区位，因地制宜地采用中、长期预报与短期预报相结合，减灾措施与主攻大灾相结合；对症下药，充实城市地质灾害研究力量，尽快制订《跨世纪城市减灾计划》，把一切可避免的城市地质灾害消灭在萌芽状态。对于可能发生但未发生的灾害，做好预报工作，对不易预见的灾害，则要宣传防护知识，加强预期综合研究，防患于未然。

5. 开展国际交流和合作

城市灾害是国家社会普遍关注的重大问题，防灾救灾与发展经济关系到人类的前途和命运，影响着世界每一个城市，每一个民族。解决城市灾害问题，必须要开展广泛和有效的国际合作，通过共同研究，相互学习，提高我国城市灾害的防治水平。目前我国也会参加一些抗灾工作国际会议和国际组织，但国际合作的步伐仍然很慢，有效的合作项目不多，有些项目常常着眼于资金的引进，忽视了技术的引进和人才的培训。以后应有计划地邀请国外著名城市灾害专家来华讲学，进行技术交流，有针对性地派有关人员出国培养，学习国外的先进经验。

第四节　灾害对人类社会造成的危害

灾害是人类生存、生产和文明建设的大敌。灾害常以其巨大的能量无情地袭击人类，把无尽的灾难肆意撒向人间。25 000 万年来，差不多每隔 2 600 万年就有一次全球性的灾难性浩劫，自有人类之后，灾害与人相伴，在世界各地区和不同国家浩瀚的历史文献中，留下了无数惨痛的灾难记录。

灾害对人类社会造成的危害可以归纳为以下三个方面。

一、造成人员伤亡

自然灾害直接危害人类生命和健康。一次严重灾害导致千百万人甚至上亿人受灾，并造成巨大的人员伤亡。

表 1-2 列出了 20—21 世纪全球死亡人数在 10 万人以上的重大灾害的最具代表性的例子。

表 1-2　20—21 世纪死亡人数在 10 万人以上的重大灾害

时间	受灾地区与灾型	死亡人数/万人
1931 年	中国中部洪水	370
1970 年	波拉旋风	50
1983 年	印度旋风	30
2004 年	印度洋海啸	29.2
2010 年	海地地震	27
1920 年	海原大地震	27
1976 年	唐山大地震	24
1975 年	板桥大坝溃坝事件	23.1

续表

时间	受灾地区与灾型	死亡人数/万人
1902年	意大利墨西拿大地震	16
1923年	日本关东大地震	14.2

由表1-2可以看出，在一次死亡人数为10万人以上的大灾总量中，我国所占比例很大。另有资料表明，在所有地震死亡人数的总额中，我国所占的比重最大，超过63%；一次地震死亡人数最多的灾难也是发生在我国，即明朝(1556年)发生在我国华县的大地震，史书记载因震及震后疾病流行与饿死的人数达83万。

工程事故及恐怖袭击造成的人员伤亡也日益严重。2001年9月11日，美国世界贸易大厦因遭恐怖分子袭击而倒塌，造成5 000余人死亡或失踪，其后遗恶果，至今难以消除。2013年孟加拉国萨瓦区大楼倒塌事件，造成1 100多人死亡，2 500多人受伤。2015年8月12日，位于天津市滨海新区天津港的瑞海公司危险品仓库发生火灾爆炸事故，造成165人遇难，8人失踪，798人受伤，304幢建筑物、12 428辆商品汽车、7 533个集装箱受损。2016年3月31日，印度加尔各答一座兴建中的立交桥突然倒塌，造成至少22人死亡，70多人受伤。

二、造成巨大经济损失

近几十年来，一方面，由于人类干预自然过度、失当，致使灾害发生的频率有所增加；另一方面，由于人口向城市集中，财富积累急增，灾害所造成的经济损失有增无减，人员伤亡相对下降。由美国海外灾害援助局(DFDA)所发表的资料，估计全球因灾害而引起的经济损失平均每年为850亿～1 200亿美元。据有关方面统计，2016年，我国各类自然灾害共造成全国近1.9亿人次受灾，1 432人因灾死亡，274人失踪；52.1万间房屋倒塌；农作物受灾面积为2 622万公顷；直接经济损失为5 032.9亿元。灾害对房屋、工厂及铁道、公路、电力、通信、给水排水等基础设施的破坏，除造成巨大的直接经济损失外，还引起巨大的间接经济损失，其主要是由于停工、停产造成的经济损失，间接经济损失有时比直接经济损失还大。

三、破坏环境资源，影响城市可持续发展

灾害与环境有着密切的相互作用，环境恶化可以引发自然灾害，自然灾害又会促进环境恶化，从而影响社会经济的发展。例如，沙漠的迁移造成土地沙漠化，水源枯竭导致土地荒芜，土地盐碱化等，山体滑坡、泥石流等冲毁农田使之不宜耕作，这些都使环境恶化而影响生产的进一步发展。

灾害还会对资源产生不可逆转的破坏。例如，森林火灾、生物病虫害等直接破坏生物资源，干旱、风沙、洪水会破坏土地资源和水资源。而资源是人类生产、生活所必需的。因而，自然灾害对资源的破坏，对地区的生产发展产生不利的影响。

灾害的发生还对投资者产生不利影响。投资者希望投资得到回报，如果该地区灾害频发，战乱不断，环境污染，则投资者会望而却步，对区域的生产发展产生严重的阻碍作用。

近年来，随着世界人口的急剧增长和社会经济的迅速发展，资源危机和环境恶化问题日益突出，不仅对当代人构成直接危害，而且对后人的生存与发展也形成潜在的威胁。因此，协调人口、资源、环境关系，实现人类可持续发展，已成为当今世界各国的共识。

国民经济的可持续发展受到多方面条件的制约，其中自然灾害是最直接的制约因素之一。坚持不懈地推进全人类的减灾事业，不仅可以有效地保护当代人的生命安全，而且可以全面提高可持续发展能力。虽然防灾减灾工程不会产生直接的经济效益，但是它对生产发展的潜在作用是非常重要而不能被忽视的。

据统计，在发达国家中，自然灾害损失占 GDP 和财政收入的比例均很小。例如，美国灾害损失仅占 GDP 的 0.27%，占财政收入的 0.78%；日本灾害损失仅占 GDP 的 0.5%或更低；而我国 1949 年以来的灾害损失则占 GDP 的 5.09%，比上述发达国家高几十倍。可见，与发达国家相比，自然灾害对我国国民经济的影响更为严重。

第二章　防灾减灾学概述

第一节　防灾减灾的基本概念与现状

长期以来，灾害给人类社会造成了巨大损失。在与灾害的斗争中，人们不断研究总结，形成一门新的科学——防灾减灾学。防灾减灾是以防止灾情为目的，综合运用自然科学、工程力学、经济学等多种理论和技术，为社会安定与经济可持续发展提供可靠保障的一门交叉的新兴学科。

防灾减灾救灾工作事关人民群众生命财产安全，事关社会和谐稳定，是衡量执政党领导力、检验政府执行力、评判国家动员力、彰显民族凝聚力的一个重要方面。为贯彻落实党中央、国务院关于加强防灾减灾救灾工作的决策部署，提高全社会抵御自然灾害的综合防范能力，切实维护人民群众生命财产安全，为全面建成小康社会提供坚实保障，依据《中华人民共和国国民经济和社会发展第十三个五年规划纲要》以及有关法律法规，我国制定了《国家综合防灾减灾规划(2016—2020年)》。

一、防灾减灾的基本概念

防灾减灾是一项复杂的工作，涉及的基本概念包括以下几项。

(1)灾害监测。灾害监测主要针对自然灾害，是指测量与灾害有关的各种自然因素变化数据的工作。监测工作的直接目的是取得自然因素变化的资料，用来认识灾害的发生规律和进行灾害预报，如监视地下岩石的运动变化可以预测地震。自然灾害的监测方式主要有卫星与航空运输监测、地面台风监测、深部或地下孔点监测、水面和水下监测、政府部门与群众哨卡监测等。

(2)灾害预报。灾害预报是指根据灾害的周期性、重复性、灾害间的相关性、致灾因素的演变和作用、灾害发展趋势、灾源的形成、灾害载体的运移规律，以及灾害前兆信息和经验类比，对灾害未来发生的可能性做出判断。通常采取长期、中期、短期以预警报警渐进式方式预报，但不同灾害预报分期的时限不同。

(3)防灾。防灾是在灾害发生前采取的避让措施，这是最经济、最安全又十分有效的减灾措施。防灾的主要措施有规划性防灾、工程性防灾、建设转移性防灾与非工程性防灾等。规划性防灾是指在进行设计规划和工程选址时尽量避开灾害的危险区；工程性防灾是指工程建设，充分考虑灾害因子的影响程度进行设防，包括工程加固以及避灾空地和避灾通道等；建设转移性防灾是指在灾害预报和预警的前提下，在灾害发生之前把人、畜及可移动财产转移至安全地方；非工程性防灾是指通过灾害与减灾知识教育、灾害与防灾立法、完善灾害组织等手段达到防灾目的。

(4)抗灾。抗灾是指根据长期或中期预报，采取有必要的工程加固与备灾预案的适当行动，是人类对自然灾害的挑战做出的反应，如抗洪、抗震、抗风、抗滑坡、泥石流等工程性措施。其主要包括工程结构的抗灾与对工程结构在受灾时的监测与加固。工程抗灾是防灾减灾总体工作的关键环节和重中之重。一般来说，无论灾害的预报预测是否准确，防灾的措施都必须体现在工程上。

(5)救灾。救灾是灾害已经发生后采取的最紧迫的减灾措施。实际上是一场动员全国，甚至国际社会力量对抗灾害进行的战斗，从指挥运筹到队伍组织，从抢救到补救，从生活到公安，从物资供应到维护生命线工程，构成了一个严密的系统、严密的计划、严密的组织。救灾的效率与减灾的效益直接关联，为了取得最佳的救灾效益，灾害危险区应根据灾害特点和发生发展的趋势，制订好综合救灾方案，防患于未然。

(6)灾后重建与恢复生产。灾后重建是指遭受毁灭性的灾害后，如地震、洪水等发生后，在特殊情况下的建设；恢复生产是指在灾害发生后所进行的各种生产活动，这是减轻灾害损失，保证社会秩序稳定和人民生活正常的重要措施，也是灾后重建的重要环节。

二、防灾减灾的现状

(一)“十二五”时期防灾减灾救灾工作成效

“十二五”时期是我国防灾减灾救灾事业发展很不平凡的五年，各类自然灾害多发、频发，相继发生了长江中下游严重夏伏旱、京津冀特大洪涝、四川芦山地震、甘肃岷县漳县地震、黑龙江松花江嫩江流域性大洪水、“威马逊”超强台风、云南鲁甸地震等重大、特大自然灾害。面对复杂严峻的自然灾害形势，党中央、国务院坚强领导、科学决策，各地区、各有关部门认真负责、各司其职、密切配合、协调联动，大力加强防灾减灾能力建设，有力、有序、有效地开展抗灾救灾工作，取得了显著成效。与“十五”和“十一五”时期历年平均值相比，“十二五”时期因灾死亡、失踪人口较大幅度下降，紧急转移安置人口、倒塌房屋数量、农作物受灾面积、直接经济损失占国内生产总值的比重分别减少 22.6%、75.6%、38.8%、13.2%。

“十二五”时期，较好地完成了规划确定的主要目标任务，各方面取得积极进展。

1. 体制机制更加健全，工作合力显著增强

统一领导、分级负责、属地为主、社会力量广泛参与的灾害管理体制逐步健全，灾害应急响应、灾情会商、专家咨询、信息共享和社会动员机制逐步完善。

2. 防灾减灾救灾基础更加巩固，综合防范能力明显提升

制定、修订了一批自然灾害法律法规和应急预案，防灾减灾救灾队伍建设、救灾物资储备和灾害监测预警站、网建设得到加强，高分辨卫星、北斗导航和无人机等高新技术装备广泛应用，重大水利工程、气象水文基础设施、地质灾害隐患整治、应急避难场所、农村危房改造等工程建设大力推进，设防水平大幅提升。

3. 应急救援体系更加完善，自然灾害处置有力有序有效

大力加强应急救援专业队伍和应急救援能力建设，及时启动灾害应急响应，妥善应对了多次重大自然灾害。

4. 宣传教育更加普及，社会防灾减灾意识全面提升

以“防灾减灾日”等为契机，积极开展丰富多彩、形式多样的科普宣教活动，防灾减灾意识日益深入人心，社会公众自救互救技能不断增强，全国综合减灾示范社区创建范围不断扩大，城乡社区防灾减灾救灾能力进一步提升。

5. 国际交流合作更加深入，“减灾外交”成效明显

与有关国家、联合国机构、区域组织等建立了良好的合作关系，向有关国家提供了力所能及的紧急人道主义援助，并实施了防灾监测、灾后重建、防灾减灾能力建设等援助项目，积极参与国际减灾框架谈判、联合国大会和联合国经济及社会理事会人道主义决议磋商等，务实合作不断加深，有效服务了外交战略大局，充分彰显了我负责任大国的形象。

(二)“十三五”时期防灾减灾救灾工作形势

“十三五”时期是我国全面建成小康社会的决胜阶段，也是全面提升防灾减灾救灾能力的关键时期，面临诸多新形势、新任务与新挑战。

1. 灾情形势复杂多变

受全球气候变化等自然和经济社会因素耦合影响，“十三五”时期极端天气气候事件及其次生灾害、衍生灾害呈增加趋势，破坏性地震仍处于频发多发时期，自然灾害的突发性、异常性和复杂性有所增加。

2. 防灾减灾救灾基础依然薄弱

重救灾轻减灾思想还比较普遍，一些地方城市高风险、农村不设防的状况尚未根本改变，基层抵御灾害的能力仍显薄弱，革命老区、民族地区、边疆地区和贫困地区因灾致贫、返贫等问题尤为突出。防灾减灾救灾体制机制与经济社会发展仍不完全适应，应对自然灾害的综合性立法和相关领域立法滞后，能力建设存在短板，社会力量和市场机制作用尚未得到充分发挥，宣传教育不够深入。

3. 经济社会发展提出了更高的要求

如期实现“十三五”时期经济社会发展总体目标，健全公共安全体系，都要求加快推进防灾减灾救灾体制机制改革。

4. 国际防灾减灾救灾合作任务不断加重

国际社会普遍认识到防灾减灾救灾是全人类的共同任务，更加关注防灾减灾救灾与经济社会发展、应对全球气候变化和消除贫困的关系，更加重视加强多灾种综合风险防范能力建设。同时，国际社会更加期待我国在防灾减灾救灾领域发挥更大的作用。

第二节　防灾减灾的指导思想、基本原则与规划目标

一、指导思想

全面贯彻党的十八大和十八届三中、四中、五中、六中全会精神，深入学习贯彻习近平总书记系列重要讲话精神，落实党中央、国务院关于防灾减灾救灾的决策部署，紧紧围绕统筹推进“五位一体”总体布局和协调推进“四个全面”战略布局，牢固树立和贯彻落实新发展理念，坚持以人民为中心的发展思想，正确处理人和自然的关系，正确处理防灾减灾救灾和经济社会发展的关系，坚持以防为主、防抗救相结合，坚持常态减灾和非常态救灾相统一，努力实现从注重灾后救助向注重灾前预防转变，从应对单一灾种向综合减灾转变，从减少灾害损失向减轻灾害风险转变，着力构建与经济社会发展新阶段相适应的防灾减灾救灾体制机制，全面提升全社会抵御自然灾害的综合防范能力，切实维护人民群众生命财产安全，为全面建成小康社会提供坚实保障。

二、基本原则

以人为本，协调发展。坚持以人为本，把确保人民群众生命安全放在首位，

保障受灾群众基本生活，增强全民防灾减灾意识，提升公众自救互救技能，切实减少人员伤亡和财产损失。遵循自然规律，通过减轻灾害风险促进经济社会可持续发展。

1. 预防为主，综合减灾

突出灾害风险管理，着重加强自然灾害监测预报预警、风险评估、工程防御、宣传教育等预防工作，坚持防灾抗灾救灾过程有机统一，综合运用各类资源和多种手段，强化统筹协调，推进各领域、全过程的灾害管理工作。

2. 分级负责，属地为主

根据灾害造成的人员伤亡、财产损失和社会影响等因素，及时启动相应应急响应，中央发挥统筹指导和支持作用，各级党委和政府分级负责，地方就近指挥、强化协调并在救灾中发挥主体作用、承担主体责任。

3. 依法应对，科学减灾

坚持法治思维，依法行政，提高防灾减灾救灾工作法治化、规范化、现代化水平。强化科技创新，有效提高防灾减灾救灾科技支撑能力和水平。

4. 政府主导，社会参与

坚持各级政府在防灾减灾救灾工作中的主导地位，充分发挥市场机制和社会力量的重要作用，加强政府与社会力量、市场机制的协同配合，形成工作合力。

三、规划目标

(1)防灾减灾救灾体制机制进一步健全，法律法规体系进一步完善。

(2)将防灾减灾救灾工作纳入各级国民经济和社会发展总体规划。

(3)年均因灾害直接经济损失占国内生产总值的比例控制在1.3%以内，年均每百万人口因灾害死亡率控制在1.3以内。

(4)建立并完善多灾种综合监测预报预警信息发布平台，信息发布的准确性、时效性和社会公众覆盖率显著提高。

(5)提高重要基础设施和基本公共服务设施的灾害设防水平，特别要有效降低学校、医院等设施因灾害造成的损毁程度。

(6)建成中央、省、市、县、乡五级救灾物资储备体系，确保自然灾害发生12小时之内受灾人员基本生活得到有效救助。完善自然灾害救助政策，达到与全面小康社会相适应的自然灾害救助水平。

(7)增创5 000个全国综合减灾示范社区，开展全国综合减灾示范县(市、区)创建试点工作。全国每个城乡社区确保有1名灾害信息员。

(8)防灾减灾知识社会公众普及率显著提高，实现在校学生全面普及。防灾减灾科技和教育水平明显提升。

(9)扩大防灾减灾救灾对外合作与援助，建立包容性、建设性的合作模式。

第三节　防灾减灾的基本原理和我国防灾减灾的主要任务

一、防灾减灾的基本原理

防灾减灾的基本原理如下。

1. 消除灾害源或降低灾害的强度

消除灾害源或降低灾害的强度措施对减轻人为自然灾害的损失是有效的，如，限制过量地开采地下水，控制地面下沉和海水回灌；控制烟尘和二氧化碳的排放量，防止全球气温上升等。但是，面对自然变异所导致的自然灾害，特别是强度很大的自然灾害，如地震、海啸、飓风、暴雨等，现在人类还没有能力来减轻这些灾害源的强度，更不用说消除这些灾害的载体了。

2. 改变灾害载体的能量和流通渠道

例如，用人为放炮击散雨云的方法减小雹灾；用分洪滞洪的方法减少洪水流量和流向以减轻洪灾等巨型灾害，目前尚无根本改变的措施。

3. 对受灾体采取避防与保护性措施

对于受灾体目前采取避防和保护性措施，包括：对建筑工程进行抗震设计和防火设计，以减少地震和火灾造成的损失；对坝体进行加固，以减少滑坡发生等。但目前人类对于灾害发生的时间、强弱、损失程度等不能准确预测，因此，难以采取非常有效的防护措施。

二、我国防灾减灾的主要任务

1. 完善防灾减灾救灾的法律制度

加强综合立法研究，加快形成以专项法律法规为骨干、相关应急预案和技术标准配套的防灾减灾救灾法律法规标准体系，明确政府、学校、医院、部队、企业、社会组织和公众在防灾减灾救灾工作中的责任和义务。

加强自然灾害监测预报预警、灾害防御、应急准备、紧急救援、转移安置、生活救助、医疗卫生救援、恢复重建等领域的立法工作，统筹推进单一灾种法律法规和地方性法规的制定、修订工作，完善自然灾害应急预案体系和标准体系。

2. 健全防灾减灾救灾体制机制

完善中央层面自然灾害管理体制机制，加强各级减灾委员会及其办公室的统筹指导和综合协调职能，充分发挥主要灾种防灾减灾救灾指挥机构的防范部署与应急指挥作用。明确中央与地方应对自然灾害的事权划分，强化地方党委和政府的主体责任。

强化各级政府的防灾减灾救灾责任意识，提高各级领导干部的风险防范能力和应急决策水平。加强有关部门之间、部门与地方之间协调配合和应急联动，统筹城乡防灾减灾救灾工作，完善自然灾害监测预报预警机制，健全防灾减灾救灾信息资源获取和共享机制。完善军地联合组织指挥、救援力量调用、物资储运调配等应急协调联动机制。建立风险防范、灾后救助、损失评估、恢复重建和社会动员等长效机制。完善防灾减灾基础设施建设、生活保障安排、物资装备储备等方面的财政投入，以及恢复重建资金筹措机制。研究制定应急救援社会化有偿服务、物资装备征用补偿、救援人员人身安全保险和伤亡抚恤政策。

3. 加强灾害监测预报预警与风险防范能力建设

加快气象、水文、地震、地质、测绘地理信息、农业、林业、海洋、草原、野生动物疫病疫源等灾害地面监测站网和国家民用空间基础设施建设，构建防灾减灾卫星星座，加强多灾种和灾害链综合监测，提高自然灾害早期识别能力。加强自然灾害早期预警、风险评估信息共享与发布能力建设，进一步完善国家突发事件预警信息发布系统，显著提高灾害预警信息发布的准确性、时效性和社会公众覆盖率。

开展以县为单位的全国自然灾害风险与减灾能力调查，建设国家自然灾害风险数据库，形成支撑自然灾害风险管理的全要素数据资源体系。完善国家、区域、社区自然灾害综合风险评估指标体系和技术方法，推进自然灾害综合风险评估、隐患排查治理。

推进综合灾情和救灾信息报送与服务网络平台建设，组建灾害信息员队伍，提高政府灾情信息报送与服务的全面性、及时性、准确性和规范性。完善重大、特大自然灾害损失综合评估制度和技术方法体系。探索建立区域与基层社区综合减灾能力的社会化评估机制。

4. 加强灾害应急处置与恢复重建能力建设

完善自然灾害救助政策，加快推动各地区制定本地区受灾人员救助标准，切实保障受灾人员基本生活。加强救灾应急专业队伍建设，完善以军队、武警部队为突击力量，以公安消防等专业队伍为骨干力量，以地方和基层应急救援队伍、社会应急救援队伍为辅助力量，以专家智库为决策支撑的灾害应急处置力量体系。

健全救灾物资储备体系，完善救灾物资储备管理制度、运行机制和储备模式，科学规划、稳步推进各级救灾物资储备库（点）建设和应急商品数据库建设，加强救灾物资储备体系与应急物流体系衔接，提升物资储备调运信息化管理水平。加快推进救灾应急装备、设备研发与产业化推广，推进救灾物资装备生产能力储备建设，加强地方各级应急装备、设备的储备、管理和使用，优先为多灾易灾地区配备应急装备、设备。

进一步完善中央统筹指导、地方作为主体、群众广泛参与的灾后重建工作机制。坚持科学重建、民生优先，统筹做好恢复重建规划编制、技术指导、政策支持等工作。将城乡居民住房恢复重建摆在突出和优先位置，加快恢复完善公共服务体系，大力推广绿色建筑标准和节能节材环保技术，加大恢复重建的质量监督和监管力度，把灾区建设得更安全、更美好。

5. 加强工程防灾减灾能力建设

加强防汛抗旱、防震减灾、防风抗潮、防寒保畜、防沙治沙、野生动物疫病防控、生态环境治理、生物灾害防治等防灾减灾骨干工程建设，提高自然灾害工程防御能力。加强江河湖泊治理骨干工程建设，继续推进大江大河大湖堤防加固、河道治理、控制性枢纽和蓄滞洪区建设。加快中小河流治理、危险水库水闸除险加固等工程建设，推进重点海堤达标建设。加强城市防洪防涝与调蓄设施建设，加强农业、林业防灾减灾基础设施建设以及牧区草原防灾减灾工程建设。做好山洪灾害防治和抗旱水源工程建设工作。

提高城市建筑和基础设施抗灾能力。继续实施公共基础设施安全加固工程，重点提升学校、医院等人员密集场所安全水平，幼儿园、中小学校舍达到重点设防类抗震设防标准，提高重大建设工程、生命线工程的抗灾能力和设防水平。实施交通设施灾害防治工程，提升重大交通基础设施抗灾能力。推动开展城市既有住房抗震加固，提升城市住房抗震设防水平和抗灾能力。

结合扶贫开发、新农村建设、危房改造、灾后恢复重建等，推进实施自然灾害高风险区农村困难群众危房与土坯房改造，提升农村住房设防水平和抗灾能力。推进实施自然灾害隐患点重点治理和居民搬迁避让工程。

6. 加强防灾减灾救灾科技支撑能力建设

落实创新驱动发展战略，加强防灾减灾救灾科技资源统筹和顶层设计，完善专家咨询制度。以科技创新驱动和人才培养为导向，加快建设各级地方减灾中心，推进灾害监测预警与风险防范科技发展，充分发挥现代科技在防灾减灾救灾中的支撑作用。

加强基础理论研究和关键技术研发，着力揭示重大自然灾害及灾害链的孕育、发生、演变、时空分布等规律和致灾机理，推进“互联网+”、大数据、物联网、云计算、地理信息、移动通信等新理念、新技术、新方法的应用，提高灾害模拟仿真、分析预测、信息获取、应急通信与保障能力。加强灾害监测预报预警、风险与损失评估、社会影响评估、应急处置与恢复重建等关键技术研发。健全产学研协同创新机制，推进军民融合，加强科技平台建设，加大科技成果转化和推广应用力度，引导防灾减灾救灾新技术、新产品、新装备、新服务发展。继续推进防灾减灾救灾标准体系建设，提高标准化水平。

7. 加强区域和城乡基层防灾减灾救灾能力建设

围绕实施区域发展总体战略和落实“一带一路”建设、京津冀协同发展、长江经济带发展等重大战略，推进国家重点城市群、重要经济带和灾害高风险区域的防灾减灾救灾能力建设。加强规划引导，完善区域防灾减灾救灾体制机制，协调开展区域灾害风险调查、监测预报预警、工程防灾减灾、应急处置联动、技术标准制定等防灾减灾救灾能力建设的试点示范工作。加强城市大型综合应急避难场所和多灾易灾县(市、区)应急避难场所建设。

开展社区灾害风险识别与评估，编制社区灾害风险图，加强社区灾害应急预案编制和演练，加强社区救灾应急物资储备和志愿者队伍建设。深入推进综合减灾示范社区创建工作，开展全国综合减灾示范县(市、区)创建试点工作。推动制定家庭防灾减灾救灾与应急物资储备指南和标准，鼓励和支持以家庭为单元储备灾害应急物品，提升家庭和邻里自救互救能力。

8. 发挥市场和社会力量在防灾减灾救灾中的作用

发挥保险等市场机制作用，完善应对灾害的金融支持体系，扩大居民住房灾害保险、农业保险覆盖面，加快建立巨灾保险制度。积极引入市场力量参与灾害治理，培育和提高市场主体参与灾害治理的能力，鼓励各地区探索巨灾风险的市场化分担模式，提升灾害治理水平。

加强对社会力量参与防灾减灾救灾工作的引导和支持，完善社会力量参与防灾减灾救灾政策，健全动员协调机制，建立服务平台。加快研究和推进政府购买防灾减灾救灾社会服务等相关措施。加强救灾捐赠管理，健全救灾捐赠需求发布与信息导向机制，完善救灾捐赠款物使用信息公开、效果评估和社会监督机制。

9. 加强防灾减灾宣传教育

完善政府部门、社会力量和新闻媒体等合作开展防灾减灾宣传教育的工作机制。将防灾减灾教育纳入国民教育体系，推进灾害风险管理相关学科建设和人才培养。推动全社会树立“减轻灾害风险就是发展，减少灾害损失也是增长”的理念，努力营造防灾减灾良好文化氛围。

开发针对不同社会群体的防灾减灾科普读物、教材、动漫、游戏、影视剧等宣传教育产品，充分发挥微博、微信和客户端等新媒体的作用。加强防灾减灾科普宣传教育基地、网络教育平台等建设。充分利用“防灾减灾日”“国际减灾日”等节点，弘扬防灾减灾文化，面向社会公众广泛开展知识宣讲、技能培训、案例解说、应急演练等多种形式的宣传教育活动，提升全民防灾减灾意识和自救互救技能。

10. 推进防灾减灾救灾国际交流合作

结合国家总体外交战略的实施以及推进“一带一路”建设的部署，统筹考虑国内国际两种资源、两个能力，推动落实联合国2030年可持续发展议程和《2015—2030年仙台减轻灾害风险框架》，与有关国家、联合国机构、区域组织广泛开展防灾减灾救灾领域合作，重点加强灾害监测预报预警、信息共享、风险调查评估、紧急人道主义援助和恢复重建等方面的务实合作。研究推进国际减轻灾害风险中心建设。积极承担防灾减灾救灾国际责任，为发展中国家提供更多的人力资源培训、装备设备配置、政策技术咨询、发展规划编制等方面支持，彰显我国负责任大国的形象。

第四节 我国防灾减灾的重大项目及防灾减灾的预防措施

一、我国防灾减灾的重大项目

1. 自然灾害综合评估业务平台建设工程

以重大自然灾害风险防范、应急救助与恢复重建等防灾减灾救灾决策需求为牵引，建立灾害风险与损失评估技术标准、工作规范和模型参数库。研发多源异构的灾害大数据融合、信息挖掘与智能化管理技术，建设全国自然灾害综合数据库管理系统。建立灾害综合风险调查与评估技术方法，研发系统平台，并在灾害频发、多发地区开展灾害综合风险调查与评估试点工作，形成灾害风险快速识别、信息沟通与实时共享、综合评估、物资配置与调度等决策支持能力。建立并完善灾害损失与社会影响评估技术方法，突破灾害快速评估和综合损失评估关键技术，建立灾害综合损失评估系统。建立重大自然灾害灾后恢复重建选址和重建进度评估技术体系，建设灾后恢复重建决策支持系统。基本形成面向中央及省级救灾决策与社会公共服务的多灾种全过程评估的数据和技术支撑能力。

2. 民用空间基础设施减灾应用系统工程

依托民用空间基础设施建设，面向国家防灾减灾救灾需求，建立健全防灾减灾卫星星座减灾应用标准规范、技术方法、业务模式与产品体系。建设防灾减灾卫星星座减灾应用系统，实现军民卫星数据融合应用，具备自然灾害全要素、全过程的综合监测与判断能力，提高灾害风险评估与损失评估的自动化、定量化和精准化水平。在重点区域开展“天空地”一体化综合应用示范，带动区域和省级卫星减灾应用能力发展。建立卫星减灾应用信息综合服务平台，具备产品定制和全球化服务能力，为我国周边及“一带一路”沿线国家提供灾害遥感监测信息服务。

3. 全国自然灾害救助物资储备体系建设工程

采取新建、改建、扩建和代储等方式，因地制宜，统筹推进，形成分级管理、反应迅速、布局合理、规模适度、种类齐全、功能完备、保障有力的中央、省、市、县、乡五级救灾物资储备体系。科学确定各级救灾物资储备品种及规模，形成多级救灾物资储备网络。进一步优化中央救灾物资储备库布局，支持中西部多灾易灾地区的地市级和县级救灾物资储备库建设，多灾易灾城乡社区视情况设置救灾物资储存室，形成全覆盖能力。

通过协议储备、依托企业代储、生产能力储备和家庭储备等多种方式，构建多元救灾物资储备体系。完善救灾物资紧急调拨的跨部门、跨区域、军地间应急协调联动机制。充分发挥科技支撑引领作用，推进救灾物资储备管理信息化建设，实现对救灾物资入库、存储、出库、运输和分发等全过程的智能化管理，提高救灾物资管理的信息化、网络化和智能化水平，救灾物资调运更加高效快捷有序。

4. 应急避难场所建设工程

编制应急避难场所建设指导意见，明确基本功能和增强功能，推动各地区开展示范性应急避难场所建设，并完善应急避难场所建设标准规范。结合区域和城乡规划，在京津冀、长三角、珠三角等国家重点城市群，根据人口分布、城市布局、区域特点和灾害特征，建设若干能够覆盖一定范围，具备应急避险、应急指挥和救援功能的大型综合应急避难场所。结合人口和灾害隐患点分布，在每个省份分别选择若干典型自然灾害多发县(市、区)，新建、改建、扩建城乡应急避难场所。建设应急避难场所信息综合管理与服务平台，实现对应急避难场所功能区、应急物资、人员安置和运行状态等管理与评估，面向社会公众提供避险救援、宣传教育和引导服务。

5. 防灾减灾科普工程

开发针对不同社会群体的防灾减灾科普读物和学习教材，普及防灾减灾知识，提升社会公众防灾减灾意识和自救互救技能。制定防灾减灾科普宣传教育基地建设规范，推动地方结合实际新建、改建、扩建融宣传教育、展览体验、演练实训等功能于一体的防灾减灾科普宣传教育基地。建设防灾减灾数字图书馆，打造开放式网络共享交流平台，为公众提供知识查询、浏览及推送等服务。开发动漫、游戏、影视剧等防灾减灾文化产品，开展有特色的防灾减灾科普活动。

二、防灾减灾的预防措施

20 世纪的观测事实已表明，气候变化引起的极端天气气候事件(如厄尔尼诺、干旱、洪涝、雷暴、冰雹、风暴、高温天气和沙尘暴等)出现频率与强度明显上升，直接危及我国的国民经济发展。预防和减轻自然灾害可以采取如下措施。

1. 制订预案，常备不懈

国家、省、市、区以及企事业单位、社区、学校等制订与演练应急预案，形成预防和减轻自然灾害有条不紊、有备无患的局面。应急预案应包括对自然灾害的应急组织体系及职责、预测预警、信息报告、应急响应、应急处置、应急保障、调查评估等机制，形成包含事前、事发、事中、事后等各环节的一整套工作运行机制。

2. 以人为本，避灾减灾

以人为本，将保障公众生命财产安全作为防灾减灾的首要任务，最大限度地减少自然灾害造成的人员伤亡和对社会经济发展的危害。

3. 监测预警，依靠科技

在防灾减灾中坚持“预防为主”的基本原则，将灾害的监测预报预警放到十分突出的位置，并高度重视和做好面向全社会，包括社会弱势群体的预警信息发布。加强灾害性天气的短时、临近预报，加强突发气象灾害预警信号制作工作，加强气象预警信息发布工作，是提高防灾减灾水平的重要科技保障。例如，新一代天气雷达和自动气象站、移动气象台，以及气象卫星等现代化探测手段，提高了对台风的最新动态进行实时监测的能力。

4. 防灾意识，全民普及

社会公众是防灾的主体。增强忧患意识，防患于未然，防灾减灾需要广大社会公众广泛增强防灾意识、了解与掌握避灾知识。在自然灾害发生时，普通群众能够知道如何处置灾害情况，如何保护自己，帮助他人。政府与社会团体应组织和宣传灾害知识，培训灾害专业人员或志愿者。有关部门通过图书、报刊、音像制品和电子出版物、广播、电视、网络等，广泛宣传预防、避险、自救、互救、减灾等常识，增强公众的忧患意识、社会责任意识和提高公众的自救、互救能力。

5. 应急机制，快速响应

政府、相关部门需要建立"统一指挥、反应灵敏、功能齐全、协调有序、运转高效"的应急管理机制。"快速响应、协同应对"是应急机制的核心。

6. 分类防灾，针对行动

不同灾种对人类生活、社会经济活动的影响差异很大，防灾减灾的重点、措施也不同，例如，防灾减灾的预防措施对台风灾害，重点是防御强风、暴雨、高潮对沿海船只、沿海居民的影响；强雾、雪灾则对航空、交通运输形成很大的影响；沙尘暴灾害主要影响空气质量。根据不同灾种特点以及对社会经济的影响特征，采取针对性应对措施。

7. 人工影响，力助减灾

人工影响天气已成为一种重要的减灾手段。在合适的天气形势下，组织开展人工增雨、人工消雨、人工防雹、人工消雾等作业，可以有效抵御和减轻干旱、洪涝、雹灾、雾灾等气象灾害的影响和损失。

8. 风险评估，未雨绸缪

自然灾害风险是指未来若干年内可能达到的灾害程度及其发生的可能性。开展灾害风险调查、分析与评估，了解特定地区、不同灾种的发生规律，了解各种自然灾害的致灾因子对自然、社会、经济和环境所造成的影响，以及影响的短期和长期变化方式，并在此基础上采取行动，降低自然灾害风险，减少自然灾害对社会经济和人们生命财产所造成的损失。

第五节　国内外防灾减灾的发展简况

人类与自然灾害的斗争从远古时代就开始了。在我国，古代传说的"羿射九日"最可能是人类与干旱做斗争的映射；而中国人家喻户晓的"大禹治水"就是人类与洪水做斗争的光辉记录；东汉张衡发明的地震仪是我国抗震研究的一大成果。历朝历代均对自然灾害的防治做过很大努力。国外对抗震、抗风等方面的研究开始得也很早。尤其是到了近代对抗震减灾的研究取得了巨大进展。

本节只对近几十年来国内外的一些重大事件做简要介绍，从中可以看到包括我国在内的世界各国对防灾抗灾工作的重视。

一、国际减轻自然灾害十年

1987 年 12 月 11 日第 42 届联合国大会一致通过了第 169 号决议。决议确定从

1990—2000年也即20世纪最后十年在全世界范围开展一个“国际减轻自然灾害十年”的国际活动。其宗旨是通过国际上的一致努力，将世界上各种自然灾害造成的损失，特别是发展中国家因自然灾害造成的损失减轻到最低程度。这种基于共同减灾目的建立起来的广泛协作，要求各个国家政府和科学技术团体、各类非政府组织，积极响应联合国大会的号召，并在联合国的统一领导和协调下，广泛开展各种形式的国际合作，通过技术转让和援助、项目示范、教育培训，推广应用现有行之有效的减轻自然灾害的科学技术，并开展其他各种减轻自然灾害的活动，从而提高各个国家，特别是第三世界国家的防灾、抗灾能力。

“国际减轻自然灾害十年”的设想最初是由美国前总统卡特的科学特别助理、美国国家科学院院长、地震学家F. Press博士在1984年的第8届世界地震工程会议上提出来的。此后，1988年联合国成立了“国际减轻自然灾害十年”指导委员会，并由其所属的10多个部门(如联合国教科文组织、救灾署、开发署、环境署、世界气象组织世界卫生组织、世界银行、国际原子能机构……)的领导担任委员。联合国秘书长根据国际学术团体的推荐，亲自聘请了来自24个国家的25位国际知名防灾专家组成了联合国特设国际专家组，由F. Press担任主席。我国国家地震局的谢礼立为该专家组成员。

1989年第44届联合国大会通过了《国际减轻自然灾害十年决议》及《国际减轻自然灾害十年国际行动纲领》并建立了相应的机构。纲领明确了“国际减轻自然灾害十年”的目的、目标和国家一级需采取的措施及联合国系统需采取的行动等，并规定每年10月的第二个星期三为“国际减轻自然灾害日”。其目的是通过国际社会协调一致的努力，充分利用现有的科学技术成就和开发新技术，提高各国减轻自然灾害的能力，以减轻自然灾害给世界各国，特别是发展中国家所造成的生命财产损失。其主要活动内容包括注重减轻由地震、风灾、海啸、水灾、土崩、火山爆发、森林火灾、蚱蜢和蝗虫、旱灾和沙漠化，以及其他自然灾害所造成的生命财产损失和社会经济失调；增进每一个国家迅速有效地减轻自然灾害的影响的能力，特别注意在发展中国家设立预警系统；要求所有国家政府都要拟订国家减轻自然灾害方案；鼓励科学和技术机构、金融机构、工业界、基金会和有关非政府组织，支持和充分参与国际社会包括各国政府、国际组织等拟订和执行的各种减灾十年方案和活动；推动宣传与普及民众防灾知识，注意备灾、防灾、救灾和援建活动等。然后，一些国际组织和国际减灾委员会建立了许多防灾减灾项目，如“联合国全球灾害网络”“全球大区的台风监测计划”“欧洲尤里卡计划”“美国飓风、洪水预报及减轻灾害研究”“日本防灾应急计划”等，并取得了许多研究成果。

1989年4月3日我国正式成立“中国国际减灾十年委员会”，由当时的国务院副总理田纪云出任委员会主任，目标是到2000年使自然灾害的损失减少30%。

每年的国际减灾日主题(口号)，由联合国国际减轻自然灾害十年科学技术委员会根据 IDNDR 活动的进程和减灾工作的重点提出，由联合国国际减轻自然灾害十年秘书处发布。例如，2016 年的国际减灾日主题是："用生命呼吁：增强减灾意识，减少人员伤亡"。

另外，国际和国内每年都确定一些专门的日子来展开专题活动，如土地日、水日、人口日等，全部都是与防灾减灾有关的。

二、我国政府的减灾行动

(1)在《中国 21 世纪议程》中，明确了以可持续发展为核心，为我国的防灾减灾工作提供了依据。1997 年建设部公布了《城市建筑综合防灾技术政策纲要》，将地震、火灾、洪水、气象灾害、地质灾害列为五大灾种，提出了防灾减灾的各种技术措施。

(2)由于影响国家安全生产及安全生活的特大、重大事故和环境公害突发事件越来越多地集中在城市，因此，我国《21 世纪国家安全文化建设纲要》中特别强调了城市综合减灾研究是 21 世纪中国最值得关注的保障技术之一。

1994 年在日本横滨世界减灾大会上发布的《中国减灾规划》，不但从宏观的战略高度提出了我国国家减灾目标与战略，标志着我国在社会经济发展规划中开辟了"防灾减灾"这一重要窗口，同时，它还提出要逐步提高工业基地、高风险区域城镇、基础设施和高风险源的抗灾设施建设，以增强企业的防灾能力，另外，它要求到 2010 年完成全国各级城镇的减灾规划，进一步提高城市防灾减灾设防标准，基本控制因灾造成的次生灾害。1999 年 3 月编制完成的《1999 年中国自然灾害对策》白皮书作为我国科学家群体减灾智慧的结晶，已将中国城市灾害作为减灾重点之一，并强调在我国应首先从大城市、大区域上强化综合减灾能力的建设，这无疑是城市防灾减灾工作的重大进展之一。

(3)逐步制定了一些有关防灾的法律、法规。我国政府陆续颁布与实施了《中华人民共和国水法》(2016 年 7 月 2 日施行)、《中华人民共和国环境保护法》(1989 年 12 月 26 日施行)、《中华人民共和国军事设施保护法》(1990 年 8 月 1 日施行)、《中华人民共和国人民防空法》(1997 年 1 月 1 日施行)、《中华人民共和国防洪法》(1998 年 1 月 1 日施行)、《中华人民共和国防震减灾法》(1998 年 3 月 1 日施行)、《中华人民共和国消防法》(2009 年 5 月 1 日施行)、《中华人民共和国减灾法》(1998 年 3 月 1 日施行)、《中华人民共和国防沙治沙法》(2002 年 1 月 1 日施行)、《中华人民共和国职业病防治法》(2011 年 5 月 1 日施行)、《中华人民共和国安全生产法》(2002 年 11 月 1 日施行)等一系列防灾法规，规定了各级政府防御和减轻城市灾害的责任，这必将促进我国城市防灾事业和城市防灾学科的加速建立。

三、国内外主要的防灾、减灾学术刊物

在最近的10～20年，一些有关灾害学的学术刊物在世界范围内陆续创刊。比较知名的分别有美国、英国、日本、瑞典等国创办、出版的《自然灾害观测者》《火》《灾害》《自然灾害科学》《灾害管理》《意外事件》《自然灾害研究委员会通讯》等刊物。我国于1986年创办了《灾害学》杂志，随后由我国灾害防御协会主办、国家地震局工程力学所承办的《自然灾害学报》于1990年创刊，《中国减灾》《中国减灾报》也是综合减灾的专业报刊。另外，《地震工程》《火灾科学》《消防科技与产品》《安全科学》《土木工程学报》《地质学报》《气象学报》《岩土工程学报》等刊物均有对各种灾害的研究、报道。

第六节　城市防灾减灾规划

一、城市防灾减灾规划的概念

城市防灾减灾规划是以社会科学和自然科学综合研究为先导，形成以地方应急管理局为主体的灾害预防、救援与灾后重建的行政管理体系以及以防灾保险为依托的社会保障机制。

长期以来，城市防灾工作一直不受重视，许多国家的城市在进行城市规划时，考虑防灾的内容都显得不足。我国的城市规划中至今尚没有一个系统、综合的防灾减灾规划，有的发达城市也仅有单灾种规划，如城市抗震防灾规划、城市防洪规划、城市消防规划、城市地质灾害防治规划、城市人防规划等专项规划。但一个城市往往受多种灾害的威胁，而各种灾害的发生发展都有各自的特点，同时，一种城市灾害往往引起其他次生灾害的发生，以致灾害相继，破坏严重。

提高一个城市的防灾能力旨在提高这个城市综合减灾科技与管理能力，它绝不仅仅是城市的抗震能力、防洪能力等单一指标的问题，而应强调协调能力的水准。只有协调得好，这个城市的防灾总体规划才可行，城市也才有应对意外灾害风险的综合水平及能力。防灾减灾规划应与各种灾害的特点相适应，例如，抗震防灾规划不能适应防洪排涝的需要，消防规划不能满足抗震防灾的需要等。编制综合防灾减灾规划的第一步就是编制各单灾种规划，各单灾种规划是综合防灾减灾规划的基础。由于城市灾害的多样性及其链式效应，如果各单灾种减灾规划自行其是，条块分割，将会造成各种防灾减灾规划之间极不协调甚至相互矛盾，并可能导致抗灾救灾设施和机构重复设置，进而造成人、财、物的巨大浪费，因此，

编制综合防灾减灾规划就是要协调各单灾种规划，并与城市总体规划功能和目标相一致。换言之，城市综合减灾规划作为城市总体规划中的专项规划，必须与其他专项规划相协调。例如，城市道路既供城市日常交通运输使用，也可供灾害发生时应急抢险和防火隔离带使用。在制定城市交通规划时，必须考虑综合减灾的功能，城市综合减灾规划也必须以交通规划作为依据之一。

每一个城市均应根据其具体情况制定一个综合的防灾减灾规划，并设立实施这一综合防灾减灾规划的领导机构，形成横向的城市防灾网络系统。所谓综合防灾减灾就是强调系统化的综合分析与决策，抓住“综合”的关键，至少协调好以下十大关系：

(1)经济建设与防灾减灾建设一起抓。

(2)防灾、抗灾、救灾与恢复建设一起抓。

(3)各行政管理部门应相互配合，实施工程与减灾管理的综合网络。

(4)灾害预测研究部门、工程建设、政府机构及学术社团相互结合。

(5)促进灾害科学自然态与社会态的结合(含人的生理与心理)，形成交叉性课题。

(6)工程减灾的硬措施与非工程性减灾的软措施的结合。

(7)数据观测、灾情资料、趋势预测的交流、发布警报与救灾措施的结合。

(8)减灾与兴利相结合。

(9)政府科技行为与社会公众安全文化活动相结合。

(10)可持续发展与跨世纪减灾未来学的关系等。

经研究表明，无论是自然灾害或由人为影响为主的人为灾害，还是人为决策失误型灾害，坚持综合防灾减灾的思想都是最根本的。

二、我国城市防灾减灾的现状

我国的城市灾害管理开始于20世纪70年代，与国外相比起步较晚，发展较缓慢。自20世纪90年代，由联合国发起“国际减灾十年”活动后，我国才逐渐发展为从城市角度对灾害给予关注。在1998年4月，《中国减灾规划》由国务院批准实施，指出要重点加强我国主要大城市的灾害管理，加大对减灾问题的研究。1999年和2007年国家先后出台了《城市规划基本术语标准》及《中华人民共和国城乡规划法》，从制度上对城市防灾减灾管理及措施实施上提出了更高的要求，增强了约束力。目前，我国灾害管理是按灾种进行责任划分的，根据不同的灾害种类分别设置了各灾害管理部门的职责，如划分为气象、水利、海洋、国土资源、农业、林业、环境、消防、防疫和地震等部门分别对相应的灾害实施管理职责。该体制为单项灾害管理模式。具体的防灾减灾体制如下：

(1)按类别，分区域、分部门地对灾害预测情况开展预报工作。

(2)由地区各级政府部门以及行业负责防灾、抗灾工作。

(3)由各地民政部门、纪委和商务部等负责各项救灾与援建事宜。

(4)如果遇到特殊或紧急情况可调动军队、武警部队实施救援。

(5)由专门的科研部门以及学术组织对灾害情况进行评估分析。

(6)目前我国关于气象、地质灾害防御、防洪抗旱、森林放火、消防、农林病虫害防治、地震等方面的法律、法规较为明确。

我国现采取的防灾减灾管理方式主要有以下几项：

(1)实行中央统一决策，政府各部门按照统一决策和自身的职能，分工负责，密切配合，组织实施。

(2)以地方政府为主，按行政区域采取统一的组织指挥。各易灾地区都有明确的责任制，保证防灾、抗灾、救灾任务快速有效地实施。对重大任务，各级行政首长亲临现场指挥，对所需人力、器械和物资，以及来自上级和外地的支援力量，严格服从统一调动。

(3)充分发挥军队的作用。在兴建防灾工程、抗灾抢险、抢救转移、治伤治病、抢修生命线工程以及恢复生产、重建家园等各项工作中，军队都发挥了重要作用，我国军队是同自然灾害斗争的一支重要力量。

虽然我国政府一贯高度关注城市防灾事业，自新中国成立 60 多年来，随着各项建设逐渐步入正轨，已初步建立起一个比较完整的防灾减灾法规和管理体系。然而，面对重大灾害频频发生的严峻事实，特别是近几年，城市的综合防灾减灾能力逐渐表现出越来越多的不适应，一些城市在一次灾害下就导致城市的部分功能瘫痪、生命财产损失、生产生活受挫等。应该说，我国的城市防灾减灾体系建设与客观要求还存在较大差距。

三、城市综合防灾减灾规划的国际比较

(一)国外城市综合防灾减灾规划的比较分析

1. 日本的城市综合防灾减灾规划

日本被认为是典型的易受灾害国家，其国民及政府均具有强烈的灾害意识，在吸取以往灾害经验教训的基础上，不断完善防灾救灾机制和城市综合防灾减灾规划。目前，日本的城市防灾规划在世界上居于领先地位，是许多灾害频发国家学习的对象。

日本城市规划体系外的城市综合防灾减灾规划，由中央防灾会议、都道府县防灾会议和市町村防灾会议三级构成。具体的灾害防救规划体系可分为防灾基本

规划、防灾业务规划和地域防灾规划。其中，防灾基本规划是中央级别的，而都道府县和市町村则是地方级别的，并有其各自的地域防灾规划。日本的地域防灾规划是指灾害可能涉及区域的防灾减灾规划，由各地方政府、都道府县、市町村，依据防灾基本减灾规则，结合本地区的灾害特征而制定的适合本区域的防灾规划。

日本城市规划体系中的城市综合防灾减灾规划，即防灾都市建设规划一般由城市规划管理部门制定，是地域防灾规划在城市空间建设方面的具体落实。规划通常可分为调查阶段、计划制定阶段及计划落实阶段，由都市级别的对策和地区级别的对策两部分组成，具体内容包括防灾据点的整建、避难场所及路线的整建、都市防灾区划的整建、密集市区防灾街区的整建及以居民为主体构建防灾街区等。

日本的首都东京作为现代化国际大都市，其所处的地理位置面临台风、城市直下型地震和海沟型地震等自然灾害的威胁，对城市防灾规划的要求极高。在吸取以往灾害经验和教训的基础上，研究者和城市管理者发现，以应对自然灾害为主的灾害对策体制及按照灾害原因分类管理体制已不能适应城市发展的需求，应进行合理整合以形成更高层次的综合性的防灾规划。目前，东京与日本其他城市一样，从基础设施建设到政府危机管理机制，都达到了相当高的水平。东京完备的城市综合防灾减灾规划及防灾行政管理体系是基于日本的《灾害对策基本法》，该法于1961年颁布实施，平均两年修改一次，目前已成为较完整有效的防灾减灾基本国家大法，它具有统一的体制，使得防灾活动更有效率和更规范化。

2. 美国的城市综合防灾减灾规划

作为灾害多发国家的美国凭借其较强的综合国力，在防灾救灾机制和城市综合防灾规划等方面同样具有强大的实力。

美国城市规划体系外的城市综合规划通常由“综合防灾减灾规划”和“应急行动规划”组成，分别强调灾前预防与灾后回应。编制“综合防灾减灾规划”是制定消除和减轻灾害导致的生命和财产损失的措施，例如，美国的减灾法律要求所有地方、郡及部落的政府为本辖区制定防灾减灾规划，并依据提交的防灾减灾规划获得防灾减灾项目的基金资助资格。“应急行动规划”则是规划灾害现场及过程中人员及财产的保护措施，规定了执行人员的具体职责，明确了在灾害中可以投入的物资，包括人员、设施等资源的使用和协调措施。

美国的防灾减灾规划体系基本由联邦、州和地方三级构成。其中，灾害防救规划体系的每个层次均设有综合规划和专业规划两类。其灾前的防灾减灾规划和灾后的回应规划分开编制。

在联邦级别中有“国家回应规划”，该规划是美国国土安全部在2004年颁布的，它整合了联邦一级的机构、能力和资源，使之成为多学科、多灾种的、统一的国家事故管理办法，详细规定了在国家级别的事故中联邦负责协调的机构及其运行的过程。规划针对恐怖事件、自然灾害和其他应急情况，主要包括预防、准备、回应和恢复四个阶段。

在州和地方级别中，主要有州和地方的"应急行动规划""综合防灾减灾规划"。通常，依据灾害专项和防灾主管部门而进行应急回应规划、减灾规划。其中，"州应急行动规划"作为规划框架，为地方应急行动规划的依据，并确保各级政府作为统一的应急组织行动和管理，通常包括预警、应急公共信息、疏散和避难场地等环节。"州减灾规划"作为州内各级决策指定的指南，明确其所承担的防灾减灾义务，面对自然灾害时所采取的减小灾害措施及调配资源的方法。该规划在制定的过程中，注重与地方政府的协调，并以此构成州防灾减灾规划的基础。"地方防灾减灾规划"提供了向社区传递自然灾情、减灾信息的媒介，提高社区居民面对灾害的意识。其编制过程通常可分为组织资源、风险评估、制定规划策略、规划实施与更新四个阶段。

(二)我国的城市综合防灾减灾规划

在我国，目前在城市规划体系外和体系内尚未存在真正意义上的城市综合防灾减灾规划。而依据部门行业和不同灾害种类而编制的各类城市灾害应急预案和防灾减灾专项规划相对完善。例如，在城市规划体系内的城市总体规划层面，通常编制较全面的防灾减灾专业规划，其中对于各类灾害的探讨和研究比较深入和透彻，而对防灾减灾的综合性规划则欠缺深入的探究，进而到具体的实施方面则更难以实现。

针对我国在城市综合防灾减灾规划方面落后局面，其原因是多方面的，首先，城市规划的工作者和城市的管理者对城市综合防灾减灾规划编制的认识层面有所欠缺，缺少城市综合防灾减灾规划的理论支撑，一些城市规划的工作者将城市综合防灾规划与一般城市规划混为一谈，而某些城市的防灾减灾规划虽然标有综合减灾规划的名称，却徒有虚名。其次，真正的城市综合防灾减灾规划缺乏相应的组织机构保证，城市综合防灾减灾规划作为常态城市安全建设与现有的城市应急预案不衔接，难于协调的症结在于两者出自不同的管理部门，其有着不同的规划思想。最后，缺乏综合的、系统的、全面的灾害和财产信息，以及相应的配套制度等。

近年来，国内城市综合防灾减灾规划领域也出现了一些具有积极意义的探索，许多研究也考虑了多灾种，体现了灾害全过程的特点，强调了多手段的应用，但是，这些成果仅限于城市规划体系外的城市建设方面的防灾资源整合，还未达到真正意义上的综合规划。

(三)综合防灾规划的国际比较对我国城市防灾的启示

1. 城市综合防灾规划的国际比较分析

(1)日本和美国均有较完整的城市综合规划体系，且内部结构清晰，分工明确。同时，它们完备的城市综合防灾减灾规划及防灾行政管理体系基于该国完备的综合法律、法规。例如，日本的《灾害对策基本法》等综合法律、法规为各城市的综合防灾减灾规划和管理提供了有效的保障。美国也制定了多项综合应对自然灾害和紧急事件的法律、法规，并在重大灾害后对相关法律、法规进行修订使之逐步完善。1950 年的《灾害救助和紧急援助法》是美国第一个与应对突发事件有关的法律。该法规定了重大自然灾害突发时的救济和救助原则，规定了联邦政府在灾害发生时对州政府和地方政府的支持，适用于除地震外的其他突发性自然灾害，目前该法已经过多次修订，逐步增强了联邦政府在应对突发公共事件上的能力。1976 年的《全国紧急状态法》是美国影响最大的应对突发公共事件的法律。它对紧急状态的宣布程序、实施、终止、期限及权力等做出详细规定。另外，1977 年的《地震灾害减轻法》、1980 年的《地震灾害减轻和火灾预防监督计划》、1990 年的《重新审定国家地震灾害减轻计划法》共同成为联邦政府制订、实施和支持震灾减轻计划，减轻地震对生命财产危害的法律依据。

(2)美国城市规划体系外的城市综合防灾减灾规划由"综合减灾规划"和"应急行动规划"两部分组成，分别强调灾前预防与灾后回应，而日本则是将其作为一个整体进行综合规划。

与上述国家相比，我国的各级各类城市应急预案体系已经基本成形，形成了相应的应急管理组织构架，并由专业部门组织编制了城市主要的单灾种防灾专项规划，但目前还难以形成真正意义的综合防灾减灾规划。

(3)美国的城市综合防灾减灾规划比较强调相关公共政策的制定，而具体空间规定的内容相对较少。相比之下，日本的综合规划体系则比较注重空间的安排，其空间安排的内容比较具体，并涵盖了不同的空间层面，通常包括城市结构层面、社区层面及邻里层面等。与此相比，我国的城市规划体系与日本的体系比较接近，更侧重物质规划的内容，对防灾减灾规划的技术性问题比较重视，却忽视了城市综合防灾减灾发展的方向和相关公共政策的制定，缺乏形势突变时的应急策略。

(4)日本和美国的城市综合防灾减灾规划的编制有赖于全面、透明的城市灾害及财产信息，由此得出客观的灾害风险评估结果，并制定科学合理的防灾减灾政策。与之相比，我国城市灾害信息公开共享的程度较低，其中最关键的问题是信息过于分散，不仅无法在灾害危急时刻快速及时地统一调集汇总，而且在信息单一、闭塞的基础上也很难制定出科学合理的城市综合防灾减灾规划。

(5)日本和美国的城市综合防灾减灾规划的公众参与意识较强，有关公众参与的机制比较完善。相比之下，我国城市综合防灾减灾规划的公众参与意识较薄弱，公众参与相当有限，而且多数的公众参与环节形同虚设，多属于"象征性参与"，难以发挥其应有的作用。

2. 城市综合防灾规划国际比较对我国的启示

(1)城市防灾法可以为一切组织和个人在防灾减灾方面的行为提供法律上的保护，加快制定统一完善的城市防灾法势在必行。当前在我国城市防灾等法规不健全的情况下，应依据我国现有的相关防灾救灾法律，结合各地城市综合防灾减灾规划及城市总体规划修编等事宜，编制相关的城市综合防灾减灾规划条例，尽快有效地指导全国城市的防灾减灾规划工作。

(2)从逐步建立并完善城市综合防灾减灾规划的机制入手，重视城市极端事件及城市建设中的新情况和新问题。将开展城市灾害风险分析作为城市综合防灾减灾规划的重点工作，建立起完善有效的城市综合防灾规划体系，构建城市危机管理的社会整体联动系统。处理好危急状态下和常态中的危机管理关系，提倡"循环型综合防灾减灾规划"模式，实现可持续发展。

(3)相关部门应尽快组建专家机构，建立城市综合防灾减灾规划专家库，以多险种专家知识整合为基础，确立城市综合防灾减灾规划体系的智囊机制，有效地推动城市综合防灾减灾工作的深入，避免城市综合防灾减灾规划在技术层面上成为"空话"。

(4)强化信息管理与技术支撑系统，逐步构建全面、透明的城市灾害及财产信息系统和共享平台，客观地进行灾害风险评价，以便制定科学合理的防灾减灾政策。可以借鉴日本东京的做法，在各城市设立专门的信息统管部门，对信息实行高度一体化的管理，打破部门界限及不同部门的信息垄断边界，形成信息共享平台。同时也可以在信息共享平台的基础上制定科学、合理的城市综合防灾减灾规划。

(5)强化城市社会及公众共同应对危机的理念，重视公众参与城市综合防灾减灾规划的工作和市民危机意识的教育。改变传统观念，变"事后参与"为"事前参与"，重点放在综合防灾减灾规划制定过程中如何听取群众的合理意见环节，完善批前专家咨询论证和公示评议等制度建设，尽快建立和完善公众全面参与的相关制度。

四、制定城市防灾减灾规划的必要性

城市是国家和区域政治、经济和文化中心。随着经济发展，人口及产业纷纷涌向都市，都市范围不断扩大，城市化进程加快，中心地区的城市功能与高层大型建筑日益密集，一旦发生大规模灾害(如地震)，其损失将可能无法计数。另外，灾害还是威胁城镇生存和发展的重要因素之一。一方面，灾害不仅造成巨大经济损失和人员伤亡，还干扰破坏城市各种活动的秩序，对人们产生心理压力，导致人们心态失衡；另一方面，灾害的分布和强度直接影响城市的发展方向、规模及建设速度。

在灾害面前，人们并非束手无策，而是可通过采取事先的措施(如制定防灾减灾规划)来消灭或削弱灾害源、限制灾害载体、保护或转移承灾体。1999 年 7 月，在日内瓦召开的世界减灾大会上，时任联合国秘书长的安南号召人们从今天起做一个改变，即从“一个引起反作用的文明进步到一个预防灾难的文明，因为未来灾害会因为人类不经济的开发实践而进一步恶化”。会议着眼于 21 世纪和社会发展，提出了城市减灾。近年来城市防灾减灾成为城市发展的重要课题，而根据城市灾害的特点和城市防灾工程现状，制定长期的、系统的城市综合防灾减灾规划，是实现城市综合防灾减灾的前提。

五、城市防灾减灾规划和城市规划的关系

《中华人民共和国城乡规划法》明确规定：编制城乡规划应当符合城乡防火、防爆、抗震、防洪、防泥石流等防灾要求。可见，城市防灾减灾规划不是一个全新的规划，它是依附于城市总体规划的分规划，但它又是在传统的城市规划理论及方法上的新发展，是总体规划的补充和完善。它具有自身的完整性、独立性和系统性；缺少防灾减灾规划便无法构成完整的城市总体规划体系。城市总体规划要有长远的减灾规划和目标，提高安全防灾能力，增强城市防灾能力。在进行城市建设总体规划的同时，制定既具有独立性又隶属于它的二级规划——城市防灾减灾规划。

城市防灾减灾规划除了规划本身要符合相关国家标准以外，在规划布局上应当服从城市规划的统一安排，例如，城市的防洪、消防工程规划布局都要在城市规划中加以协调。另外，城市规划也要尽量满足城市防灾减灾规划的要求。例如，城市详细规划中要保持建筑物的合理间距，使街道宽度在两侧建筑倒塌后仍有救灾的通道；规划足够的绿地和空地作为灾时避灾场地等。

六、城市防灾减灾规划的基本原则

城市防灾减灾规划需遵循以下几个原则：

(1)防灾减灾与城市社会发展是有机的统一。一方面，城市化发展应当与减灾投入相适应；另一方面，减灾规划必须尽量有利于城市其他社会职能的实现，有利于社会经济发展目标或其他城市规划任务的实现。一些减灾必备的因素，例如，地震避难场地、救灾预备站应该还有其平时的用途。

(2)防灾减灾应与城市环境协调发展。防灾减灾规划应为城市建设与城市日常生产、生活活动及减灾活动创立低耗、高效的环境条件。

(3)防灾减灾规划应具有系统性，并可适应防灾减灾的动态发展趋势。城市灾害虽然有多种，但其危害各不同，发生频率不同，而且防治的难易程度和防治效果也不同。所以，在制定城市防灾减灾规划时，应明确基本目标，在总目标下划分若干阶段性目标，区分轻重缓急，区别对待，并根据城市发展的阶段水平和能力，采取分阶段实施的办法。另外，灾害是生态因子在内外力作用下的量变异常现象，是生态系统自我调节以求实现系统平衡的一种方式。由于对灾害形成的内力作用，人们无法改变和抗拒，同时，对其外力作用的影响和调控能力是有限的，加之对一些灾害发生的机理在短期内尚无法弄清楚，从这个意义上讲，灾害是一种永恒现象，防灾减灾工作也应该是一项永恒性的内容，所以，要保证城市防灾减灾规划与城市总体规划一样是发展和动态的，要坚持定期补充和修订。

(4)在专业规划中体现防灾意识。由于城市总体规划的落实是通过专业规划实现的。只有建设规划和设计考虑防灾需要，才可能使防灾这一基本思想落到实处。例如，城市道路宽度的确定，除满足交通流和地下管网敷设的要求外，还要考虑防灾救灾的需要。因为道路可以有效地阻止火灾蔓延，起到防火隔离带的作用，同时，又是救援工作的基本条件。事实证明，在地震灾害死亡人数中，有相当一部分人是由于得不到及时有效的抢救而死亡的。

(5)防灾减灾规划应具备全局性和独立性。灾害具有区域性的特点，尽管不同灾种表现出的规律不同，例如，地震灾害的发生与断裂带分布有关；洪涝灾害主要与流域里降水总量、降水强度、降水时态特点及河流的水文状况有关；人为灾害大多与城市产业结构及生产力布局的特点有关，但是，灾害的发生受区域环境条件的制约，灾害的危害波及区域的其他地方，也是正常现象。所以，城市防灾要建立在区域防灾规划的基础上，并按照整体部署，采用统一协调的防灾标准和防灾措施。

由于城市的集聚特征决定了城市在区域性防灾中的地位和作用。它既是防灾的重点，也是救灾的中心。在一个城市里，人口、财产等密集程度也是有差异的，因此，在防灾指导思想上不仅要承认这种差异性，而且需要明确给予必要的“优惠”，适当地提高城市或其中某些地段的防灾标准，考虑相应的防灾应急系统。对综合危险性较大、灾害综合损失期望值较高的地段，在规划时，应注意在其附近重点配置防灾基础设施，重点检测和加固维护该处的生命线系统，尽量避免在该区域内建设重要建筑和企业，降低财产分布，以减少灾害造成的经济损失。而且还可以利用城市原有的自然景观和人文景观，在该区多开辟公共绿地。一方面可以改善城市生态环境；另一方面也增加了城市遭受灾害时的疏散场地，提高城市的综合抗灾能力。

七、城市综合防灾减灾规划的编制和实施

1. 城市综合防灾减灾规划的编制要点

(1)编制城市综合防灾减灾规划应包括全市防灾减灾总体规划、行业防灾减灾规划和区域防灾减灾规划等。这当中以全市性规划为主，专业性和区域性规划为辅。

(2)防灾减灾规划的内容应包括历史灾情调查、防灾减灾效益和现有防灾减灾能力评估、存在问题、防灾减灾目标、防灾减灾行动、防灾减灾体系建设、防灾减灾优先项目建设和可行性分析等。

(3)编制城市防灾减灾规划，应获取以下基础资料：

①城市历史与现状，城市性质、规模及其政治、经济、人文特征。

②城市发展目标。

③当地灾害史研究，各类自然灾害趋势性预测与规律分析。

④当地自然环境；人工环境调查、监测分析与评价，社会系统与单元灾害易损性分析，自然灾害与防灾、救灾区划。

(4)编制城市防灾减灾规划在总体上应遵循图 2-1 所示的模式。

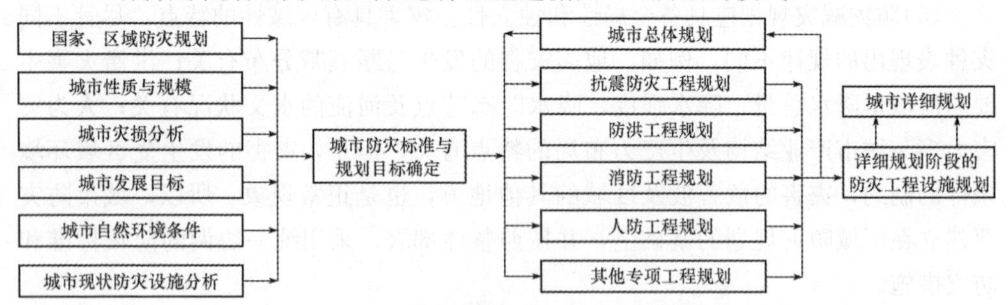

图 2-1 城市防灾减灾规划的模式

2. 城市减灾规划的主要实施步骤

(1)由政府出面组建“城市综合防灾减灾规划”领导班子和工作班子，也可委派主管部门牵头成立工作班子进行工作。工作班子应由有一定资历、热心于减灾事业的领导干部和专业性的有关专家、科技人员组成。

(2)确定城市减灾目标、实施标准与途径。城市的防灾减灾规划目标和任务应结合当地实际提出，并应提出分年目标和任务计划。

(3)结合总体规划，进行城市减灾结构分区。

(4)根据城市社会与环境间的复杂的动态特征关系、城市发展目标与减灾目标等，在减灾结构分区与减灾环境评估的基础上，应用专业知识与运筹学、系统论、

信息论或其他有关的理论与方法，规划具有较高抗灾能力与功能覆盖能力的道路、水电供应或其他生命线工程的主干网络，以及最重要的救灾支持条件。

(5)进行全方位体现防灾减灾意图的城市详细规划。无论是建筑类型，还是建筑密度、高度等控制指标的总平面布置，道路系统的规划设计，工程管网的综合规划与竖向规划，无不与防灾减灾目的的实现有密不可分的关系，故需将防灾减灾意识渗入城市规划的指导思想。例如，由于地震波的共振效应，在某些高度时，建筑物的地震易损性比在其他高度时大得多。城市管线的布局、连接关系、断面特征、结构形式、物流控制，所处的地质环境等决定了这些建筑、构筑物的防灾能力及其支持防灾、救灾的职能是否能得以顺利、高效地实现。

八、城市灾害应急预案的编制

城市灾害应急救援预案又称城市灾害应急预案，是城市灾害预防系统的重要组成部分，是政府或企业为了降低事故或灾害的后果严重程度，以对灾害源的评价和事故预测结果为依据而预先制订的灾害控制和抢险救灾方案，是应急救援活动的行动指南，以其指导应急准备、训练和演习，乃至迅速高效的应急行动。应急预案的总目标是控制城市灾害大发展，并尽可能将城市灾害对人、财产和环境的损失减小到最低程度。

(一)编制城市应急预案的要求

良好的城市灾害应急反应预案对于减轻城市灾害损失，提高城市居民的生活质量有着至关重要的作用，并且规划的有效性在某种程度上反映了政府的管理水平。对城市灾害应急反应预案应有以下认识：

(1)灾害应急反应预案(以下简称预案)应是一个连续的过程。预案不是一个有着明确时间终点的行动，而是一个连续不断的过程，因此，需要不断地根据变化了的情况及时做出调整和修改。某些情况下，一个过时的预案比没有预案还要糟糕。

(2)预案应建立在对未来情况合理估计的基础上。预案的编制过程主要包括预估未来可能出现的问题和选择适当的解决办法两部分。预案并不企图防止各种情况的发生，而是寻求处理将来可能发生的各种事件的办法。

(3)预案的目的是采取正确的措施。预案有时被认为是一种提高对紧急事件反应速度的机制，但是正确地做出反应比提高反应速度更加重要。

(4)预案应合理地预期人们在灾害中的行为。预案应当根据人们在正常环境下的一般行为估计他们在紧急环境下可能采取的行动，而不应期望人们在灾害发生时急剧地转变他们一贯的行为方式。

(5)预案应当基于已有的知识和经验。预案者应当知道灾害发生时实际将出现的情况，并针对这种情况做出预案。

(6)预案首先应当确定出必要的原则。人们不可能对未来所有的情况都做出安排，因此，预案的制订尽管不应完全忽视所有的细节，特别是组织层次问题的细节，但是首先要确定的是用于处理各种情况的一般原则。

(7)预案在某种程度上是一种宣传教育活动。预案制订者应当使可能卷入灾害的人们和组织了解他们在紧急状态下将面临的环境、将会有哪些情况发生、应采取何种有效的反应措施等。

(8)预案需不断克服执行的阻力。对多数人来说，预案的优点不是不言自明的，因此，不应该设想预案一经提出就会被多数人接受，更多的情况是需要介绍和宣传。

(9)应急预案应当简明扼要，以便于有关人员在应急行动中使用。可将应急预案中的整体应急反应对策和应急行动放在应急预案的文本中，具体实施程序和应采取的行动放在预案附录中并做详细说明。另外，应急预案应有足够的灵活性，以适应随时变化的实际情况。

(10)应急救援组织应具有系统性。由于目前体制上的原因，我国的灾害管理和应急救援基本是分地域、分部门、分灾种进行的，这使得整个城市的防灾救灾组织不能高效协同作战，发挥最大的救灾能力，在遇到重大灾害或突发事件时不能及时有效控制事故的发展和进行应急救援。城市防灾减灾应急预案中组织机构的设置，需要遵循系统论的原则，建立以市政府为核心，由公安、防汛抗旱、军队、医务、抗震、人防、城建、交通、供电、电信等部门组成的城市防灾减灾综合指挥体系和应急救援系统。

(11)应急救援组织应具有动态性。城市在发生重大灾害或突发事件时，应急救援工作十分复杂，不仅需要各类抢险、急救队伍立即进场，而且要保证各类救援物资及时供应，因此，预案中要按照动态性原则合理配置人员、物资。同时，要按照层次性原则，合理配置城区内的医疗卫生设施，提高城市医院的防灾救护能力。

(二)应急救援预案的类型

1. 根据应急预案的对象和级别分类

根据对象和级别的不同，应急预案可以分为以下四类：

(1)应急行动指南或检查表。针对已辨识的危险采取特定应急行动，简要描述应急行动必须遵守的基本程序，例如，发生情况向谁报告，报告什么信息，采取哪些应急措施。这种应急预案主要起提示作用，有时将这种预案作为其他类型预案的补充。

(2)应急响应预案。针对现场每项设施和场所可能发生的事故情况编制应急响应预案，例如，化学泄漏事故的应急响应预案，台风应急响应预案等。应急响应预案要包括所有可能的危险情况，明确有关人员在紧急情况下的职责。这类预案仅说明处理紧急事务的必须行动，不包括实现要求(如培训、演练等)和事后措施。

(3)互助应急预案。相邻企业为了在事故应急处理中共享资源，互相帮助制订应急预案。这类预案适合于资源有限的中小企业以及高风险的大企业，需要高效的协调管理。

(4)应急管理预案。应急管理预案是综合性的事故应急预案，这类预案详细描述事故前、事故过程中和事故后何人做何事、什么时候做、如何做。这类预案要明确完成每一项责任的具体实施程序。应急管理预案包括事故应急的四个逻辑步骤，即预防、预备、响应、恢复。

2. 根据应急预案制订的部门分类

应急预案根据制订的部门可分为政府部门的应急预案和企业部门的应急预案。

(1)政府部门的应急预案主要是针对其管辖范围内的重大灾害和突发事件的救援，其侧重于应急救援的整体实施、部署和协调工作，是一种宏观的具有指导性的应急预案。政府部门的应急预案主要是应急程序，不包含具体作业层文件，但应对政府各部门和企业的应急预案提出制订要求。

(2)企业部门的应急预案是针对本企业内部所有可能发生的事故的应急预案，是针对企业的具体事故制订的应急预案，是一种微观方面的预案，其内容十分具体，由现场企业应急预案和现场外政府应急预案两部分组成。现场应急预案由企业负责，现场外政府应急预案由政府部门负责。两部分应急预案应分别制订，但协调一致。

(三)应急救援预案的分级

根据可能的事故后果的影响范围、地点及应急方式，我国事故应急救援体系将应急预案分为以下五种级别：

1. 一级(企业级)应急预案

这类灾害的有害影响局限在一个单位(如某个工厂、火车站、仓库、农场、煤气或石油管道加压终端站等的界区之内)，而且可被现场的操作者遏制和控制在该区域内。这类灾害可能需要投入整个单位的力量来控制，但其影响预期不会扩大到社区。

2. 二级(县/区社区级)应急预案

这类灾害所涉及的影响可扩大到公共区，但可被该公共区的力量加上所涉及的工厂、工业部门的力量所控制。

3. 三级(地区/市级)应急预案

这类灾害影响范围大，后果严重，或是发生在两个县或县级市管辖区边界上。应急救援需动员地区的力量。

4. 四级(省级)应急预案

对可能发生的特大火灾、爆炸、毒物泄漏灾害，特大危险品运输灾害，以及属于省级特大灾害隐患、省级重大危险源应建立省级灾害应急反应预案。它可能是一种规模极大的灾害，或可能是一种需要用灾害发生的城市或地区所没有的特殊技术和设备进行处理的特殊灾害。这类灾害需要全省范围内的全员来控制。

5. 五级(国家级)应急预案

对灾害后果超过省、直辖市、自治区边界以及列为国家级灾害隐患、重大危险源的设备及其场所，应制订国家级应急预案。

(四)城市需要编制应急预案的单位和场所

(1)城市政府部门。

(2)城市的灾害和安全管理部门。如城市的防洪、抗震、气象、公安、消防、人防、泥石流防治等管理部门及其下属部门。

(3)可能有危险物或设备引起火灾和爆炸事故的场所。主要是爆炸性物质，活性化学物质，可燃、易燃物质的生产、经营和储存场所。例如，民用爆炸物质、危险化学品生产、储存单位的危险品库区、港区，有高压线区、压力管道和特种设备的场所，可能发生毒物泄漏的场所等。

(4)有毒物质的生产、经营、储存场所。

(5)容易发生重大事故的企业矿山、建筑施工及涉及危险化学品的生产、经营、储存、运输等企业。

(6)运输部门、道路交通、水上交通、铁道运输、民航等运输管理部门及各个运输企业。

(7)无危险物质，但可由活动中的因素引起火灾或爆炸的场所。例如，歌舞厅、影剧院等公共娱乐场所，医院、酒店、宾馆等服务场所，图书馆、商场、大型超市、火车站、机场等公共场所，举办集会、焰火晚会、灯会等大型活动的场所。

(8)国家或地方政府规定的城市的其他场所或单位。

(9)大型活动的举办单位也应制订针对本次活动的应急预案。

(五)应急预案的基本要素

1. 组织机构及其职责

(1)明确应急反应组织机构、参加单位、人员及其作用。

(2)明确应急反应总负责人以及每一具体行动的负责人。

(3)列出本区域以外能提供援助的有关机构。

(4)明确政府和企业在事故应急中各自的职责。

2. 危险辨识与风险评价

(1)确认可能发生的灾害类型、地点。

(2)确定灾害影响范围及可能影响的人数。

(3)按所需应急反应的级别，划分灾害严重度。

3. 通告程序和报警系统

(1)确定报警系统及程序。

(2)确定现场 24 小时的通告、报警方式，如电话、警报器等。

(3)确定 24 小时与政府主管部门的通信、联络方式，以便应急指挥和疏散居民。

(4)明确相互认可的通告、报警形式和内容(避免误解)。

(5)明确应急反应人员向外求援的方式。

(6)明确向公众报警的标准、方式、信号等。

(7)明确应急反应指挥中心怎样保证有关人员理解并对应急报警做出反应。

4. 应急设备与设施

(1)明确可用于应急救援的设施，如办公室、通信设备、应急物资等；列出有关部门，如企业现场、武警、消防、卫生、防疫等部门可用的应急设备。

(2)描述与有关医疗机构的关系，如急救站、医院、救护队等。

(3)描述可用的危险监测设备。

(4)列出可用的个体防护装备(如呼吸器、防护服等)。

(5)列出与有关机构签订的互援协议。

5. 应急评价能力与资源

(1)明确决定各项应急事件的危险程度的负责人。

(2)描述评价危险程度的程序。

(3)描述评估小组的能力。

(4)描述评价危险场所使用的监测设备。

(5)确定外援的专业人员。

6. 保护措施程序

(1)明确可授权发布疏散居民指令的负责人。

(2)描述决定是否采取保护措施的程序。

(3)明确负责执行和核实疏散居民(包括通告、运输、交通管制、警戒)的机构。

(4)描述对特殊设施和人群的安全保护措施(如学校、幼儿园、残疾人等)。

(5)描述疏散居民的接收中心或避难场所。

(6)描述决定终止保护措施的方法。

7. 信息发布与公众教育

(1)明确各应急小组在应急过程中对媒体和公众的发言人。

(2)描述向媒体和公众发布事故应急信息的决定方法。

(3)描述为确保公众了解如何面对应急情况所采取的周期性宣传以及提高安全意识的措施。

8. 事故后的恢复程序

(1)明确决定终止应急，恢复正常秩序的负责人。

(2)描述确保不会发生未授权而进入事故现场的措施。

(3)描述宣布应急取消的程序。

(4)描述恢复正常秩序的程序。

(5)描述连续检测受影响区域的方法。

(6)描述调查、记录、评估应急反应的方法。

9. 培训与演练

(1)对应急人员进行培训，并确保合格者上岗。

(2)描述每年培训、演练计划。

(3)描述定期检查应急预案的情况。

(4)描述通信系统监测频度和程度。

(5)描述进行公众通告测试的频度和程度并评价其效果。

(6)描述对现场应急人员进行培训和更新安全宣传材料的频度与程度。

10. 应急预案的维护

(1)明确每项计划更新、维护的负责人。

(2)描述每年更新和修订应急预案的方法。

(3)根据演练、检测结果完善应急计划。

(六)城市防灾减灾应急预案的编制流程

城市防灾减灾应急预案的编制是一项很复杂的系统工程，目前国内仍然处于探索阶段。根据美国国家应急领导小组(NRT)建议的社区(地方政府)制订应急预案的步骤，以及我国学者提出的应急预案编制步骤，建议采用如图 2-2 所示的城市灾害应急预案编制流程。

(七)城市灾害应急预案的内容

1. 城市的基本情况

(1)城市的地理、气候情况。

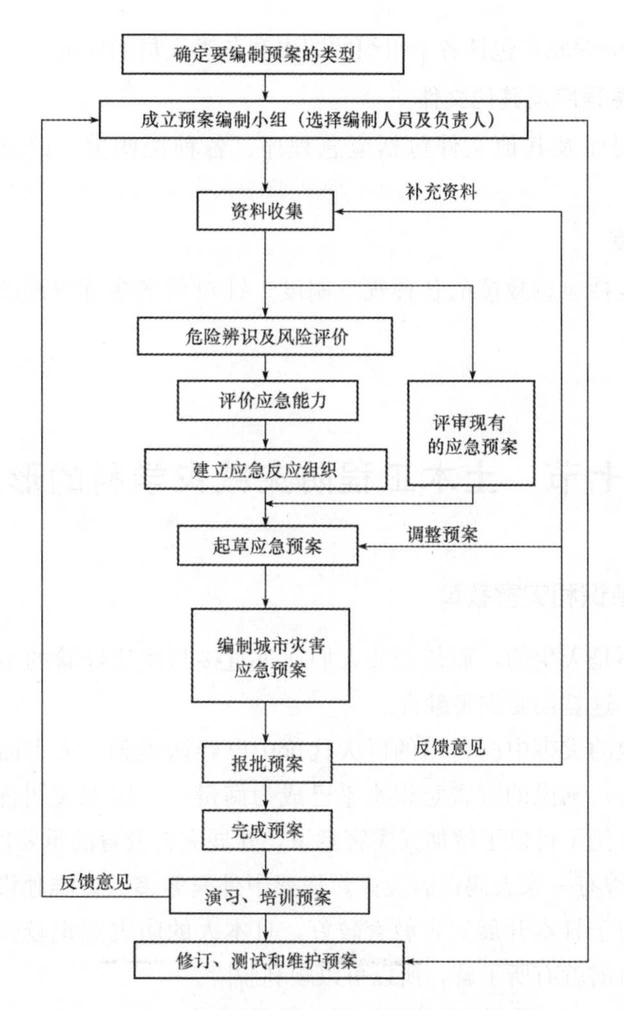

图 2-2 城市防灾减灾应急预案的编制流程

(2)城市灾害源、危险源的情况。

(3)城市所面临的灾情的预测。

(4)城市救援力量(包括消防、工程技术力量、医疗力量、城市驻军等)及其分布。

(5)各种救灾设备的数量、功能、状况等。

(6)城市内各个需要制订应急预案的企业和单位的具体情况，如企业的布局、危险源的种类、数量等情况的种类、数量等情况。

2. 组织机构的构成及职责

(1)组织机构的组成包括城市各级政府、城市各职能部门、灾害管理部门、救灾机构等队伍的编制。

(2)组织机构的职责包括各个组织的职责和各类人员的职责。

3. 各类应急程序及其他文件

各类应急程序及其他文件包括应急程序、各种说明书、记录表格、有关图表等。

4. 各种制度

各种制度包括应急救援的各种规章制度；针对预案演练修改的一些制度、规定等。

第七节　土木工程防灾减灾学科的形成

一、灾害意识和灾害教育

灾害意识不是天生的，而是需要人们通过直接与间接经验的不断积累才能逐步形成和提高，这就需要灾害教育。

人们在无数的灾害中所付出的巨大代价中已经认识到：灾害面前的无知是人类的最大的灾害；国民的灾害意识水平已成为衡量一个国家文明进步的标识。通过下面一些实际例子可以了解加强灾害意识，开展灾害教育的重要性。

(1)哈尔滨曾有一家天鹅饭店失火，烧死中外宾客多人，唯独没有伤害到日本宾客。关键是由于日本开展灾害教育较好，日本人的防灾意识较强，他们对宾馆的防火特点等事前就有所了解，所以可以顺利脱险。

(2)在南方的一个大学里，在一次很轻微的地震中，一个学生因惊恐而急速从二楼向窗外跳出，结果他受伤瘫痪，而其他同学因为没有动而平安无事。

(3)9216 号特大风暴潮到来之前几小时，各有关县已接到上级部门的通知，但因无法通知已出海作业的渔船，结果导致 200 人死亡和 96 亿元的直接经济损失。其实，只要每条船上配备一个汉显 BP 机(这在当时无论从经济上或技术上都是易于做到的)，就完全可以避免灾害事故的发生。

(4)新疆克拉玛依市一个礼堂失火，在场的 700 多人中有 300 多人葬身火海，其中绝大部分是学生。其中有一个 10 岁男孩，凭着他从电视节目中了解到的厕所适宜躲避火灾的知识，就带着他的表妹躲到厕所里，结果两人因此而躲过了灾难。

(5)印度洋地震引起巨大海啸，造成约 30 万人丧生，据《环球时报》报道，一名 10 岁的英国小女孩仅凭自己在课堂上学到的知识，在大海啸中救了几百人的生命。这位小英雄是缇丽，海啸来临当天，她正与家人在泰国普吉岛海滩享受假期。就在海啸到来前几分钟，她的脸上突然露出惊恐之色。她告诉母亲必须马上离开沙滩，因为她看见海滩上起了很多泡沫，然后浪头就突然打了过来，这正是地理老师曾经描绘过的有关地震引发海啸的最初情形，因此她预见海啸即将到来。她还记得老师说过，从海水渐渐上涨到海啸袭来，这中间大约只有10分钟的时间。起初，在场的成年人对她的预见都是半信半疑，但缇丽坚持请求大家离开沙滩。当几百名游客传告着相继离开时，海啸果真到来了！人们在激动和惊恐中哭泣，争相感激地拥抱缇丽。当天，这个海滩是普吉岛海岸线唯一没有死伤的地点。

从人类已付出的巨大代价的史实中吸取宝贵的经验与教训，给予人们对付灾害的最新的科学知识和一些应急、自救、互救的方法，以提高人们的防灾减灾抗灾的能力，提高国民的灾害意识，从而提高整个民族的素质，为抵抗各种灾害、降低灾害损失筑起一道无形的新的长城。这就是灾害教育的目的、意义和任务，也是开设防灾减灾学这门课程的宗旨之一。

二、防灾减灾学科的建设

1. 从不同角度看防灾减灾学科的发展

灾害是向科学发起的挑战，也是发展科学的机遇。当代科学发展的一个特点是多学科交叉，在交叉中相互促进，并求得共同发展甚至有所突破。灾害研究涉及的范围上至天文，下涉地理，包括自然科学、工程科学、经济学、社会科学等许多方面。因此，灾害研究需要多种学科的交叉才能发展，灾害研究也为多种学科的发展提供了新的机遇。

(1)从自然科学方面看，各个学科分支对各单种灾害的成灾机理、发生发展过程进行了大量研究，试图从中找到规律，用于预测预防。这种研究随着现代科学技术手段的发展在不断走向深入。

(2)从工程科学方面看，对防灾规划、工程抗灾技术、工程防灾减灾技术、灾后工程建筑修复技术以及各种灾害预测预报的仪表、仪器及系统等均有很大的研究空间。

(3)从经济学方面看，研究的课题有灾前物资储备、灾害损失评估、灾害保险、灾害对生产发展的影响等。

(4)从社会学方面看，对灾害预报、灾情发生时的政策制定、灾害事件的应急预案、灾害时保持社会稳定、灾害时人的心理行为等问题均应深入研究并提出对策。

2. 防灾减灾学科与其他学科的联系

防灾减灾学科的发展建立在灾害可以防治的认识基础上。现代科学观点认为，各种灾害就个别而言有其偶然性和地区局限性，但从总体上看，它们有着明显的相关性和规律性。这种相关性和规律性的存在，使运用预测、预报手段及采取工程措施研究灾害规律成为可能。

研究发展过程中学科间交叉发展的实例如下：

(1)美国科学家赖斯在20世纪60年代偶然对滑坡和泥石流灾害感兴趣，因而，集中精力和一位水文地质学家一起研究滑坡问题。他们发现滑坡发生在雨季，因此猜测雨水对滑坡的产生有着重要的影响。赖斯把滑坡从理论上抽象为材料科学中的一条裂纹，他不仅从理论上很好地解释了滑坡产生的条件、滑动的准则，而且他所用的方法，反过来又极大地促进了金属材料断裂力学的发展。赖斯在解决地质滑坡问题时所提出的积分方法，目前也是断裂力学中的重要方法。

(2)地球的北纬35°线附近是历史上大地震常发生的地域。但是，最早找出这规律的是法国的数学家A. 维隆内(A. Veronnet)。他在1912年发表的博士论文中明确指出，南、北35°15′52″纬线应当成为地壳断裂的位移带，这一纬度是地球自转不均衡导致的椭球变形时的不动线，因此，他认为南、北35°纬线是地球上大地震的主要分布带。此后有不少学者论及南、北35°纬线附近两侧的地质现象的特殊性，并从多方面说明此现象。事实上，包括中、日、美等国的大地震记录表明，确实很多次大地震是发生在北纬35°附近。

(3)灾害研究促进材料科学的发展。19世纪钢铁材料在机器中的广泛应用曾引发一些灾害事件。最典型的是19世纪中叶在欧洲多次发生火车车轴断裂引起的车毁人亡的灾害事件。对这类灾害的研究，使材料科学发展出一种新的试验方法和一个新的分支学科——金属疲劳研究。研究成果解决了火车车轴断裂问题，为防止这类灾害找到了对策。至今，材料的疲劳问题仍是材料科学的重要分支学科之一，而且研究的对象从金属扩展到陶瓷、复合材料等。多种工程结构仍需从设计、制造、加工、使用、监测多方面来注意预防这类灾害的发生。

又如对地震的监测研究，大大推动了对地球内部构造和矿产勘察的研究进展。

上述例子说明灾害研究与多种学科发展是紧密相关的。事实上，灾害研究中广泛应用着从数、理、化的基础学科知识到工程学、计算机等现代技术。学科的交叉能产生一些有创意的想法，反过来又促进各学科的发展。

正因为灾害科学涉及面如此之广，所以灾害学作为一个学科的形成就比较晚。尽管其界定在目前还没有统一的认识，但在国家技术监督局于1992年11月1日发布的国标《学科分类与代码》中已将“安全科学技术”正式列入一级学科(代码620)。“安全科学技术”学科理论的诞生对城市防灾学科的发展具有重要的意义。这是因为，安全科学主要是研究危及安全的各种原因、对策及安全心理学，研究消除或控制影响安全的因素和转化条件的理论和技术。它着重研究安全的本质及其运动规律，并试图建立安全、高效的人机规范和形成人们保障自身安全的思维方法和知识体系。现行安全科学技术学科框架中的灾害理论、安全理论、安全工程技术、卫生工程技术、安全管理工程等分支学科，均可以为防灾学学科建设提供支撑条件。

三、土木工程防灾减灾学科的主要内容

土木工程防灾减灾是综合防灾减灾的重要组成部分，其主要内容包括以下几项：

(1)土木程规划性防灾。

(2)工程性防灾。

(3)工程结构抗灾。

(4)工程技术减灾。

(5)工程结构在灾后的监测与加固。

20世纪90年代，我国学位委员会在整理、调整博士点学科时，将“防灾减灾工程及防护工程”列入工科一级学科“土木工程”。此后，许多高校成立了相应的研究所并设立硕士点和博士点以培养这方面的高级专业人才。

灾害之所以造成人员伤亡和财产损失，与土建工程确实有很大关系。唐山地震时，绝大部分死伤是因为房屋倒塌造成的，处于郊区地面空旷处的人最多跌倒致伤，一般不会死亡；而财产损失有一大半集中于损毁的房间中，因而土木工程对防火减灾负有巨大责任。所以，本学科主要涉及与土木工程有关的灾害，如地震、火灾、地质灾害、风灾等；当然也涉及城市突发事件引起的灾害，如恐怖爆炸等。

目前，土木工程防灾减灾学作为一门新兴科学正在不断地丰富和发展。其内容包括以下几项：

(1)土建工程防灾规划(包括城市综合减灾规划中涉及土木工程的部分)。

(2)土木工程结构抗灾理论及应用。

(3)土木工程结构防灾、抗灾技术及应用。

(4)土木工程减灾技术。

(5)土木结构在灾后的检测与加固。

(6)高新技术在土木工程防灾减灾中的应用。

当然，因灾害涉及的学科较多，灾种间存在差别，各地区所面临的重点有所不同，土木工程防灾减灾学的内容可以扩展，而实际上也需要不断地发展与完善。

四、土木工程防灾减灾的重要性

(一)土木工程属性

1. 保护性

从土木工程发展演变的历史可以看出，作为抵御自然灾害的行为，人类最早的防水、御兽构巢、建造洞穴，形成最古老的住宅建筑。为攻击、防御邻近的部落，人们开始筑城挖战壕，这种保护的概念到现代的兵器时代就变为地下防护工程。保护性也体现在现代土木工程的开发和利用的新技术中，例如，核电厂的运营过程。

2. 提前性

所有设施的保护功能，几乎可以肯定是提前的、防御的。古长城、现代防空工事、一个现代化的核遏制体系，均是一种预计可能发生某种灾害，或一些无法预计灾害的人为提前采取措施的体系，以防止这样的灾害再次发生。所以，提前性是土木工程这个学科和行业天生的，是土木工程的一个重要的属性。

3. 基础性

承认土木工程的保护性和提前性就必然承认它的基础性。土木工程基础性还体现为它的建设周期长。基础建设项目几乎都投入了大量资金，建设周期长达几年甚至十几年。土木工程不仅建设周期长，而且服务周期长，这些进一步突出了其基础性。综上所述，土木工程的基础性是任何行业无法比拟的。

4. 普遍性

一个学科和行业的普遍性是指国民经济中其他学科和行业的发展对它的依赖和需求程度，如果这种需求是不可或缺的，这个学科和行业就具有较强的普遍性。土木工程具有普遍性是因为社会各界对它的依赖。

5. 耐久性

具有保护性、提前性、基础性以及普遍性的学科和行业一定是恒久的。事实上，有关土木工程的持久性，从长期的服务周期得到某种直观的答案，而无须从哲学的角度去探索。

从哲学意义上来说，世界是物质的，物质是运动的，灾害是不可避免的，所以，灾害是永恒的，土木工程作为防灾减灾的重要手段也是永恒的。

(二)土木工程在防灾减灾中的极端重要性

世界每天都可能发生大大小小的火灾、地震、火山爆发和海啸等，这些现象已经显示出它的随机性。这种随机性是在灾害中这个运动模式所固有的。土木工程属性决定了它在防灾减灾的极端重要性，是任何学科都无法比拟的。

当然，这丝毫不意味着在被动减灾的救助中土木工程是无所作为的，恰恰相反，大量的灾后救助仍然离不开土木工程。据统计，北京消防案例自20世纪70年代以来，平均每年约700起，20世纪80年代达到3 690起，在20世纪90年代平均5 000起以上。进入21世纪，平均每年超过9 000起。由火灾造成的经济损失也增加了好几倍，已经超过5 000万美元。火灾事故的频率高且易发生在市区，造成的影响是巨大的。因此，在规划和建设中，除那些优先考虑的项目外(如防火墙、火场逃生、防火门等)，还应考虑在发生火灾时，必须首先确保有消防部门的紧急援助。当然，这些不同于大型土木工程建设工作需要长期进行施工，也不需要精心设计和施工，但它属于土木工程的范畴。

土木工程在防灾减灾中发挥极其重要的作用，它的超前性和积极主动性是任何一个学科和行业无法比拟的。这也是国务院学位委员会把防灾减灾这个二级学科列在土木工程这个一级学科之下的原因。

第三章　地质灾害及其防治

第一节　地质灾害概述

一、地质灾害的类型

地质灾害是一个地质学专业术语，是指在自然因素或者人为因素的作用下形成的，对人类生命财产、环境造成破坏和损失的地质作用(现象)。那么，我国常见的地质灾害主要有哪些类型呢？据地质专家李慕飞透露，若按致灾地质作用的性质和发生处所进行划分，常见地质灾害共有 12 类；若地质灾害按动力因素进行划分，可分为自然地质灾害和人为地质灾害两大类。

1. 地质灾害按处所进行划分

按致灾地质作用的性质和发生处所进行划分，常见的地质灾害共有 12 类。具体如下：

(1)地壳活动灾害，如地震、火山喷发、断层错动等。

(2)斜坡岩土体运动灾害，如崩塌、滑坡、泥石流等。

(3)地面变形灾害，如地面塌陷、地面沉降、地面开裂(地裂缝)等。

(4)矿山与地下工程灾害，如煤层自燃、洞井塌方、冒顶、偏帮、鼓底、岩爆、高温、突水、瓦斯爆炸等。

(5)城市地质灾害，如建筑地基与基坑变形、垃圾堆积等。

(6)河、湖、水库灾害，如塌岸、淤积、渗漏、浸没、溃决等。

(7)海岸带灾害，如海平面升降、海水入侵，海崖侵蚀、海港淤积、风暴潮等。

(8)海洋地质灾害，如水下滑坡、潮流沙坝、浅层气害等。

(9)特殊岩土灾害，如黄土湿陷、膨胀土胀缩、冻土冻融、沙土液化、淤泥触变化、淤泥触变等。

(10)土地退化灾害，如水土流失、土地沙漠化、盐碱化、潜育化、沼泽化等。

(11)水土污染与地球化学异常灾害，如地下水水质污染、农田土地污染、地方病等。

(12)水源枯竭灾害，如河水漏失、泉水干涸、地下含水层疏干(地下水水位超常下降)等。

2. 地质灾害按动力因素进行划分

致灾地质作用都是在一定的动力诱发(破坏)下发生的。诱发动力有的是天然的，有的是人为的。据此，地质灾害可按动力成因分为自然地质灾害和人为地质灾害两大类。

自然地质灾害发生的地点、规模和频度，受自然地质条件控制，不以人类历史的发展为转移；人为地质灾害受人类工程开发活动制约，常随社会经济发展而日益增多。所以，防止人为地质灾害的发生已成为地质灾害防治的一个侧重方面。

地质灾害的发生、发展进程，有的是逐渐完成的，有的则具有很强的突然性。据此，地质灾害又可分为渐变性地质灾害和突发性地质灾害两大类。前者如地面沉降、水土流失、水土污染等；后者如地震、崩塌、滑坡、泥石流、地面塌陷、地下工程灾害等。渐变性地质灾害常有明显前兆，对其防治有较从容的时间，可有预见地进行，其成灾后果一般只造成经济损失，不会出现人员伤亡。突发性地质灾害发生突然，可预见性差，其防治工作常是被动式地应急进行。其成灾后果，不光是经济损失，也常造成人员伤亡，故其是地质灾害防治的重点对象。

二、地质灾害的特点

由于地质灾害是自然动力作用与人类社会经济活动相互作用的结果，故两者是一个统一的整体。地质灾害具有以下特点：

(一)地质灾害的必然性与可防御性

地质灾害是地球物质运动的产物，主要是地壳内部能量转移或地壳物质运动引起的。从灾害事件的动力过程看，灾害发生后能量和物质得以调整并达到平衡，但这种平衡是暂时的、相对的；随着地球的不断运动，新的不平衡又会形成。因此，地质灾害是伴随地球运动而生并与人类共存的必然现象。

然而，人类在地质灾害面前并非无能为力。通过研究灾害的基本属性，揭示并掌握地质灾害发生、发展的条件和分布规律，进行科学的预测预报和采取适当的防治措施，人类可以对灾害进行有效的防御，从而减少和避免灾害造成的损失。

(二)地质灾害的随机性和周期性

地质灾害是在多种动力作用下形成的，其影响因素更是复杂多样的。地壳物质组成、地质构造、地表形态以及人类活动等都是地质灾害形成和发展的重要影响因素。因此，地质灾害发生的时间、地点和强度等具有很大的不确定性。可以说，地质灾害是复杂的随机事件。

地质灾害的随机性还表现为人类对地质灾害的认知程度。随着科学技术的发展，人类对自然的认识水平不断提高，从而更准确地揭示了地质过程和现象的规律，对地质灾害随机发生的不确定性有了更深入的认识。

受地质作用周期性规律的影响，地质灾害还表现出周期性特征。据统计资料表明，包括地质灾害在内的多种自然灾害具有周期性发生的特点。例如，地震活动具有平静期与活跃期之分，强烈地震的活跃期从几十年到数百年不等；泥石流、滑坡和崩塌等地质灾害的发生也具有周期性。

（三）地质灾害的突发性和渐进性

按灾害发生和持续时间的长短，地质灾害可分为突发性地质灾害和渐进性地质灾害两大类。突发性地质灾害大多以个体或群体形态出现，具有发生突然、历时短、爆发力强、成灾快、危害大的特征。地震、火山、滑坡、崩塌、泥石流等均属突发性地质灾害。渐进性地质灾害是指缓慢发生的，以物理的、化学的和生物的变异、迁移交换等作用逐步发展而产生的灾害。这类灾害主要有土地荒漠化、水土流失、地面沉降、煤田自燃等。渐进性地质灾害不同于突发性地质灾害，其危害程度逐步加重，涉及的范围一般比较广，尤其对生态环境的影响较大，所造成的后果和损失比突发性地质灾害更为严重，但不会在瞬间摧毁建筑物或造成人员伤亡。

（四）地质灾害的群体性和诱发性

许多地质灾害不是孤立发生或存在的，前一种灾害的结果可能是后一种灾害的诱因或是灾害链中的某一环节。在某些特定的区域内，受地形、区域地质和气候等条件的控制，地质灾害常常具有群发性的特点。

崩塌、滑坡、泥石流、地裂缝等灾害的这一特征表现得最为突出。这些灾害的诱发因素主要是地震和强降雨过程，因此，在雨季或强震发生时常常引发大量的崩塌、滑坡、泥石流或地裂。

（五）地质灾害的成因多元性和原地复发性

不同类型地质灾害的成因各不相同，大多数地质灾害的成因具有多元性，往往受气候、地形地貌、地质构造和人为活动等综合因素的制约。

某些地质灾害具有原地复发性，如我国西部川藏公路沿线的古乡冰川泥石流一年内曾发生 70 多次，为国内所罕见。

（六）地质灾害的区域性

地质灾害的形成和演化往往受制于一定的区域地质条件，因此，空间分布经常呈现出区域性的特点。例如，我国“南北分区，东西分带，交通成网”的区域性构造格局对地质灾害的分布起着重要的制约作用。据统计，90%以上的“崩塌、滑坡、泥石流”地质灾害发育在第二级阶梯山地及其与第一级阶梯和第三级阶梯的交接部位；第三级阶梯东部平原的地质灾害类型主要为地面沉降、地裂缝、胀缩缝等。按地质灾害的成因和类型，可将我国地质灾害划分为以下四大区域：

(1)以地面下降、地面塌陷和矿井突水为主的东部区域。

(2)以崩塌、滑坡和泥石流为主的中部区域。

(3)以冻融、泥石流为主的青藏高原区域。

(4)以土地荒漠化为主的西北区域。

(七)地质灾害的破坏性与“建设性”

地质灾害对人类的主导作用是造成多种形式的破坏，但有时地质灾害的发生可对人类产生有益的“建设性”作用。例如，流域上游的水土流失可为下游地区提供肥沃的土壤；山区斜坡地带发生的崩塌、滑坡堆积为人类活动提供了相对平缓的台地，人们常在古滑坡台地上居住或种植农作物。

(八)地质灾害影响的复杂性和严重性

地质灾害的发生、发展有其自身复杂的规律，对人类社会经济的影响还表现出长久性、复合性等特征。

1. 重大地质灾害造成大量的人员伤亡和人口大迁移

几十年来，全球地质灾害造成的财产损失、受灾人数和死亡人数都呈现出不断上升的趋势。2008 年 5 月 12 日四川汶川 8.0 级地震，造成 69 181 人遇难、374 171 人受伤，18 498 人失踪，50 余万间房屋倒塌。2014 年 8 月 3 日云南鲁甸发生的地震虽只有 6.5 级，却造成了 617 人死亡，112 人失踪，3 143 人受伤，龙头山镇被夷为平地的悲惨景象。2015 年 8 月 12 日，陕西省商洛市山阳县烟家沟村陕西五洲矿业股份有限公司生活区附近突发山体滑坡，造成厂区 15 间职工宿舍、3 间民房被埋，64 人失踪。2015 年 11 月 13 日，浙江丽水山体滑坡造成 30 多人死亡。

2. 受地质灾害周期性变化的影响

经济发展也相应地表现出周期性特点，在地质灾害活动的平静期，灾害损失减少、社会稳定、经济发展比较快。相反，在活跃期，各种地质灾害频繁发生，基础设施遭受破坏、生产停顿或半停顿、社会经济遭受巨大的直接和间接影响。

地质灾害地带性分布规律还导致经济发展的地区性不平衡。在一些地区，灾害不仅具有群发性特征且周期性地频繁产生，致使区域性生态破坏、自然条件恶化，严重地影响了当地社会、经济的发展。全球范围内的南北差异和我国经济发展的东部和中西部的不平衡也与地质灾害的区域性分布有关。

(九)地质灾害防治的社会性和迫切性

地质灾害除造成人员伤亡、破坏房屋、铁路公路、航道等工程设施，造成直接经济损失外，还破坏资源和环境，给灾区社会经济发展上造成广泛而深刻的影响。特别是在严重的崩塌、滑坡、泥石流等灾害集中分布的山区，地质灾害严重阻碍了这些地区的经济发展，加重了国家和其他较发达地区的负担。因此，有效地防治地质灾害不但对保护灾区人民生命财产的安全具有重要的现实意义，而且对于促进区域经济发展具有广泛而深远的意义。

三、地质灾害的分级标准与分级

(一)地质灾害的分级标准

按危害程度和规模大小可分为特大型、大型、中型、小型地质灾害险情和灾情四级。

1. 特大型地质灾害险情和灾情

特大型地质灾害险情：受灾害威胁，需搬迁转移人数在 1 000 人以上或潜在可能造成的经济损失 1 亿元以上的地质灾害险情。

特大型地质灾害灾情：因灾害死亡人数在 30 人以上或因灾害造成直接经济损失 1 000 万元以上的地质灾害灾情。

2. 大型地质灾害险情和灾情

大型地质灾害险情：受灾害威胁，需搬迁转移人数在 500 人以上、1 000 人以下，或潜在经济损失 5 000 万元以上、1 亿元以下的地质灾害险情。

大型地质灾害灾情：因灾害死亡人数在 10 人以上、30 人以下，或因灾害造成直接经济损失 500 万元以上、1 000 万元以下的地质灾害灾情。

3. 中型地质灾害险情和灾情

中型地质灾害险情：受灾害威胁，需搬迁转移人数在 100 人以上、500 人以下，或潜在经济损失 500 万元以上、5 000 万元以下的地质灾害险情。

中型地质灾害灾情：因灾害死亡人数在 3 人以上、10 人以下，或因灾害造成直接经济损失 100 万元以上、500 万元以下的地质灾害灾情。

4. 小型地质灾害险情和灾情

小型地质灾害险情：受灾害威胁，需搬迁转移人数在 100 以下，或潜在经济损失 500 万元以下的地质灾害险情。

小型地质灾害灾情：因灾害死亡人数在 3 人以下，或因灾害造成直接经济损失 100 万元以下的地质灾害灾情。

(二)地质灾害的分级

地质灾害按照人员伤亡、经济损失的大小，可分为以下四个等级：

(1)特大型：因灾害死亡人数在 30 人以上或者直接经济损失 1 000 万元以上的。

(2)大型：因灾害死亡人数在 10 人以上、30 人以下或者直接经济损失 500 万元以上 1 000 万元以下的。

(3)中型：因灾害死亡人数在 3 人以上、10 人以下或者直接经济损失 100 万元以上 500 万元以下的。

(4)小型：因灾害死亡人数在 3 人以下或者直接经济损失 100 万元以下的。

第二节　常见地质灾害及其防治

一、滑坡及防治工程措施

(一)滑坡概述

滑坡是指斜坡上的土体或者岩体，受河流冲刷、地下水活动、雨水浸泡、地震及人工切坡等因素影响，在重力作用下，沿着一定的软弱面或者软弱带，整体地或者分散地顺坡向下滑动的自然现象(图 3-1)。运动的岩(土)体称为变位体或滑移体，未移动的下伏岩(土)体称为滑床。

图 3-1　滑坡

1. 滑坡组成的要素

(1)滑坡体。滑坡体是指滑坡的整个滑动部分，简称滑体。

(2)滑坡壁。滑坡壁是指滑坡体后缘与不动的山体脱离开后，暴露在外面的形似壁状的分界面。

(3)滑动面。滑动面是指滑坡体沿下伏不动的岩、土体下滑的分界面，简称滑面。

(4)滑动带。滑动带是指平行滑动面受揉皱及剪切的破碎地带，简称滑带。

(5)滑坡床。滑坡床是指滑坡体滑动时所依附的下伏不动的岩、土体，简称滑床。

(6)滑坡舌。滑坡舌是指滑坡前缘形如舌状的凸出部分，简称滑舌。

(7)滑坡台阶。滑坡台阶是指滑坡体滑动时，由于各种岩、土体滑动速度的差异，在滑坡体表面形成台阶状的错落台阶。

(8)滑坡周界。滑坡周界是指滑坡体和周围不动的岩、土体在平面上的分界线。

(9)滑坡洼地。滑坡洼地是指滑动时滑坡体与滑坡壁间拉开，形成的沟槽或中间低四周高的封闭洼地。

(10)滑坡鼓丘。滑坡鼓丘是指滑坡体前缘因受阻力而隆起的小丘。

(11)滑坡裂缝。滑坡裂缝是指滑坡活动时在滑体及其边缘所产生的一系列裂缝。位于滑坡体上(后)部多呈弧形展布者称为拉张裂缝；位于滑体中部两侧，滑动体与不滑动体分界处者称为剪切裂缝；剪切裂缝两侧又常伴有羽毛状排列的裂缝，称为羽状裂缝；滑坡体前部因滑动受阻而隆起形成的张裂缝称为鼓胀裂缝；位于滑坡体中前部，尤其在滑舌部位呈放射状展布者称为扇状裂缝。

以上滑坡诸要素只有在发育完全的新生滑坡才同时具备，并非任一滑坡都具有。

2. 滑坡形成的因素

(1)强度因素。滑坡的活动强度，主要与滑坡的规模、滑移速度、滑移距离及其蓄积的位能和产生的功能有关。一般来讲，滑坡体的位置越高、体积越大、移动速度越快、移动距离越远，则滑坡的活动强度也就越高，危害程度也就越大。

(2)人为因素。违反自然规律、破坏斜坡稳定条件的人类活动都会诱发滑坡。

①开挖坡脚：修建铁路、公路、依山建房、建厂等工程，常常因使坡体下部失去支撑而发生下滑。例如，我国西南、西北的一些铁路、公路，因修建时大力爆破、强行开挖，事后陆续地在边坡上发生了滑坡，给道路施工、运营带来影响。

②蓄水、排水：水渠和水池的漫溢和渗漏，工业生产用水和废水的排放、农业灌溉等，均易使水流渗入坡体，加大孔隙水压力，软化岩、土体，增大坡体密度，从而促使或诱发滑坡的发生。水库的水位上下急剧变动，加大了坡体的动水

压力，也可使斜坡和岸坡诱发滑坡。支撑不了过大的重量，失去平衡而沿软弱面下滑。尤其是厂矿废渣的不合理堆弃，常常触发滑坡的发生。

另外，劈山开矿的爆破作用，可使斜坡的岩、土体受震动而破碎产生滑坡；在山坡上乱砍滥伐，使坡体失去保护，便有利于雨水等水体的入渗从而诱发滑坡等。如果上述的人类作用与不利的自然作用互相结合，则就更容易促进滑坡的发生。

随着经济的发展，人类越来越多的工程活动破坏了自然坡体，因而，滑坡的发生越来越频繁，并有越演越烈的趋势，应加以重视。

(二)滑坡的防治措施

对于滑坡地带的建筑，一般均应首先考虑绕避原则。对于无法绕避的滑坡地区工程，经过技术经济比较，在经济合理及技术可能的情况下，即可对滑坡工程进行整治。滑坡整治可以从两个角度进行，一是直接整治滑坡，采取各种工程技术措施阻止滑坡的产生；二是采取工程技术措施，保护滑坡发生时可能受到危害的生命财产和各种重要国防交通、通信设施。

1. 滑坡整治的原则

滑坡整治应根据滑坡的性质、规模、被保护对象的重要性、工程技术可行性而遵循以下主要原则：

(1)以防为主，尽量避开。对于重要工程建设项目，如国防安全工程、交通通信工程、都市住宅等，应尽量避开。对于滑坡地带已建工程、难以绕避地区，应尽量避免破坏原有平衡，防止滑坡的产生。

(2)区别情况，综合防治。不同类型的滑坡或不同地质环境中的滑坡，其形成条件和发育过程各不相同。深入研究分析滑坡产生的原因、类型、范围、地质特征、发展阶段后，才能对症下药，进而提出合理的治理方案。同时，对于大型滑坡或滑坡群地带，形成滑坡的原因是多方面的，应有针对性地采取措施，进行综合防治。

(3)彻底防治，以绝后患。对于直接威胁人民生命财产和重要工程的滑坡，原则上要彻底防治，以绝后患，避免滑坡反复、重复整治而造成巨大浪费。对于大型滑坡或滑坡群，若一次性根治的投资过大，则应一次规划，分期实施治理，保证滑坡整治的连续性。对于突发性滑坡，可采取应急措施，先行恢复正常生活和生产工作，待查明原因后再对症下药，彻底防治。

其他滑坡整治的原则包括：早下决心，及时处理；因地制宜，经济合理；方法简便，安全可靠。

2. 滑坡整治的途径

(1)终止或减轻诱发滑坡的外部环境条件，如截流排水、卸荷减载、坡面防护。

(2)改善边坡内部力学特征和物质结构，如土质改良。

(3)设置抗滑工程直接阻止滑坡的发展，如抗滑桩、挡土墙、预应力锚固等。

(三)防治滑坡的工程措施

具体工程防治措施在实践中有以下几种。

1. 截流排水

截流排水主要是为了防止地表水、地下水以及冲刷侵袭。

对于滑坡体外的地表水，采取拦截旁引的方法阻止滑坡体外的地表水流向滑坡体内。对于滑坡体内的地表水，采取防渗汇流、快速排走的方法减轻该部分地表水对滑坡的作用。常用的拦截排水工程有以下几种：

(1)外围截水沟。外围截水沟应设置在滑坡体(滑坡周界外侧)或老滑体后缘裂缝 5 m 以外，根据山坡的汇水面积、设计降雨量设置外围截水沟。如果坡面汇水面积、地表径流的流速、流量较大，则可设置多条、多级外围截水沟以满足排水需要。

(2)内部排水沟。对于滑坡体内的地表水，除充分利用自然沟谷排水外，还可设置内部排水沟，以加快地表水向滑坡体外排出。排水主沟方向应和滑坡主轴方向一致，应尽量避免横切滑动方向。支沟方向与主轴方向斜交成 30°～45°，内部排水沟平面多呈树枝状，一般设置在呈槽型的纵向谷地中间。当排水沟跨越地表裂缝时，应采用叠置式的沟槽以防地表水下渗。

(3)坡面夯实防渗。为了防止地表水下渗，对地表土松散易渗的土体，应夯填坑洼和裂缝，并整平夯实，使落到地表的雨水能迅速向自然沟谷和排水沟汇集排走。在滑坡体表面应种植草皮减轻地表水对滑坡体的表面冲刷，必要时可设计护面。滑坡体内若有水田，应改为旱地耕种，最好停止种植活动。

(4)盲沟。对于滑坡体外的地下水，可设置截水盲沟旁引排走。对滑坡体内的地下水，可设置排水孔、排水隧洞、支撑盲沟或以灌浆阻水方法拦截导引。

盲沟(渗沟)可以用来排除浅层地下水。支撑盲沟的布置应与主轴方向一致，适合排除 10 m 以内的浅层地下水，兼具排水和支撑功能。截水盲沟一般设置在滑坡周界外侧 5 m 远，与地下水的流向垂直。每隔一定距离，设置相应检查井以便维修疏通。

(5)排水孔。对于深层地下水，可设置排水孔群以加速排除。按钻孔布置形式，排水孔可以分为垂直排水孔、倾斜排水孔和放射状排水孔。排水隧洞主要用于其他排水措施不力的地带，可汇集不同层次和区域的地下水并集中排走。排水隧洞按其功能可分为体外截水隧洞和体内排水隧洞，并可与排水孔群联合设置以增加排水能力。灌浆阻水主要是通过帷幕灌浆拦截地下水或固结灌浆减轻地下水的侵袭。

2. 削坡减荷

削坡减荷措施的目的是降低坡体的下滑力，其主要的方法是将较陡的边坡减缓或将滑坡体后缘的岩土体削去一部分。这种措施在滑坡防治中应用较广，尤其对推落式滑坡效果更佳。有时单纯的减荷不能起到有效阻滑的作用，所以，最好与反压措施结合起来，即将减荷削下的土石堆于滑体前缘的阻滑部位，使之能降低下滑力，又增加抗滑力。

3. 边坡护坡

内陆地区为了防止易风化的岩石组成的边坡表层因风化而产生剥落，沿河、沿海地区为防止斜坡被河水冲刷或海、湖、水库水的波浪冲蚀，一般要采取护坡措施。

(1)岩石边坡的坡面防护措施。岩石边坡的防护措施大致有用灰浆、三合土等抹面、喷浆、喷混凝土、浆砌片石护墙、锚杆喷浆护坡、挂网喷浆护坡等。这类措施主要用以防护开挖边坡坡面的岩石风化剥落、碎落以及少量落石掉块现象，如常用于风化岩层、破碎岩层及软硬岩相间的互层(如砂页岩互层、石灰岩页岩互层)的路堑边坡的坡面防护，用以保持坡面的稳定，而其所防护的边坡，应有足够的稳定性。当采用封闭式坡面防护类型(如抹面、喷浆、喷混凝土、浆砌片石护坡等)，应在坡面设置泄水孔和伸缩缝。对高陡边坡，应在中部适当位置设置耳墙，并应有便于检查维修用的安全设备。

对于坡度大且风化严重的岩石边坡，应采用喷锚网防护，即在坡面上打锚杆挂钢筋网后，再喷混凝土，兼有加固与防护作用。挂网喷射使用 Φ6 钢筋做成 200 mm 或 250 mm 的方框，用细铁丝捆扎成网，挂在 Φ16 短锚杆元钉上，按一定的排列方式将框架连在一起，然后喷射混凝土。近年来，有用土工格栅代替钢筋挂网的，施工方便，造价较低，效果也好。

(2)土质边坡的防护措施。雨水的冲蚀作用，会造成土质边坡冲刷流泥和溜坍等破坏，日晒和冰冻也加速岩土表层的风化剥落。为保护边坡加固表土，防止风沙对沙质路基的破坏，防止冻土的热融，在坡面上植草是经济而有效的办法。该法适用于路堤边坡可以保持、岩土较软、草根可以生长的地段。

经人工降雨试验，在历时 30 min 强度为 0.8～1.3 mm/min 的暴雨下，有密铺草皮的边坡径流量有所减少，因冲蚀而产出的泥沙量减少 98%。雨滴落下时的溅蚀作用和细流的冲刷大为减弱，草皮还有一种消能作用和茎叶的截留、分流作用，以及其根部对边坡的加筋作用。雨季中土的抗剪强度可提高 30%～65%，粘结系数可提高 1 倍左右。

草种宜就地选用覆盖率高、根部发达、茎叶低矮、耐寒耐旱，具有匍匐茎的多年生草种，也宜引进适应当地土壤气候的优良草种，其中属于禾本科的有兰茎冰草、扁穗冰草和无芒雀麦等；豆科植物有红豆草、小冠花和柠条等。

在坡度较陡且易受冲刷的土坡和强风化的岩质堑坡上，可采用框架内植草护坡。框架制作有多种做法，例如：

①浆砌片石框架呈 45°方格型，净距为 2～4 m，条宽为 0.3～0.5 m，嵌入坡面 0.3 m 左右。

②锚杆框架护坡，预制混凝土框架梁断面为 12 cm×16 cm，长为 1.5 m，用 4 根直径为 6～8 mm 的钢筋，两头露出 5 cm，另在杆件的接头处伸入一根 ϕ14 mm×3 m 锚杆，灌注混凝土将接头固定。锚杆作用是将框架固定在坡面上。框架尺寸和形状由具体工程而定，其形状有正方形、六边形、拱形等。框架内再种植草类植物。

(3)江河湖海和水库边坡防护措施。靠近江河湖海和水库区的路基，边坡要受水流、波浪和流水的冲击，尤其在有台风雨和暴雨洪水的季节，还有涨大潮的时候，路基易遭破坏，应有必要和足够的冲刷防护措施，才能保证正常使用和安全行车。

其中山区河谷陡深，水流湍急，多急弯急滩，落差大、流速大、径量丰富，洪水期平均流速为 7～10 m/s，冲刷、侧蚀作用十分强烈。尤其是大洪水发生时有很大的破坏力。

沿河路基、边坡的冲刷防护工程有以下四个重点：

①凹岸必防。凹岸受水流强烈的冲刷，流速和水力动能大，又受环流影响，侵蚀最为明显，故凹岸路堤边坡易遭冲毁，应做护坡。

②当冲必防。凹岸或急滩下皆为当冲之处，水面广阔，吹向边坡的风又受波浪的冲击，水流直冲路基，均宜有良好的护坡和基础才足以抵御。

③软岸必防。如将基岩裸露、石质坚硬、允许流速大的一岸称为硬岸，土质一岸则称为软岸。洪水时软岸易遭冲刷。修路后土质路堤就是新生的软岸，如没有有力的防护迟早会遭冲毁。

④凡有局部冲刷的地方，如堤堑交界、路堤和路肩墙交界和桥头路基等处，都要求做好顺接，主要地点要做片石护坡。河岸在平面和横断面上的任何急剧变化，都会引起水位、流速和泥沙冲淤的变化，并引起局部冲刷。

冲刷防护设计应收集河段的水流性质、平均流速水位、波浪、涨落历时、土质和风速风向等资料。目前，冲刷防护工程中广泛使用土工布作为反滤层。因土工布对细粒土有良好的隔离和反滤作用，并能随石块形状密贴坡面，在水流冲刷和波浪产生的动应力作用下不至破坏。用三维土工格栅内填砂砾石小片石可抵御 2.5～3 m/s 流速的冲刷。石块填在格栅内平整稳当，用料较省。

间接防护有防洪堤、丁坝、导流堤、透水格栅和防水林等可调工程。用以改变边坡受威胁地段的水流流向，减少流速、波浪和冲刷并防止不稳河道的摆动和歧流的发展，对路基、边坡起间接防护作用。

4. 抗滑工程

抗滑工程是提高斜坡抗滑力的有效工程措施，主要有挡墙、抗滑桩、锚杆(索)和支撑工程等。

(1)挡墙。挡墙也称挡土墙，是防治滑坡常用的有效措施之一，并与排水等措施联合使用，它是借助于自身的所受重力以支挡滑体的下滑力。按建筑材料和结构形式不同，有砂浆砌石抗滑挡墙、混凝土或钢筋混凝土抗滑挡墙、抗滑片石垛及抗滑片石竹笼等，单独使用挡墙只适用于中小型滑坡。挡墙的优点是结构比较简单，可以就地取材，而且能够较快地起到稳定滑坡的作用。挡墙的基础一定要砌置于最低的滑动面之下，以避免其本身滑动而失去抗滑作用。

(2)抗滑桩。抗滑桩是用以支挡滑体下滑力的桩柱，一般集中设置在滑坡的前缘附近。其施工简便，可灌注，也可以锤击贯入。桩柱的材料有混凝土、钢筋混凝土、钢等。这种支挡工程对正在活动的浅层和中厚层滑坡效果较好。为使抗滑桩更有效地发挥它支挡的作用，根据经验，应将桩身全长的1/4～1/3埋置于滑坡面以下的完整基岩或稳定土层中，并灌浆使桩和周围岩上体构成整体；而且宜设置于滑体前缘厚度较大的部位。抗滑桩能承受相当大的土压力，所以，成排的抗滑桩可用来止住巨型的滑坡体。

(3)锚杆(索)。岩质斜坡一般采用预应力锚索加固，这是一种很有效的防治滑坡的措施。利用锚杆或锚索上所施加的预应力，以提高滑动面上正应力，进而提高该面的抗滑力，改善剪应力的分布状况。锚杆(索)的方向和设置深度应视斜坡的结构特征而定。

(4)支撑。支撑主要用来防治陡峭斜坡顶部的危岩体，制止其崩落。施工时，将支撑的基础埋置于新鲜基岩中，且在危岩体中打入锚杆，将危岩与支撑连接起来。

5. 土质改良

滑坡的形成是坡体物质的抗滑能力不足以抵挡下滑趋势造成的。通过土质改良，增强滑动面岩土的物理力学性质，改善滑坡体内土体的结构，从而达到加大抗滑能力和减轻下滑状态的目的。目前，土质改良有两种途径：一种是加进某种材料以改变斜坡岩土体成分，如直接拌合法和压力灌浆法；另一种是采用某种技术改变土的结构状态，如热处理(焙烧法)或电化学(电渗)方法等。土质改良主要采用第一种。

(1)直接拌合法是将固化材料如沥青、水泥、石灰和其他化学固化剂掺入斜坡土体并拌合压实，使土胶结以提高土的强度和抗水性。其中，沥青和水泥用于无黏性土的效果较好，而石灰粉、煤灰多用于黏性土的改良。

(2)灌浆法是把胶结材料的浆液通过钻孔压入岩土体的孔隙或裂隙中，待其凝固后增强岩土体强度和抗水性。灌浆方法与灌浆压力的选择尤为重要。在灌浆材料上最常见的灌浆是水泥灌浆，其他高分子化学材料也可用于灌浆加固，但成本较高。

6. 防御绕避

当线路工程(如铁路、公路)遇到严重不稳定斜坡地段，处理又很困难时，则可采用防御绕避措施。具体工程措施有明硐和御塌棚及内移做隧、外移做桥等。

(1)明硐和御塌棚的措施，用于陡峻斜坡上部经常发生崩塌的地段。

(2)内移做隧和外移做桥的措施，用于难于治理的大滑坡地段。

上述各项措施，可归纳为“挡、排、削、护、绕”五字方针。要根据斜坡地段具体的工程地质条件、变形破坏特点及发展演化阶段选择采用，有时则采取综合治理的措施。

二、崩塌及防治工程措施

(一)崩塌的概念

崩塌是指陡峻山坡上岩块、土体在重力作用下，发生突然的、急剧的倾落运动(图 3-2)，多发生在大于60°的斜坡上。崩塌的物质，称为崩塌体。崩塌体为土质者，称为土崩；崩塌体为岩质者，称为岩崩；大规模的岩崩，称为山崩。当崩塌产生在河流、湖泊或海岸上时，称为岸崩。崩塌可以发生在任何地带，山崩限于高山峡谷区内。

图 3-2　崩塌

崩塌体与坡体的分离界面称为崩塌面。崩塌面往往就是倾角很大的界面，如节理、片理、劈理、层面、破碎带等。崩塌体的运动方式为倾倒、崩落。崩塌体碎块在运动过程中滚动或跳跃，最后在坡脚处形成堆积地貌。

崩塌会使建筑物，有时甚至使整个居民点遭到毁坏，使公路和铁路被掩埋。由崩塌带来的损失，不只是建筑物毁坏的直接损失，并且常因此而使交通中断，给运输带来重大影响。

(二)崩塌产生的条件

1. 内在条件

岩土类型、地质构造、地形地貌三个条件，统称为地质条件，它是形成崩塌的内在条件。

(1)岩土类型，岩土是产生崩塌的物质条件。一般而言，各类岩土都可以形成崩塌，但不同类型的岩土所形成崩塌的规模大小不同。通常，岩性坚硬的各类岩浆岩、变质岩及沉积岩类的碳酸盐岩、石英砂岩、砂砾岩、初具成岩性的石质黄土、结构密实的黄土等形成规模较大的崩塌，页岩、泥灰岩等互层岩石及松散土层等往往以小型坠落和剥落为主。

(2)地质构造，各种构造面，如节理、裂隙面、岩层界面、断层等，对坡体的切割、分离，为崩塌的形成提供脱离母体(山体)的边界条件。坡体中裂隙越发育，越易产生崩塌，与坡体延伸方向近于平行的陡倾构造面，最有利于崩塌的形成。

(3)地形地貌，江、河、湖(水库)、沟的岸坡及各种山坡、铁路、公路边坡、工程建筑物边坡及各类人工边坡都是有利于崩塌产生的地貌部位，坡度大于45°的高陡斜坡、孤立山嘴或凹形陡坡均为崩塌形成的有利地形。

2. 外界条件

能够诱发崩塌的外界条件很多，主要有以下几项：

(1)地震。地震引起坡体晃动，破坏坡体平衡，从而诱发崩塌。一般烈度大于7度以上的地震都会诱发大量崩塌。

(2)降雨。大雨、暴雨和长时间的连续降雨，使地表水渗入坡体，软化岩、土及其中软弱面，产生孔隙水压力等，从而诱发崩塌。

(3)地表水冲刷。河流等地表水体不断地冲刷坡脚或浸泡坡脚、削弱坡体支撑或软化岩、土，降低坡体强度，也能诱发崩塌。

(4)不合理的人类活动。开挖坡脚、地下采空、水库蓄水、泄水等改变坡体原始平衡状态的人类活动，都会诱发崩塌活动。

另外，还有其他一些因素如冻胀、昼夜温差变化等，也会诱发崩塌。

(三)防治崩塌的工程措施

防治崩塌的工程措施大多与防治滑坡的方法相同，关键是在采取措施之前，了解灾情崩塌发生的条件和直接诱发因素，有针对性地采取措施。常用的防治措施有以下几项：

(1)清除坡面危岩。清除坡面上有可能崩落的危岩和孤石，防患于未然。

(2)加固坡面。在易风化剥落的边坡地段，修建支柱、挡墙(图 3-3)；对坡体中的裂缝采取水泥填缝。

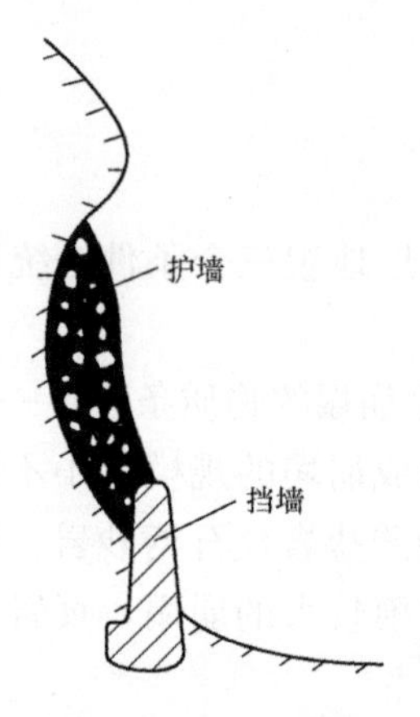

图 3-3　加固坡面

(3)修筑排水构筑物。为防止水流大量渗入岩体而恶化斜坡的稳定性，可修筑截水沟、排水沟等。

(4)遮挡。遮挡即遮挡斜坡上部的崩塌物。这种措施常用于中小型崩塌或人工边坡崩塌的防治中，通常采用修建明硐、棚硐等工程进行遮挡，在铁路工程中较为常用。

(5)拦截。对于仅在雨后才有坠石、剥落和小型崩塌的地段，可在坡脚或半坡上设置拦截构筑物。如设置落石平台和落石槽以停积崩塌物质，修建挡石墙以拦坠石；利用废钢轨、钢钎及钢丝等编制钢轨或钢钎棚栏来拦截的措施，也常用于铁路工程。

(6)支挡。在岩石突出或不稳定的大孤石下面修建支柱、支挡墙或用废钢轨支撑。

(7)护墙、护坡。在易风化剥落的边坡地段，修建护墙，对缓坡进行水泥护坡等。一般边坡均可采用。

(8)镶补沟缝。对坡体中的裂隙、缝、空洞，可用片石填补空洞，水泥砂浆沟缝等，以防止裂隙、缝、空洞的进一步发展。

(9)刷坡、削坡。在危石、孤石突出的山嘴以及坡体风化破碎的地段，采用刷坡技术放缓边坡。

三、泥石流及防治工程措施

(一)泥石流的概念

泥石流是指在山区或者其他沟谷、深壑，地形险峻的地区，因为暴雨、暴雪或其他自然灾害引发的山体滑坡，并携带大量泥沙以及石块的特殊洪流。泥石流具有突然性以及流速快、流量大、物质容量大和破坏力强等特点。泥石流常常会冲毁公路、铁路等交通设施甚至村、镇等，造成巨大损失。

泥石流是暴雨、洪水将含有沙石且松软的土质山体经饱和稀释后形成的洪流，它的面积、体积和流量都较大，而滑坡是经稀释土质山体小面积的区域，典型的泥石流由悬浮着粗大固体碎屑物并富含粉砂及黏土的黏稠泥浆组成。在适当的地形条件下，大量的水体浸透流水山坡或沟床中的固体堆积物质，使其稳定性降低，饱含水分的固体堆积物质在自身重力作用下发生运动，就形成了泥石流。泥石流是一种灾害性的地质现象。

泥石流流动的全过程一般只有几个小时，短的只有几分钟，是一种广泛分布于世界各国一些具有特殊地形、地貌状况地区的自然灾害。这是山区沟谷或山地坡面上，由暴雨、冰雪融化等水源激发的，含有大量泥沙、石块的介于挟沙水流和滑坡之间的土、水、气混合流。泥石流大多伴随山区洪水而发生。它与一般洪水的区别是洪流中含有足够数量的泥沙石等固体碎屑物，其体积含量最少为15%，最高可达80%左右，因此它比洪水更具有破坏力。

(二)泥石流的危害

(1)对居民的危害。泥石流最常见的危害之一是冲进乡村、城镇，摧毁房屋、工厂、企事业单位及其他场所、设施，淹没人、畜，毁坏土地，甚至造成村毁人亡的灾难。

(2)对公路、铁路的危害。泥石流可直接埋没车站、铁路、公路、摧毁路基、桥涵等设施，致使交通中断，还可以引起正在运行的火车、汽车颠覆，造成重大人身伤亡事故。有时泥石流汇入江河，引起河道大幅度变迁，直接毁坏公路、铁路及其他构筑物，甚至迫使道路改线，造成巨大经济损失。具体情况如下：

①据铁路部门资料，铁路是受泥石流危害最严重的部门之一。目前，全国有铁路营业里程为52 000 km，其中有32 000 km在山区，铁路沿线约有泥石流沟1 386条，威胁3 000 km长度的铁路线的安全。

②泥石流对公路的危害更为严重。诸如川藏公路、滇藏公路、川滇公路、甘川公路、川陕公路以及中尼公路和中巴公路等，均穿越泥石流发生的山区，常因泥石流灾害而断道停车。川藏公路是内地通往西藏的交通干道，沿线有泥石流沟

近千条，全线长为 2 400 km，几乎 1/3 以上的路段以泥石流灾害为主，尤以凶猛而巨大的冰川型泥石流为特色。每年 5—9 月，冰川泥石流、暴雨泥石流以及由山崩、滑坡、冰崩、冰湖溃决等形成的各类泥石流倾巢而出，全线侵袭，公路严重受阻，是影响公路畅通和西藏建设的一大灾害。

(3)泥石流对农田村寨的危害。泥石流或直接吞没农田村寨，或因断江河而壅水，淹没沿江两岸的农田村寨和城镇。填塞溃坝后，又以溃决洪水侵袭农田村寨，进而吞没两岸土地和村镇，或冲蚀沟谷，吞食坡地，导致沟谷扩大，耕地锐减，水土流失。我国甘肃的白龙江两岸泥石流沟密布，两岸大片农田和村舍，一直饱受泥石流的侵袭之灾。

(4)对水利、水电工程的危害。主要是冲毁水电站，引水渠道及过沟建筑物，淤埋水电站尾水渠，并淤积水库、腐蚀坝面等。

(5)对矿山的危害。主要是摧毁矿山及其设施、淤埋矿山坑道、伤害矿山人员，造成停工停产，甚至使矿山报废。

(三)泥石流的形成条件

泥石流的形成条件是：地形陡峭，松散堆积物丰富，突发性、持续性大暴雨或大量冰融水的流出。

1. 地形地貌条件

泥石流在地形上具备山高沟深，地形陡峻，沟床纵度降大，流域形状便于水流汇集的特点。泥石流的地貌一般可分为形成区、流通区和堆积区三部分。上游形成区的地形多为三面环山，一面出口为瓢状或漏斗状，地形比较开阔、周围山高坡陡、山体破碎、植被生长不良，这样的地形有利于水和碎屑物质的集中；中游流通区的地形多为狭窄陡深的峡谷，谷床纵坡降大，泥石流能迅猛直泻；下游堆积区的地形为开阔平坦的山前平原或河谷阶地，为堆积物提供堆积场所。

2. 松散物质来源

泥石流常发生于地质构造复杂、断裂褶皱发育，新构造活动强烈，地震烈度较高的地区。地表岩石破碎、崩塌、错落、滑坡等不良地质现象发育，为泥石流的形成提供了丰富的固体物质来源；另外，岩层结构松散、软弱、易于风化、节理发育或软硬相间成层的地区，因易受破坏，也能为泥石流提供丰富的碎屑物来源；一些人类工程活动，如滥伐森林、开山采矿、采石弃渣水等均会产生，往往也为泥石流提供大量的物质来源。

3. 水源条件

水既是泥石流的重要组成部分，又是泥石流的激发条件和搬运介质(动力来源)，泥石流的水源有暴雨、冰雪融水和水库溃决水体等形式。我国泥石流的水源主要是暴雨、长时间的连续降雨等。

(四)泥石流的诱发原因

由于工农业生产的发展，人类对自然资源的开发程度和规模也在不断发展。有些泥石流的发生，是由于人类不合理的开发而造成的。工业化以来，因为人为因素诱发的泥石流数量正在不断增加。可能诱发泥石流的人类工程经济活动主要有以下三个方面。

1. 自然原因

岩石的风化是自然状态下既有的，在这个风化过程中，既有氧气、二氧化碳等物质对岩石的分解，也有因为降水中吸收了空气中的酸性物质而产生的对岩石的分解，也有地表植被分泌的物质对土壤下的岩石层的分解，还有就是霜冻对土壤形成的冻结和融化造成的土壤松动。这些原因都能造成土壤层的增厚和土壤层的松动。

2. 不合理开挖

修建铁路、公路、水渠以及其他工程建筑造成不合理开挖。有些泥石流就是在修建公路、水渠、铁路以及其他建筑活动中破坏了山坡表面而形成的。

3. 弃土弃渣采石

弃土弃渣采石形成的泥石流的事例很多，如四川省冕宁县泸沽铁矿汉罗沟，因不合理堆放弃土、矿渣，造成泥石流事故。

4. 滥伐乱垦

滥伐乱垦会使植被消失，山坡失去保护、土体疏松、冲沟发育，大大加重水土流失，进而山坡的稳定性被破坏，崩塌、滑坡等不良地质现象发育，结果就很容易产生泥石流。例如，甘肃省白龙江中游是我国著名的泥石流多发区。而在1 000多年前，那里竹树茂密、山清水秀，后因伐木烧炭，烧山开荒，森林被破坏，才造成泥石流泛滥；又如甘川公路石坳子沟山上大耳头，原是森林区，因毁林开荒，1976年发生泥石流毁坏了下游村庄、公路，造成人民生命财产的严重损失。当地群众说：“山上开亩荒，山下冲个光”。

5. 次生灾害

由于地震灾害过后经过暴雨或是山洪稀释大面积的山体后发生洪流，例如，云南省东川地区近十几年的地震使东川泥石流的发生加剧。

(五)防治泥石流的工程措施

泥石流的防治，应贯彻综合治理的原则，要突出重点，因害设防，因地制宜，讲求实效，要充分考虑到被防护地区与具体工程的要求。具体防治措施有生物措施和工程措施两大项。

1. 防治泥石流的生物措施

生物措施包括恢复或培育植被，合理耕牧，维持较优化的生态平衡。这些措施可使流域坡面得到保护、免遭冲刷，以控制泥石流发生。

植被包括草被和森林两种。它们是生物措施中不可分割的两个方面。植被可调节径流，延滞洪水，削弱山洪的动力；可保护山坡，抑制剥蚀、侵蚀和风蚀，减缓岩石的风化速度，控制固体物质的供给。因此，在流域内(特别是中上游地段)要加强封山育林，严禁毁林开荒。

为使此项措施切实有效地发挥作用，还需注意造林方法和选择树种。幼苗成活后要严格管理；严防森林火灾，消灭病虫害。另外，要合理耕作，甚至退耕还林。在崩滑地段要绝对禁止耕作。

2. 防治泥石流的工程措施

(1)蓄水、引水工程。蓄水、引水工程包括调洪水库、截水沟和引水渠等。工程建于泥石流形成区内，其作用是拦截部分或大部分洪水，削减洪峰，以控制暴发泥石流的水动力条件。同时，还可灌溉农田、发电或供生活用水等。大型引水渠应修建稳固而短小的截流坝作为渠首，避免经过崩滑带而应在它的后缘外侧通过，并严防渗漏、溃决。

(2)支挡工程。支挡工程有挡土墙、护坡等。在泥石流形成区内崩塌、滑坡严重地段，可在坡脚处修建挡墙和护坡，以稳定斜坡。另外，当流域内某地段山体不稳定，树木难以“定居”时，应先辅以支挡建筑物来稳定山体，生物措施才能奏效。

(3)拦挡工程。拦挡工程多布置在流通区内，修建拦挡泥石流的坝体，也称谷坊坝。其作用主要是拦泥石流和护床固坡。目前，国内外挡坝的种类繁多。从结构来看，可分为实体坝和格栅坝；从材料来看，可分为土质、砌体、混凝土和预制金属构件等；从坝高和保护对象的作用来看，可分为低矮的挡坝群和单独高坝。挡坝群是国内外广泛采用的防治工程。沿沟建筑一系列高 5～10 m 的低坝或石墙，坝(墙)身上应留有水孔以宣泄水流，坝顶留有溢流口可宣泄洪水。我国这种坝一般采用砌体砌筑。国外拦挡小型稀性泥石流，推广采用格栅坝。

(4)排导工程。排导工程包括排导沟、渡槽、急流槽、导流堤等，多数建在流通区和堆积区。最常见的排导工程是设有导流堤的排导沟(泄洪道)，它们的作用是调整流向，防止漫流，以保护附近的居民点、工矿点和交通线路。

(5)储淤工程。储淤工程包括拦淤库和储淤场。前者设置于流通区内，就是修筑拦挡坝，形成泥石流库；后者一般设置于堆积区的后缘，工程通常由导流堤、拦淤堤和溢流堰组成。储淤工程的主要作用是在一定期限内，一定程度上将泥石流固体物质在指定地段停淤，从而削减下泄的固体物质总量及洪峰流量。

我国铁路部门在泥石流地段的线路、站场，采取了很多行之有效的防治措施，如跨越泥石流的桥梁、涵洞，穿过泥石流的护路明硐、护路廊道、隧道、渡槽等。

四、地面沉降及其防治

(一)地面沉降的概念及产生的原因

地面沉降是指在自然因素或人为因素影响下发生的幅度较大、速率较大的地表高程垂直下降的现象。地面沉降，又称地面下沉或地陷，是指某一区域内由于开采地下水或其他地下流体所导致的地表浅部松散沉积物压实或压密引起的地面标高下降的现象。意大利威尼斯城最早发现地面沉降。之后随着经济发展，人口增加和地下水(油气)开采量增大，世界上许多国家如美国、日本、墨西哥，以及东南亚一些国家均发生了严重的地面沉降。

地面沉降的特征是主要发生于大型沉积盆地和沿海平原地区的工业发达城市及油气田开采区。其特点是涉及范围广，下沉速率缓慢，往往不易被察觉；在城市内过量开采地下水引起的地面沉降，波及的面积大，且具有不可逆特性，即使用人工回灌办法，也难使地面沉降的地面回复到原来的标高。因此，地面沉降对于建筑物、城市建设和农田水利设施危害极大。

经过对地面沉降的长期观测和研究，对地面沉降的主要原因已取得比较一致的看法。地面沉降的原因颇多，有地质构造、气候等自然因素，也有人为原因。人类工程活动是主要原因之一，人类工程活动既可导致地面沉降，又可加剧地面沉降，其主要表现在以下几个方面：

(1)大量抽取液体资源(如地下水、石油等)、气体资源(如天然气、沼气等)活动是造成大幅度、急剧地面沉降的最主要原因。

(2)采掘地下团体矿藏(如沉积型煤矿、铁矿等)形成的大范围采空区，以及地下工程(如隧道、防空洞、地下铁道等)是导致地面下沉变形的原因之一。

(3)地面上的人为振动作用(如大型机械、机动车辆等及爆破等引起的地面振动)在一定条件下也可引起土体的压密变形。

(4)重大建筑物、蓄水工程(如水库)对地基施加的静荷载，使地基土体发生压密下沉变形。

(5)由于在建筑工程中对地基处理不当，即地层勘察不周。

从地层结构而言，透水性差的隔水层(黏土层)与透水性好的含水层(砂质土层、砂层、砂砾层)互层结构易于发生地面沉降，即在含水性较好的砂层、砂砾层内抽排地下水时，隔水层中的孔隙水向含水层流动就会引起地面沉降。根据土的固结理论可知，含水层上覆荷载的总应力 P 应由含水层中水体和土体颗粒共同承受。其中，由水体所承受的孔隙压力 P_w 并不能引起土层压密，称为中性压力；由土体承受的部分压力直接作用于含水层固体骨架之上，可直接造成土层压密，称之为有效压力 P_s。水压力 P_w 和有效压力 P_s 共同承担上覆荷载，即 $P=P_w+P_s$。从孔隙承压含水层中抽吸地下水，引起含水层中地下水水位下降，水压降低，但不会引起外部荷载的变化，这将导致有效应力的增加。

从成因上看，我国地面沉降绝大多数是地下水超量开采所致，地域分布具有明显的地带性(松散岩层区)：

(1)大型河流三角洲及沿海平原区(如长江、黄河、海河、辽河下游平原及河口三角洲地区)。

(2)小型河流三角洲区(如东南沿海地区)。

(3)山前冲洪积扇及倾斜平原区(如北京、保定、邯郸、郑州、安阳等)。

(4)山间盆地和河谷地区(如渭河盆地、汾河谷地)。

(二)地面沉降的类型

地面沉降可分为构造沉降、抽水沉降和采空沉降三种类型。

(1)构造沉降。由地壳沉降运动引起的地面下沉现象。

(2)抽水沉降。由于过量抽吸地下水(或油、气)引起水位(或油、气压)下降，在欠固结或半固结土层分布区，土层固结压密而造成的大面积地面下沉现象。

(3)采空沉降。因地下大面积采空引起顶板岩(土)体下沉而造成的地面碟状洼地现象。我国出现地面沉降的城市较多。

地面沉降按发生的地质环境可分为以下三种模式：

(1)现代冲积平原模式。如东北平原、华北平原、长江中下游平原、关中平原。

(2)三角洲平原模式。尤其是在现代冲积三角洲平原地区，如长江三角洲就属于这种类型。常州、无锡、苏州、嘉兴、萧山的地面沉降均发生在这种地质环境中。

(3)断陷盆地模式。其又可分为近海式和内陆式两类。近海式是指滨海平原，如宁波；而内陆式则为湖冲积平原，如西安市、大同市的地面沉降可作为代表。

(三)地面沉降的危害

严重的地面沉降及其造成的灾害，对我国东部地区的国家经济建设及其生态环境均造成很大的影响。由于沿海地区地面较低，地面沉降将会进一步降低地面标高，地面沉降还导致地面开裂、地下井管变形、防洪工程功能降低、国家测量标志失效、下水道排水不畅、桥梁净空减少、水质恶化等；地面建筑如高楼、公路、铁路、码头、机场等也都会受到不同程度的影响；滨海地区由于温室效应，已导致海平面上升，如果与地面沉降相叠加，那么沿海大片低地将被海水所淹没。地面沉降的基本危害包括以下几个方面。

1. 地面标高降低造成雨季地表积水

地面标高降低造成雨季地表积水，防洪和泄洪能力下降，沿海地区抵抗风暴潮的能力降低。在滨海地区，地面沉降活动使陆地地面高程下降，海平面相对上升，导致海水侵袭和风暴潮灾害加剧。与此同时，滨岸防潮堤不仅大幅度沉降，且发生局部开裂，防御能力降低。风暴潮灾害也日益严重，不仅潮位越来越高，而且高潮频次也不断增加，风暴潮造成的损失越来越大。地面沉降城市也普遍存在比较严重的滞汛积水问题，不仅影响城市交通和环境，而且使地下室和低层建筑物在汛期被水浸没，造成比较严重的经济损失。其他地面沉降的城市或地区均已出现了不同程度的危害，其中主要危害是雨季地表积水和加重洪水危害。

2. 城市管网遭到破坏

城市供水管道和供气管道随地面不均匀沉降而弯曲变形，导致管道漏水漏气，甚至折断，直接影响市民生活及工业生产，给当地人民的生命财产安全造成巨大威胁。上海市曾发生地面沉降折断大口径(300 mm)煤气管导致煤气泄漏事故。

3. 铁路安全受到威胁

由于地面沉降造成铁路路基不均匀下沉，铁路安全受到威胁。如津沪铁路从沧州市沉降中心穿过，由于铁路路基下沉，在沧州市地面沉降中心地段，路基碎石垫层已加厚了500 mm，不仅造成经济损失而且影响铁路安全运行。地面沉降的发展也给高速铁路的建设和运营带来不利的影响。

4. 河床下沉，河道防洪排涝能力降低

河床下沉，河道防洪排涝能力降低，影响南水北调等引水工程安全；桥下净空变小影响泄洪和航运。地面沉降对本来就低洼的沿海地区所产生的负效应和危害表现为降低了泄洪功能和抵御洪涝灾害的能力，大幅度增加了低洼湿地面积，使耕地沼泽化，恶化了生态环境；为防止河水外溢，沉降区河岸一再加高，使河床相对抬高，形成地上悬河；而且拦河堤坝等防洪设施因沉降而发生破坏，造成城市泄洪能力下降，出现严重的水患威胁，其危害将是巨大的。同时，地面沉降造成河床下沉，影响引水工程的正常运行，特别是南水北调工程的安全。南运河从沧州市横穿而过，是引黄入津的通道，也是南水北调东线的经由之路，由于地面沉降，造成河床下沉，其过水能力锐减，原设计流量为120 m^3/s，现在已不及原设计能力的1/2。这给引黄入津和南水北调东线工程带来不利的影响，而且地面沉降造成桥梁错断、桥下净空减小等，严重影响了运河航运和交通安全。

5. 浅层地下水水位相对变浅引起一系列环境问题

在滨海地区，地面沉降活动使陆地地面高程下降，海平面相对上升，海水入侵，浅层地下水水位变浅，水质恶化，引起一系列环境问题。

(1)市区建筑物地基承载力下降，造成建筑物地基被破坏。

(2)加快混凝土及金属管线的腐蚀，基础侵蚀增强。

(3)降低交通干线路基的强度，缩短了使用寿命。

(4)影响城市绿化，树木成活率低下。

(5)加大城市建设成本。

(6)土地盐碱化，工农业生产用水紧张。

6. 地面高程资料大范围失效

地面沉降还导致观测和测量标志失效。地面高程资料是国民经济建设和发展的重要基础资料，在水文、地震、环保、地质、市政建设等行业被广泛利用，且必不可少，而大范围的高程损失及其不均衡动态变化，给相关工作带来严重影响和干扰，如使河流水位、海洋潮位、地形高程失真，给城市规划和建设造成困难，同时，也加大了相关工作的经费投入。

7. 地裂缝频发危及城乡安全

地面沉降和地裂缝在成因上有一定的联系，由于地面不均匀沉降诱发地裂缝，因此在许多地区伴生出现，两者的叠加，其危害性更大。地裂缝主要的危害是造成房屋开裂、破坏地面设施、城市地下管道等生命线工程，造成农田漏水。

(四)地面沉降的控制和治理

当前对地面沉降的控制和治理措施有以下两类。

1. 表面治理措施

对已产生地面沉降的地区，要根据灾害规模和严重程度采取地面整治及改善环境。其方法主要有以下几项：

(1)在沿海低平面地带修筑或加高挡潮堤、防洪堤，防止海水倒灌、淹没低洼地区。

(2)改造低洼地形，人工填土加高地面。

(3)改建城市给水排水系统和输油、输气管线，整修因沉降而被破坏的交通路线等线性工程，使之适应地面沉降后的情况。对地面可能沉陷地区预估对管线的危害，制定预防措施。

(4)修改城市建设规划，调整城市功能分区及总体布局。规划中的重要建筑物要避开沉降地区。

2. 根本治理措施

从研究消除引起地面沉降的根本因素入手，谋求缓和直到控制或终止地面沉降的措施。其方法主要有以下几项：

(1)人工补给地下水(人工回灌)。选择适宜的地点和部位向被开采的含水层、含油层人工注水或压水，使含水(油、气)层中孔隙液压恢复或保持在初始平衡状态。把地表水的蓄积储存与地下水回灌结合起来，建立地面及地下联合调节水库，是合理利用水资源的一个有效途径。一方面，利用地面蓄水体有效补给地下含水层，扩大人工补给来源；另一方面，利用地层孔隙空间储存地表余水，形成地下水水库以增加地下水储存资源。

(2)限制地下水开采，调整开采层次，以地面水水源代替地下水水源。其具体措施如下：

①以地面水源的工业自来水厂代替地下供水源。

②停止开采引起沉降量较大的含水层而改为利用深部可压缩性较小的含水或基岩裂隙水。

③根据预测方案限制地下水的开采量或停止开采地下水。

(3)限制或停止开采固体矿物。对于地面塌陷区，应将塌陷洞穴用反滤层填上，并加松散覆盖层，关闭一些开采量大的厂矿，使地下水状态得到恢复。

第四章 火灾及建筑防火

第一节 火 灾

一、火灾概述

(一)火灾的分类

1. 根据火灾损失的严重性对火灾级别进行划分

按照一次火灾事故所造成的人员伤亡、受灾人数和财物直接损失金额，可将火灾分为特别重大火灾、重大火灾、较大火灾和一般火灾四个等级。

(1)特别重大火灾。特别重大火灾是指造成 30 人以上死亡，或者 100 人以上重伤，或者 1 亿元以上直接财产损失的火灾。

(2)重大火灾。重大火灾是指造成 10 人以上 30 人以下死亡，或者 50 人以上 100 人以下重伤，或者 5 000 万元以上 1 亿元以下直接财产损失的火灾。

(3)较大火灾。较大火灾是指造成 3 人以上 10 人以下死亡，或者 10 人以上 50 人以下重伤，或者 1 000 万元以上 5 000 万元以下直接财产损失的火灾。

(4)一般火灾。一般火灾是指造成 3 人以下死亡，或者 10 人以下重伤，或者 1 000 万元以下直接财产损失的火灾。

注："以上"包括本数，"以下"不包括本数。

2. 根据物质燃烧特性进行分类

根据国家标准《火灾分类》(GB/T 4968—2008)将火灾分为 A、B、C、D、E、F、K 七类。这种分类法对防火和灭火，特别是对选用灭火器扑救火灾有指导意义(图 4-1)。

(1)A 类火灾：指固体物质火灾。这种物质通常具有有机物质性质，一般在燃烧时能产生灼热的余烬，如木材、煤、棉、毛、麻、纸张等火灾。

图 4-1　火灾现场

(2)B类火灾：指液体或可熔化的固体物质火灾，如煤油、柴油、原油，甲醇、乙醇、沥青、石蜡等火灾。

(3)C类火灾：指气体火灾，如煤气、天然气、甲烷、乙烷、丙烷、氢气等火灾。

(4)D类火灾：指金属火灾，如钾、钠、镁、铝镁合金等火灾。

(5)E类火灾：带电火灾，物体带电燃烧的火灾。

(6)F类火灾：烹饪器具内的烹饪物火灾。

(7)K类火灾：食用油类火灾。通常食用油的平均燃烧速率大于烃类油，与其他类型的液体火相比，食用油火灾很难被扑灭，由于有很多不同于烃类油火灾的行为，它被单独划分为一类火灾。

3. 根据火灾发生地点进行分类

(1)地上建筑火灾。地上建筑火灾是指发生在地表的火灾。地上建筑火灾包括民用建筑火灾、工业建筑火灾和森林火灾。民用建筑火灾包括发生在城市和城镇的一般民用建筑和高层民用建筑内的火灾，以及发生在商场、饭店、宾馆、写字楼、影剧院、歌舞厅、机场、车站、码头等公用建筑内的火灾；工业建筑火灾包括发生在一般工业建筑和特种工业建筑内的火灾，特种工业建筑是指油田、油库、化学品工厂、粮库、易燃和爆炸物品厂及仓库等火灾危险及危害性较大的场所。对于森林而言，林火是经常发生的现象，微小的林火并不会给森林造成明显的损害。所谓森林火灾，是指森林大火造成的危害。森林火灾不仅会造成林木资源的损失，而且会对生态和环境造成不同程度的破坏。

(2)地下建筑火灾。地下建筑火灾是指发生在地表面以下建筑物内的火灾。地下建筑火灾主要包括发生在矿井、地下商场、地下油库、地下停车场和地下铁道等地点的火灾。这些地点属于典型的受限空间，空间结构复杂，受定向风流的作用，使火灾及烟气蔓延速度相对较快，再加上在逃生通道上逃生人员和救灾人员逆向行进，救灾工作难度较大。

(3)水上火灾。水上火灾是指发生在水面上的火灾。水上火灾包括发生在江、河、湖、海上航行的客轮、货轮和油轮上的火灾，也包括海上石油平台以及油面火灾等。

(4)空间火灾。空间火灾是指发生在飞机、航天飞机和空间站等航天器中的火灾。特别是发生在航天飞机和空间站中的火灾，由于远离地球，重力作用较小，甚至完全失重，属微重力条件下的火灾。其火灾的发生和蔓延与地上建筑、地下建筑以及水上火灾相比，具有明显的特殊性。

(二)火灾的危害

火的使用是人类最伟大的发明之一，是人类赖以生存和发展的一种自然力。可以说，没有火的使用，就没有人类的进化和发展，也就没有今天的物质文明和精神文明。当然，火和其他物质一样也具有两重性，一方面它给人类带来了文明和幸福，促进了人类物质文明的不断发展；另一方面由于人类自身的不慎和其他自然原因，火也会给社会生产和人类生活带来无法弥补的损失。火灾是各种自然灾害中最危险、最常见、最具毁灭性的灾种之一。火灾出现的概率之高，以及它对可燃物的敏感性和燃烧蔓延的快速性都是十分惊人的。

据统计，世界上发达的国家每年的火灾损失额多达几亿甚至十几亿美元，占国民经济总产值的0.2%～1.0%。1976—1980年，美国每年平均发生307.4万起火灾，死亡人数8 730人，直接经济损失折合人民币达835亿元。1980年，日本发生火灾6万起，经济损失达1 460亿日元。英国、加拿大、澳大利亚等国家的情况同样严重。随着世界经济的不断发展，世界各国的工业化、城市化进程不断加快，各类诱发火灾的因素不断增加，火灾发生率、死亡率呈明显上升趋势。据联合国“世界火灾统计中心”提供的资料显示，发生火灾的损失，美国不到7年翻一番，日本平均16年翻一番，中国平均12年翻一番。表4-1给出了一些国家火灾直接损失的情况。

表4-1 部分国家火灾直接损失统计表

国家	货币名称	1999年	2000年	2001年	占国民生产总值的百分比/%
中国	人民币	1 434	1 522	1 522	0.02
匈牙利	福林				0.12(1986—1988)
西班牙	比塞塔				0.12(1984)

续表

国家	货币名称	1999 年	2000 年	2001 年	占国民生产总值的百分比/%
美国	美元	10 500	10 500	44 500	0.22
德国	欧元		3 500	3 350	0.17(1998—2001)
日本	日元	455	480	535	0.1
加拿大	加拿大元	1 700	1 650		0.17(1998—2000)
英国	英镑	1 300	1 200	1 500	0.14
芬兰	欧元	185	185	190	0.15
新西兰	新西兰元				0.17(1993—2000)
瑞典	克朗	4 200	4 200	4 600	0.12
法国	欧元	2 550	2 450	2 450	0.18
丹麦	克朗	2 250	2 700	2 550	0.2
比利时	欧元	570	665		0.24(1998—2000)
挪威	克朗	3 450	3 700	4 650	0.28
澳大利亚	澳元				0.16(1992—1993)
瑞士	法郎				0.23(1989)
意大利	欧元	1 750	2 500	1 900	0.18
荷兰	荷兰盾				0.15(1995—1996)

注：1. 不包括没有火灾情况下的爆炸损失和恐怖分子的一些违法行为造成的损失。

2. 表中的数据(百分比除外)除日本以 10 亿计算外，其余国家均以百万计算。

事实上，火灾带来的间接损失大大超过其直接经济损失。一般可将火灾造成的直接损失、间接损失、人员伤亡损失、扑救消防开支、保险费用以及防火工程费用等统称为火灾代价。部分国家火灾间接损失额见表 4-2。

表 4-2　部分国家火灾间接损失额

国家	占 GDP 比例/%
日本	0.016(1985—1986)
美国	0.017
挪威	0.024(1985)

续表

国家	占 GDP 比例/%
奥地利	0.029(1979—1980)
荷兰	0.033
德国	0.034
瑞典	0.036
芬兰	0.040(1985—1986)
法国	0.84(1980—1981)
英国	0.100

近年来，据联合国“世界火灾统计中心”(WFSC)不完全统计，全球每年发生600万～700万起火灾，有65 000～75 000人死于火灾中。各大洲分别统计的数据见表4-3。

表 4-3　全球各大洲火灾情况统计表

区域	人口/百万	火灾起数/(百万次·年$^{-1}$)	伤亡/(万人·年$^{-1}$)
欧洲	695.4	2	22
亚洲	3 474.6	1	30
北美洲	454.2	2.3	6.0
南美洲	318.6	0.3	2.5
非洲	735.0	0.7	7.5
澳洲	29.7	0.1	0.3

我国的火灾次数和损失虽然比发达国家少得多，但也相当严重。2015年，全国发生火灾33.8万起，造成直接财产损失39.5亿元。2016年，全国共接报火灾31.2万起，1 582人死亡，1 065人受伤，造成直接财产损失37.2亿元，与2015年相比，四项数字分别下降10.1%、16.7%、12.2%和14.6%。其中，较大火灾64起，同比减少4起，下降5.9%；未发生重大和特别重大火灾，自新中国成立以来，首次全年未发生一次死亡10人以上的火灾。冬、春季节火灾多发；夏、秋季节火灾发生率相对较低。

近年来，火灾现象呈现出复杂和多样化的趋势。值得关注的是，现代城市人口、建筑、生产、物资集中的特点使火灾发生更为集中；各种新型材料的使用使可燃物种类增多，燃烧形式和产物更加复杂，火灾有毒气体危害问题突出；各种新能源和电气产品的使用导致火灾起因更为复杂、多样和隐蔽；高层、复杂、超高建筑的增多使火灾扑救和人员疏散的条件恶化等。

(三)建筑火灾科学的主要研究内容和研究现状

建筑火灾科学研究可归纳为以下三个方面的内容。

1. 建筑防火

建筑防火包括建筑火灾基础科学，建筑总体布局，建筑内部防火隔断、防火装修以及消防扑救，安全疏散路线，自动灭火系统、火灾探测报警系统的智能化和早期化，自动防排烟系统的设计和研究。在建筑防火上，我国已有自己的《建筑设计防火规范》(GB 50016—2014)。

从20世纪80—90年代开始，国外发展了一种安全工程设计新方法——性能化防火设计，它开创了安全工程设计的新思路。国外研究成果和工程实践表明，性能化防火设计方法比传统的“处方式”设计方法具有许多优越性，包括：设计方案更加科学合理，设计方法更加灵活，能有效地保证建筑防火设计达到预期的消防安全目标，可以降低建筑成本，有利于新技术、新材料、新产品的发展，有利于充分发挥设计人员的才能，有利于设计规范和标准的国际化等。目前，世界上许多国家都在研究和推广这种先进的方法，已经形成发展性能化防火设计的国际化浪潮；各国政府纷纷投入大量研究经费，积极开展有关的基础理论研究和应用技术开发，并取得了很大的进展。英国、日本、澳大利亚、美国、加拿大、新西兰以及北欧一些国家已初步建立其性能化防火设计的技术体系，完成了从传统的“处方式”设计方法向性能化防火设计的过渡。欧盟、国际标准化组织(ISO)、国际建筑研究会(CIB)等国际性机构和组织也在推进性能化防火设计方法的发展。性能化防火设计的技术体系包括性能化设计理论、工程分析与设计方法、防火安全评估技术与工具、材料和产品性能试验方法与标准、各类基本数据的基础数据库、设计指南和设计规范等。目前，我国在这一领域的研究工作还刚刚起步，需要投入大量的经费，使有关的基础性科研工作能够全面地、系统地开展。

2. 建筑结构抗火性能

建筑结构抗火性能主要包括结构材料的抗火性能，结构在火灾高温下的强度、刚度、变形、承载能力，建筑结构耐火时间以及结构抗火构造等内容。多年来，世界各国在建筑结构抗火设计研究领域开展了广阔而深入的研究，取得了巨大成果，主要集中在以下几个方面：

(1)结构材料在火灾高温下的性能研究，例如，钢材在高温下的屈服强度、抗拉强度、弹性模量、应力-应变曲线；混凝土在高温下的抗压强度、抗拉强度、粘结强度、弹性模量、应力-应变曲线；钢材、混凝土的导热系数、比热容、质量密度、线膨胀系数。

(2)建筑构件的标准耐火的试验方法及设备。

(3)混凝土构件内温度场研究。

(4)钢构件、钢筋混凝土构件及结构单元的耐火性能研究。

(5)钢构件耐火保护方法及材料研究。

(6)失火分区火灾性状研究与预测。

另外，欧洲各国颁布了钢结构耐火设计技术规范，法国还制定了混凝土结构的耐火强度计算方法，日本建立了建筑结构耐火设计数据库。与国外相比，我国在结构抗火设计的研究方面还存在很大的差距，至今还没有建筑结构抗火设计规范。

目前，国外结构防火研究已从结构构件转向整体结构、装配式结构、薄膜结构、轻钢结构的研究，并探讨局部火灾对整个结构的影响的设计计算方法及建筑物防火诊断和改善技术的措施。

3. 火灾后建筑结构的损伤鉴定和加固修复

火灾后建筑结构的损伤鉴定主要包括以下几个方面的内容：

(1)现场调查及火灾温度判断。

(2)火灾后建筑材料及结构性能的检测。

(3)受损分析和剩余承载力的计算。

(4)结构受损综合评定。

对于火灾后的加固方法，现在研究的还不多，长期以来主要靠设计人员的主观经验来选择加固方法。目前，常用的火灾后加固方法有喷射混凝土法、粘钢加固法、碳纤维增强复合材料加固法等。

对于火灾后建筑结构受损程度的鉴定，目前可按《火灾后建筑结构鉴定标准》(CECS 252—2009)进行。在建筑物的加固领域，我国颁布了《混凝土结构加固设计规范》(GB 50367—2013)。

二、建筑火灾的燃烧特性

(一)燃烧的基本知识

1. 燃烧条件

燃烧是一种放热、发光的化学反应。物质燃烧必须同时具备三个条件，即可燃物、助燃物和着火源。缺少任何一个条件都不会发生燃烧。但是，并不是上述三个条件同时存在，就一定会发生燃烧现象，还必须这三个因素相互作用。

(1)可燃物。凡是能够与空气中的氧或其他氧化剂起剧烈化学反应的物质都是可燃物，如木材、纸张、酒精、氢气等。

可燃物按其组成可分为无机可燃物和有机可燃物两大类。从数量上说，绝大部分可燃物为有机物，少部分为无机物。

可燃物按其状态可分为可燃固体、可燃液体及可燃气体三大类。不同状态的同一种物质燃烧性能不同。一般来说，气体比较容易燃烧，其次是液体，最后是固体。同一种状态但组成不同的物质其燃烧性能也不同。

(2)助燃物。凡能帮助和支持燃烧的物质称为助燃物。如空气、氧或氧化剂等。

(3)着火源。凡能引起可燃物燃烧的热能源称为着火源。如明火、高温物体、化学热能、光能等。

(4)链式反应。有焰燃烧都存在链式反应。当某种可燃物受热，它不仅会汽化，而且该可燃物的分子会发生热分解作用从而产生自由基。自由基是一种高度活泼的化学形态，能与其他的自由基和分子产生反应，从而使燃烧持续进行下去，这就是燃烧的链式反应。

着火源这一燃烧条件的实质是提供一个初始能量，在此能量激发下，使可燃物和助燃物发生剧烈的氧化反应，引起燃烧。所以，这一燃烧条件可以表达为“初始能量”。可燃物、助燃物和着火源是构成燃烧的三个要素，这是指“质”方面的条件，即必要条件。但是这还不够，还要有“量”方面的条件，即充分条件。在某些情况下，如可燃物数量不够，助燃物不足，或着火源的能量不大，燃烧也不会发生。

因此，燃烧还必须具备以下条件：

(1)足够的可燃物质。若可燃气体或蒸气在空气中的浓度不够，燃烧就不会发生。例如，用火柴在常温下点燃汽油，能立即燃烧，但若用火柴在常温下点燃柴油，却不能燃烧。

(2)足够的助燃物质。燃烧若没有足够的助燃物，火焰就会逐渐减弱，直至熄灭。如在密闭的小空间中点燃蜡烛，随着氧气的逐渐耗尽火焰最终会熄灭。

(3)着火源达到一定温度，并具有足够的热量。例如，火星落到棉花上，很容易着火，而落在木材上，则不易起火，这是因为木材燃烧需要的热量较棉花高。白磷在夏天很容易自然着火，而煤则不会，这是由于白磷燃烧所需要的温度很低，而煤所需的燃烧温度相对较高。

(4)未受抑制的链式反应。汽油的最小点火能量为 0.2 MJ，乙醚为 0.19 MJ，甲醇为 0.215 MJ。对于无焰燃烧，前三个条件同时存在，相互作用，燃烧即会发生。而对于有焰燃烧，除以上三个条件，燃烧过程中存在未受抑制的游离基(自由基)，形成链式反应，而使燃烧能够持续下去，也是燃烧的充分条件之一。

由此可见，要使可燃物发生燃烧，不仅要同时具备三个基本条件，而且每一个条件都必须具有一定的“量”，并彼此相互作用，否则就不能发生燃烧。

2. 防火和灭火的基本措施

一切防火和灭火措施的基本原理，都是根据物质燃烧的条件，阻止燃烧三要素同时存在、互相结合、互相作用。

(1)防火的基本措施。防止燃烧条件的产生，不使燃烧的三个条件相互结合并发生作用，以及采取限制、削弱燃烧条件发展的办法，阻止火势蔓延，这就是防火的基本原理。防火的基本措施有以下几项：

①控制可燃物。控制可燃物即用非燃或难燃材料代替易燃或可燃材料；用防火涂料刷涂可燃材料，改变其燃烧性能；采取局部通风或全部通风的方法，降低可燃气体、蒸气和粉尘的浓度，使之不超过最高允许浓度；对能相互作用发生化学反应的物品分开存放。

②隔绝助燃物。隔绝助燃物就是使可燃性气体、液体、固体不与空气、氧气或其他氧化剂等助燃物接触，即使有着火源作用，也会因为没有助燃物参与而不致发生燃烧。

③消除着火源。消除着火源就是严格控制明火、电火花及防止静电、雷击引起火灾。

④阻止火势蔓延。阻止火势蔓延就是防止火焰或火星等火源窜入有燃烧、爆炸危险的设备、管道或空间，或阻止火焰在设备和管道中扩展，或者把燃烧限制在一定范围不致向外蔓延。

(2)灭火的基本措施。一切灭火措施都是为了破坏已经产生的燃烧条件，使燃烧熄灭。灭火的基本方法有以下几项：

①冷却法。由于可燃物质起火必须具备相对的着火温度，灭火时只要将水、泡沫或二氧化碳等具有冷却降温和吸热作用的灭火剂直接喷洒到着火的物体上，使其温度降到能够起火所需的最低温度以下，火就会熄灭。用水扑救火灾，其原理就是冷却灭火。

②窒息法。窒息法是根据可燃物质起火时需要大量氧气的特点，灭火时采用物体捂盖的方式，使空气不能继续进入燃烧区或者进入得很少，也可用氮气、二氧化碳等惰性气体稀释空气中的氧含量，使可燃烧物质因缺乏助燃物而终止燃烧。窒息灭火法的实用性很强，不仅简便易行，而且灭火迅速，不会造成水渍损失。

③隔离法。燃烧必须有可燃物质作先决条件。根据这个道理，运用隔离法灭火主要采取两种方式：一是扑救火灾时将燃烧物与附近可燃物质隔离或者疏散开，从而使燃烧终止；二是将着火物质转移到没有可燃物质的地方。这种方法适用于扑救多种固体、液体和气体火灾。

④抑制法。抑制法是一种化学灭火方法，即将化学灭火剂喷入燃烧区参与燃烧反应，中止链反应而使燃烧反应终止。例如，将干粉和卤代烷灭火剂喷入燃烧区，使燃烧终止。目前主要采用“1202”“1211”等卤代烷和干粉灭火剂。其优点是灭火效率高，尤其是1211灭火剂，灭火后不留痕迹，不会造成污损，是扑救电视机等家用电器、书籍、液化气和摩托车等火灾较为理想的灭火剂。但这些化学灭火剂缺乏冷却、覆盖和渗透的作用，当物质表面的火焰熄灭后，往往会引起物体的阴燃或余热又超过着火温度而发生复燃或爆燃，这一点应特别引起注意。

综上所述，以上方法各有所长，灭火时应根据具体的情况，遵循迅速有效、经济损失小的原则，根据燃烧物质的性质、部位、燃烧特点和火场情况以及灭火器材的情况进行选择。

(二)燃烧的基本类型

燃烧有闪燃、着火、自燃、爆炸四种类型。

(1)闪燃与闪点。在一定的温度条件下，液态可燃物质表面会产生蒸气，有些固态可燃物质也因蒸发、升华或分解产生可燃气体或蒸气。这些可燃气体或蒸气与空气混合而形成混合可燃气体，当遇明火时会发生一闪即灭的火苗或闪光，这种燃烧现象称为闪燃。液体(固体)挥发的蒸气与空气形成混合物遇火源能够闪燃的最低温度称为该物质的闪点，液态可燃物质的闪点以“℃”表示，测定闪点的方法有开口杯法和闭口杯法两种。开口杯法是将可燃液体样品放在敞口容器中，加热进行测定；闭口杯法是将可燃液体样品放在有盖的容器中加热测定。同一种可燃液体样品，测定的方法不同，其闪点值也不同，一般开口闪点要比闭口闪点高15 ℃～25 ℃。

同系物中异构体比正构体的闪点低；同系物的闪点随其分子质量的增加而升高，随其沸点升高而升高。各组分混合液，如汽油、煤油等，其闪点随沸点的增加而升高；低闪点液体和高闪点液体形成的混合液，其闪点低于这两种液体闪点的平均值。

闪燃是短暂的闪火，不是持续的燃烧。这是因为液体在该温度下蒸发速度不快，液体表面上聚积的蒸气一瞬间燃尽，而新的蒸气还未来得及补充，故闪燃一下就熄灭了。但是，若温度继续上升，液体挥发的速度加快，这时再遇明火便有起火爆炸的危险。

闪点是衡量各种液态可燃物质火灾和爆炸危险性的重要依据。有些固态可燃物质，如樟脑和萘等，在一定条件下，也能够缓慢蒸发可燃蒸气，因而也可以采用闪点衡量其火灾和爆炸危险性。物质的闪点越低，越容易蒸发可燃蒸气和气体，并与空气形成浓度达到燃烧或爆炸条件的混合可燃气体，其火灾或爆炸的危险性越大，反之越小。

在《建筑设计防火规范》(GB 50016—2014)中，对于生产和储存液态可燃物质的火灾危险性，都是根据闪点进行分类的，一般以 28 ℃作为易燃和可燃液体的界限。据统计分析表明，常见易燃液体的闪点多数小于 28 ℃，而我国南方城市的最高月平均气温约为 28 ℃。因此，规范中把闪点小于 28 ℃的液体定为易燃液体，具有甲类火灾危险性；把闪点大于或等于 28 ℃的液体定为可燃液体，而闪点为 28 ℃～60 ℃的液体为乙类火灾危险性液体；丙类火灾危险性液体，其闪点大于等于 60 ℃。规范同时以甲、乙、丙类液体分类为依据规定了厂房和库房的耐火等级、层数、占地面积、安全疏散、防火间距、防爆设置等；以甲、乙、丙类液体的分类为依据规定了液体储罐堆场的布置、防火间距，可燃和助燃气体储罐的防火间距，液化石油气储罐的布置、防火间距等。

(2)着火与燃点。可燃物在与空气共存的条件下，当达到某一温度时与火源接触，立即引起燃烧，并在火源移开后仍能继续燃烧，这种持续燃烧的现象称为着火；可燃物开始持续燃烧所需要的最低温度叫作燃点或着火点，以“ ℃”表示。液体的燃点可用测定闪点的开口杯法来测定，易燃液体的燃点高于其闪点 1 ℃～5 ℃。

(3)自燃与自燃点。可燃物质在没有外部火花、火焰等火源的作用下，因受热或自身发热并蓄热所产生的自然燃烧称为自燃。其可分为受热自燃和自热自燃。可燃物质在外部热源作用下，温度升高，当达到一定温度时着火燃烧，称为受热自燃。

在规定的条件下，可燃物质产生自燃的最低温度称为自燃点。一般可燃物质的自燃点以“℃”表示。自燃点可以作为衡量可燃物质受热升温形成自燃危险性的依据。物质的自燃点越低，发生自燃的火灾危险性越大。一般来说，液体密度越大，自燃点越低。

(4)爆炸与爆炸极限。易燃液体的蒸气、可燃气体和粉尘、纤维与空气(或氧)的混合物在一定比例浓度范围内时，若遇到明火、电火花等点火源，就发生爆炸。爆炸通常伴随发热、发光、压力上升、真空和电离等现象，具有很强的破坏作用。其与爆炸物的数量和性质、爆炸时的条件以及爆炸位置等因素有关。

(三)建筑起火的原因

建筑物一旦发生火灾不仅会烧毁室内全部财物，而且容易造成人员伤亡，建筑结构倒塌、破坏及引起相邻的建筑物起火。建筑物起火的原因是多种多样而且复杂的，因为建筑物是人们生产和生活的主要场所，存在着各种致灾因素。概括地说，建筑物火灾是由使用明火、化学或生物化学的作用、用电、纵火破坏等引起的。

建筑物起火的原因归纳起来大致可分为六类。

1. 生活和生产用火不慎

我国城乡居民家庭火灾绝大多数为生活用火不慎引起。属于这类火灾的原因大体有：吸烟不慎、炊事用火不慎、取暖用火不慎、灯火照明不慎、小孩玩火、燃放烟花爆竹不慎、宗教活动用火不慎等。

生产用火不慎有：用明火熔化沥青、石蜡或熬制动、植物油时，因超过其自燃点，着火成灾；在烘烤木板、烟叶等可燃物时，因升温过高，引起烘烤的可燃物起火成灾；对锅炉中排出的炽热炉渣处理不当，引燃周围的可燃物。

2. 违反生产安全制度

由于违反生产安全制度引起火灾的情况很多。例如，在易燃易爆的车间内动用明火，引起爆炸起火；将性质相抵触的物品混存在一起，引起燃烧爆炸；在用电焊、气焊焊接和切割时，没有采取相应的防火措施而酿成火灾；在机器运转过程中，不按时加油润滑，或没有清除附在机器轴承上面的杂物、废物，而使这些部位摩擦发热，引起附着物燃烧起火；电熨斗放在台板上，没有切断电源就离去，导致电熨斗过热，将台板烤燃引起火灾；化工生产设备失修，发生可燃气体、易燃可燃液体跑、冒、滴、漏现象，遇到明火燃烧或爆炸。

3. 电气设备设计、安装、使用及维护不当

电气设备引起火灾的原因，主要有电气设备超过负荷、电气线路接头接触不良、电气线路短路；照明灯具设置使用不当，如将功率较大的灯泡安装在木板、纸等可燃物附近，将日光灯的镇流器安装在可燃基座上，以及用纸或布做灯罩紧贴在灯泡表面上等；在易燃易爆的车间内使用非防爆型的电动机、灯具、开关等。

4. 自然现象

自然现象可分为以下几种：

(1)自燃。如大量堆积在库房里的油布、油纸，因为通风不好内部发热，以致积热不散发生自燃。

(2)雷击。雷电引起的火灾原因，大体上有三种：①雷电直接击在建筑物上发生的热效应、机械效应作用等；②雷电产生的静电感应作用和电磁感应作用；③高电位沿着电气线路或金属管道系统侵入建筑物内部。在雷击较多的地区，建筑物上如果没有设置可靠的防雷保护设施，便有可能发生雷击起火。

(3)静电。静电通常是由于摩擦、撞击而产生的。因静电放电引起的火灾事故屡见不鲜。例如，易燃、可燃液体在塑料管中流动，由于摩擦产生静电，引起易燃、可燃液体燃烧爆炸；输送易燃液体流速过大，无导除静电设施或者导除静电设施不良，致使大量静电荷积聚，产生火花引起爆炸起火；在有大量爆炸性混合气体存在的地点，身上穿着的化纤织物的摩擦、塑料鞋底与地面的摩擦产生静电，引起爆炸性混合气体爆炸等。

(4)地震。发生地震时，人们急于疏散，往往来不及切断电源、熄灭炉火以及处理好易燃易爆生产设备和危险物品等。因而，伴随着地震发生，会有各种火灾发生。

5. 纵火

纵火可分为刑事犯罪纵火及精神病人纵火。

6. 建筑布局不合理，建筑材料选用不当

在建筑布局方面，防火间距不符合消防安全要求，没有考虑风向、地势等因素对火灾蔓延的影响，往往会造成发生火灾时“火烧连营”，形成大面积火灾。在建筑构造、装修方面，大量采用可燃构件和可燃、易燃装修材料都大大增加了建筑火灾发生的可能性。

(四)火灾蔓延

1. 火灾蔓延的形式

建筑物内火灾蔓延是通过热的传播进行的，其形式是与起火点、建筑材料、物质的燃烧性能和可燃物的数量有关的。常见的有以下五种形式：

(1)直接延烧。直接延烧即固体可燃物表面或易燃、可燃液体表面上的一点起火，通过导热升温点燃，使燃烧沿表面连续不断地向外发展，引起燃烧。火焰直接延烧取决于火焰的传热速度。

(2)热传导。热传导即物体一端受热，通过物体热分子的运动将热量传递到另一端，例如，火灾通过室内的暖气管道传热而引燃堆放在管道上的纸张等可燃物。火灾通过传导的方式进行蔓延，有两个特点：①必须具有导热性好的媒介，如金属构件、薄壁构件或金属设备等；②蔓延的距离较近，一般只传导到媒介周边介质。可见，传导蔓延扩大的火灾，其规模是有限的。影响热传导的主要因素是温差、导热系数和导热物体的厚度和截面面积。导热系数越大，厚度越小，传导的热量越多。

(3)热辐射。热辐射即热由热源以电磁波的形式直接发射到周围物体上，例如，室内初起火灾中的轰燃现象主要是热辐射的结果。通常，一般物体在所遇到的温度下，向空间发射的能量，绝大多数都集中于热辐射。建筑物发生火灾时，火场的温度高达上千度，通过外墙开口部位向外发射大量的辐射热，对邻近建筑构成威胁，同时，也会加速火灾在室内的蔓延。建筑防火设计中提出防火间距的要求，主要是降低火灾热辐射对邻近建筑的影响。当火灾处于发展阶段时，热辐射为热传播的主要形式。

(4)热对流。热对流就是炽热的燃烧产物(烟气)与冷空气之间相互流动的现象，例如，烟气流窜到管道井、电梯井向上扩散到顶层而引起火灾。房间内的热烟与室外新鲜空气之间的密度不同，热烟的密度小，浮在密度大的冷空气上面，由窗口上部流出，室外的冷空气由窗口的下部进入室内的燃烧区。在热对流的条件下，多数窗口的中部都要出现一个水平的中性层，把热气与冷气分隔开。冷气从中性层的下面连续流到室内，热气从中性层的上边不断地流到室外。因此，在火场上，浓烟流窜的方向往往就是火势蔓延的方向。特别是混有未完全燃烧的可燃气体或可燃液体、蒸气的浓烟，窜到距离起火点很远的地方，重新遇到火源，便能瞬时爆燃，使建筑物全面起火燃烧。火场中通风孔洞面积越大，热对流的速度越快；通风孔洞所处位置越高，热对流速度越快。热对流是热传播的重要方式，是影响初期火灾发展的最主要因素。

(5)飞火。飞火是指未烧尽的可燃物或火星飞落到可燃物上引起的火灾现象。火灾遇到室外较大的风力时，容易产生飞火，失火建筑喷射的火焰，在气流作用下使火星飞扬，甚至飞散到 1 000 m 之外，火星为粉料、板块、棍棒等形状。在市区内风向紊乱，飞火为圆形分布；在郊外风向一致，飞火为线性分布。

2. 火灾蔓延的途径

建筑物平面布置和结构不同，火灾时蔓延的途径也不同。常见的有横向蔓延和竖向蔓延。

(1)火灾横向蔓延。

①未设防火分区。对于主体为耐火结构的建筑来说，造成横向蔓延的主要原因之一是，建筑物内未设水平防火分区，没有防火墙及相应的防火门等形成控制火灾的区域空间。

②洞口分隔不完善。对于耐火建筑来说，火灾横向蔓延的另一途径是洞口处的分隔处理不完善。

建筑物内门洞部位的分隔构件和构筑材料在火灾的热力作用下失效，使火势横向发展。例如，对于普通的内墙门，烧穿后，易使火焰或烟窜到走廊和相邻房间，导致火灾扩大；当隔墙为可燃或难燃材料制成时，高温易引起燃烧和墙体破损而导致火灾蔓延；铝合金防火卷帘因喷淋水幕失效，被火熔化；管道穿孔处没有用非燃烧材料密封，或者密封构造不当，密封材料不耐火等。

在穿越防火分区的洞口上，一般都装设防火卷帘或钢质防火门，而且多数都采用自动关闭装置。但是，发生火灾时能自动关闭的比较少。这是因为卷帘箱一般设在顶棚内部，在自动关闭之前，卷帘箱的开口、导轨以及卷帘下部等因受热发生变形，无法靠自重落下，而且，在卷帘的下面堆放物品，火灾时不仅卷帘不能放下，还会导致火灾蔓延。另外，火灾往往发生在无人的情况下，即使是设计了手动关闭装置，也会因为无人操作而不能发挥作用。为了提高防火卷帘阻火的可靠性，必须在防火卷帘的两侧设自动喷水独立灭火系统，保证满足火灾延续时消防用水量的要求。对于钢质防火门来说，在建筑物正常使用情况下，门是开着的，一旦发生火灾，也会因为不能及时关闭而造成火灾蔓延。因此，必须有自行关闭的功能，如设置闭门器。常开的疏散门要设置释放器和信号反馈装置，双扇和多扇门应能按顺序关闭，设顺序控制器。

铁质防火门受热后变形凸向热源一边，因此，防火门本身要有较好的隔火性能，减少变形才能有效阻火隔烟。

③火灾在吊顶内部空间蔓延。目前，高层建筑采用框架结构，竣工时往往是个大的通间，最后由客户自行分隔、装修。有不少装设吊顶的高层建筑，房间与房间之间、房间与走廊之间的分隔墙只做到吊顶底皮，吊顶的上部仍为连通空间，一旦起火极易在吊顶内部蔓延，且难以及时发现，导致灾情扩大；就是没有设置吊顶，隔墙如果不砌到结构底部，留有孔洞或连通空间，也会成为火灾蔓延和烟气扩散的途径。

④火灾通过隔墙、吊顶、地毯等蔓延。可燃构件与装饰物在火灾时直接成为火灾荷载，由于它们的燃烧而导致火灾扩大的例子数不胜数。

(2)火灾竖向蔓延。

①火势通过竖井蔓延。在现代建筑中，根据使用功能的需要，会设置各种竖井，如通风井、排气井、管道井、垃圾井、电梯井、楼梯间、天井、中庭等。如果没有周密完善的防火设计，一旦发生火灾，由于井道的“烟囱效应”抽烟拔火产生激烈的热对流，高温烟气会在竖井内以 3～5 m/s 的速度向上延烧，使火势迅速向上发展。如果是可燃材料制成的管道，起火时能把燃烧扩散到通风管道的任何一点。

另外，在建筑中有一些不引人注意的孔洞，有时也会造成整座大楼的恶性火灾。一些隔断部位若使用可燃性材料制作，则不能阻火，即使用难燃性和非燃性材料进行分隔，但由于耐火性能差，产生裂缝等也会使火势扩大。尤其是在一些构件的连接部位、交界处，特别容易疏漏。例如，在吊顶与楼板之间、幕墙与分隔结构之间、保温夹层接头处、下水管道穿越部位等都容易因施工时需要而留下孔洞，有的孔洞水平方向与竖直方向相互贯通而事后难于查找，用户往往不知道存在隐患而不采取防范措施。对于空心结构也存在火灾隐患，主要是因为热气流会通过建筑物封闭的空间结构，例如，板条抹灰墙木筋间的空间、木楼板格栅空间、屋盖空心保暖层等，可把火由起火点带到连通的全部空间，火在内部燃烧起来不易被察觉，待被发现后往往已难于扑救。其根本原因就是建筑物在设计和施工时，用易燃材料建造了纵横交错、整体串联封闭的空间。

②火势朝天棚顶部蔓延。烟气受气流控制向上升腾，主要造成烟扩散，如通

过吊顶的人孔或通风口等。火势或者通过金属管道热传导扩散火灾，或者通过通风管道扩大火势，另外，还可能把火灾烟气吸入通风管道使远离火灾房间的人员发生烟中毒。

③火势由外墙窗口向上蔓延。火灾通过外墙窗口向外蔓延的途径，一方面是火焰的热辐射穿过窗口烤着相邻建筑物；另一方面是靠火舌直接烧向屋檐或上层。为了防止火势蔓延，要求上、下层窗口之间的距离尽可能大些。要利用窗过梁挑檐、外部非燃烧体的雨篷、阳台等设施，使烟火偏离上层窗口阻止火势向上蔓延。

三、火灾烟气

当高层建筑发生火灾时，烟雾是阻碍人们逃生和进行灭火行动，以及导致人员死亡的主要原因之一。现代化的高层民用建筑，可燃装饰、陈设较多，还有相当多的高层建筑使用了大量的塑料装修材料、化纤地毯和用泡沫塑料填充的家具，这些可燃物在燃烧过程中会产生大量的有毒烟气和热量，同时要消耗大量的氧气。根据英国对火灾中造成人员伤亡的原因的统计，因一氧化碳中毒窒息死亡或被其他有毒烟气熏死者一般占火灾总死亡人数的40%～50%，而被烧死的人当中，多数是先中毒窒息晕倒而后被烧死的。因此，了解和掌握高层建筑火灾中的烟气的产生、性质、测量方法及流动规律和控制烟雾扩散是高层建筑消防安全系统中十分重要的问题。

(一)烟气的产生及危害

烟气是物质在燃烧反应过程中热分解生成的含有大量热量的气态、液态和固态物质与空气的混合物。其是由极小的炭黑粒子完全燃烧或不完全燃烧的灰分及可燃物的其他燃烧分解产物所组成的，呈现一种游离碳粒子、液态粒子等与同时产生的气体共同在空气中浮游、扩散的状态，其粒径为0.01～10 μm。当建筑物发生火灾时，建筑内的物质或建筑材料受到高温作用，发生热分解而生成不同物质组成的烟。烟气的组成成分和数量取决于可燃物的化学组成和燃烧时的温度、氧的供给等燃烧条件。因此，随着物质燃烧，所放出的烟粒子和气体是多种多样的，在一定的条件下表示出物质特有的状态。在完全燃烧的条件下，物质燃烧产生的烟雾成分以CO_2、CO、水蒸气等为主；在不完全燃烧的条件下，不仅有上述燃烧生成物，还会有醇、醚等有机化合物。含碳量多的物质，在氧气不足的条件下燃烧时，有大量的碳粒子产生。通常，烟雾在低温时，即阴燃阶段，以液滴粒子为主，烟气发白或呈青白色。当温度上升至起火阶段时，因发生脱水反应，产生大量的游离的碳粒子，常呈黑色或灰黑色。

另外，一般烟的温度很高，离开起火部位时，它带着大量的热量沿走廊、楼梯进入其他房间，并沿途散热，使可燃物升温而自行燃烧。特别是在密闭的建筑物内发生火灾时，由起火房间流出的具有600 ℃～700 ℃以上高温的未完全燃烧的产物(含有大量一氧化碳)，和走廊尽头的窗口的新鲜空气相遇，还会产生爆燃。通过爆燃会把在建筑物内接触到的可燃物全部点燃。

由于在产生烟气过程中需要消耗大量的氧气，同时，在烟中又含有大量的CO、CO_2以及其他有毒物质，所以对人体的危害很大。其主要危害有以下几个方面：

(1)缺氧。O_2是人类生存的重要条件。人对O_2的需要量是随着人的体质强弱及劳动强度的大小而定的，人在行走或劳动时平均每分钟需要O_2为1～3 L。O_2在空气中的含氧量一般是21%。在发生火灾后，烟气充满整个房间时，含氧量为16%～19%；猛烈燃烧时，含氧量仅有6%～7%。

(2)窒息。CO_2是主要的燃烧产物之一，在有些火场中浓度可达15%。当人体内CO_2增多时，人的中枢神经系统会受到刺激，从而导致呼吸急促、烟气吸入量增加，并且还会产生头痛、神志不清等症状，甚至中毒或窒息。

(3)中毒。烟气中含有大量的CO及其他有毒物质，而CO是火灾中致死的主要燃烧产物之一。其毒性在于对血液中血红蛋白的高亲和性，其对血红蛋白的亲和力比O_2高出250～300倍。因此，火灾中CO极易被人体吸收而阻碍人体血液中CO_2的输送，从而引起头痛、虚脱、神志不清等症状及肌肉神经调节功能障碍等。

(4)高温。高温可以使人的心跳加快，影响判断力；还可以灼伤人体的气管和肺部，使毛细血管受到破坏，使人体血液不能正常循环而死亡；而且会把人烧伤烧死。一般来说，人的呼吸所处的空气温度不能超过149 ℃。

(5)降低能见度。火灾时可燃物燃烧还会产生一些对人体有较强刺激作用的气体，让人无法看清方向，对本来很熟悉的环境也会变得无法辨认其疏散路线和出口。人在烟雾环境中能正确判断方向脱离险境的能见度最低为5 m，当人的视野降到3 m以下时，逃离现场就非常困难。同时，烟气有遮光作用，对疏散和救援活动会造成很大的障碍。

(6)心理恐慌。人在烟雾中心理极不稳定，会产生恐惧感，易惊慌失措，给组织疏散灭火行动造成很大困难。

(二)烟气的特征

不同的可燃物在不同的燃烧条件下产生的烟气具有不同的特征，如烟气颗粒的大小及粒径分布、烟气的浓度、烟气的光密度及火场能见度等。

1. 烟气颗粒的大小及粒径分布

烟气中颗粒的大小可用颗粒平均直径表示。人们通常采用几何平均直径d_{gn}表示颗粒的平均直径。同时，采用标准差来表示颗粒尺寸分布范围内的宽度σ_g，σ_g

越大则表示颗粒直径的分布范围越大。

2. 烟气的浓度

烟气的浓度是由烟气中所含固体颗粒或液滴的多少及性质来决定的。烟气的浓度表示方法一般有以下三种：

(1)质量浓度法。质量浓度法即以单位容积中的烟粒子的质量来表示，单位为 mg/m^3。此法只适用于小尺寸试验。

(2)粒子浓度法。粒子浓度法即以单位容积中烟粒子个数来表示，单位为个$/m^3$。此法适用于烟气浓度很小的情况。

(3)光通量法。光通量法即以烟的透光量求得的光学密度表示，一般采用减光系数表示。该方法又可分为两种测量方法：一是将烟收集在已知容积的容器内，确定它的遮光性；二是在烟气从燃烧室或失火房间中流出的过程中测量它的遮光性，并在测量时间内积累分值，而后得到烟气的平均光学浓度。

在消防中，一般使用减光系数表示烟的浓度。烟的浓度指标，可用烟气中所含的有毒气体量和缺氧量来表示。但进行人员疏散设计时，宜根据烟气的光通量求得的光学浓度来表示。

(三)烟气的遮光性

1. 烟气遮光性的几种表示方法

烟气的遮光性一般根据测量一定光束穿过烟场后的强度衰减来确定。设 I_0 为由光源射入长度给定空间的光束的强度，I 为该光束由该空间射出后的强度，则比值 I/I_0 称为该空间的透射率。若该空间没有烟尘，则透射率为 1；当该空间存在烟气时，透射率应小于 1。烟气的光学密度可定义为

$$D=I_g(I/I_0) \tag{4-1}$$

另外，根据朗伯比尔定律，有烟气情况下的光强度 I 可表示为

$$I=I_0\exp(-K_cL) \tag{4-2}$$

式中 L——平均光路长度；

K_c——烟气的减光系数。

K_c 表示烟气的减光能力，其大小与烟气的特性如浓度、烟尘颗粒的直径及分布有关，可进一步表示为

$$K_c=K_mM_s \tag{4-3}$$

式中 K_m——比减光系数，即单位质量浓度的减光系数；

M_s——烟气质量浓度，即单位体积内烟气的质量。

而根据式(4-2)，减光系数又可表示为

$$K_c=-I_n(I/I_0)/L \tag{4-4}$$

得

$$D=\frac{K_cL}{2.3}=\frac{K_mLM_s}{2.3} \tag{4-5}$$

这表明烟气的光学密度与烟气质量浓度、平均光线行程长度和比减光系数成正比。为了使烟气浓度具有比较性，通常将单位平均光路长度上的光学密度 D_L 作为描述烟气浓度的基本参数。即

$$D_L=\frac{K_mM_s}{2.3}=\frac{K_c}{2.3} \tag{4-6}$$

另外，有人用烟的百分遮光度来描述烟气的遮光性，其定义为

$$B=(I_0-I)/I_0\times 100\% \tag{4-7}$$

烟气遮光性的这几种表示法可以相互换算，它们的对应关系见表 4-4。

表 4-4　烟气遮光性不同表示方法的对应关系

<table>
<tr><th>透射率
I/I_0</th><th>百分遮光率
$B/\%$</th><th>长度
L/m</th><th>单位光学密度
$D_L/(\mathrm{m}^{-1})$</th><th>减光系数
$K_c/(\mathrm{m}^{-1})$</th></tr>
<tr><td>1.00</td><td>0</td><td>任意</td><td>0</td><td>0</td></tr>
<tr><td rowspan="2">0.90</td><td rowspan="2">10</td><td>1.0</td><td>0.046</td><td>0.105</td></tr>
<tr><td>10.0</td><td>0.004 6</td><td>0.010 5</td></tr>
<tr><td rowspan="2">0.60</td><td rowspan="2">40</td><td>1.0</td><td>0.222</td><td>0.511</td></tr>
<tr><td>10.0</td><td>0.022</td><td>0.051</td></tr>
<tr><td rowspan="2">0.30</td><td rowspan="2">70</td><td>1.0</td><td>0.523</td><td>1.20</td></tr>
<tr><td>10.0</td><td>0.052 3</td><td>0.12</td></tr>
<tr><td rowspan="2">0.10</td><td rowspan="2">90</td><td>1.0</td><td>1.0</td><td>2.30</td></tr>
<tr><td>10.0</td><td>0.10</td><td>0.23</td></tr>
<tr><td rowspan="2">0.01</td><td rowspan="2">99</td><td>1.0</td><td>2.0</td><td>4.61</td></tr>
<tr><td>10.0</td><td>0.20</td><td>0.46</td></tr>
</table>

另外，在应用烟箱法研究和测试固体材料的发烟特性时，采用比光学密度 D_s。所谓比光学密度 D_s 是从单位面积的试样表面所产生的烟气扩散在单位体积的烟箱内，单位光路长度的光学密度。比光学密度 D_s 可用下式表示：

$$D_s=\frac{V}{AL}D=\frac{V}{A}D_L \tag{4-8}$$

式中　V——烟箱体积；

　　A——烟箱试件的表面积。

比光学密度越大，则烟气浓度越大。表 4-5 列出了部分可燃物发烟的比光学密度。

表 4-5　部分可燃物发烟的比光学密度

可燃物	最大 D_s	燃烧状况	试件厚度/cm
硬纸板	6.7×10^1	明火燃烧	0.6
硬纸板	6.0×10^2	热解	0.6
胶合板	1.1×10^2	明火燃烧	0.6
胶合板	2.9×10^2	热解	0.6
聚苯乙烯(PS)	>660	明火燃烧	0.6
聚苯乙烯(PS)	3.7×10^2	热解	0.6
聚氯乙烯(PVC)	>600	明火燃烧	0.6
聚氯乙烯(PVC)	3.0×10^2	热解	0.6
聚氨酯泡沫塑料(PUF)	2.0×10^1	明火燃烧	1.3
聚氨酯泡沫塑料(PUF)	1.6×10^1	热解	1.3
有机玻璃(PMMA)	7.2×10^2	热解	0.6
聚丙烯(PP)	4.0×10^2	明火燃烧(水平放置)	0.4
聚乙烯(PE)	2×10^2	明火燃烧(水平放置)	0.4
注：试件面积为 0.005 5 m^2，垂直放置。			

2. 烟气遮光性和能见度

能见度一般是指在一定的条件下能正常看到物体的距离。由于烟气中含有固体和液体颗粒，对于光有散射和吸收作用，因此能见度就会下降，将此称为视程阻碍效果，这也就是烟气的遮光性。这对疏散与消防活动有很大障碍。另外，烟气中某些成分如 SO_2、H_2S、HCl、Cl_2、NO_2、NH_3 等会对眼、鼻、喉产生强烈刺激使人们视力下降且呼吸困难；同时，烟能造成人极为紧张恐惧的心理状态，使人失去行动自由甚至采取异常的行动。所有这些对安全疏散都会造成严重的影响。

显然烟气浓度越大，能见度就越小。另外，烟气的颜色、背景的亮度、所辨认物体是发光体还是反光体以及光线的波长、观察者对光线的敏感程度都影响能见度。根据试验，烟的浓度，即减光系数 $K_c(m^{-1})$与能见度 V(m)之间存在下列关系：$K_cV=C$(常数)，C 值的大小因观察目标不同而变动。

发光型标志及门 $K_cV=2\sim4$ m

反光型标志及白天中窗 $K_cV=5\sim10$ m

建筑物发生火灾时，一般来说，人员安全疏散距离与烟气浓度成反比，烟气越浓，安全疏散距离就越小。当熟悉建筑物情况时，其疏散视距极限为 5 m，疏散时烟的极限浓度为 0.2～0.4(平均 0.3 m^{-1})；当不熟悉建筑物情况时，其疏散初距为 30 m，疏散时烟的浓度极限为 0.07～0.13(平均 0.1 m^{-1})。而火灾发生时烟气的减光系数多为 25～30 m^{-1}，因此为了确保安全疏散，应将烟气稀释 50～300 倍。

(四)烟气毒性效应

建筑材料燃烧时毒性气体的危害毒气效应(又称吸入效应)是随燃烧物的性质、人体暴露的时间、毒气成分与浓度等因素而变化的。它可以使人受到刺激、嗅觉不舒服、丧失行动能力、视线模糊，它还会损伤肺组织和抑制人的呼吸而使人死亡，还可以使人的行为发生错乱。

建筑材料燃烧时，毒性气体有两种来源：一是建筑材料经高温作用发生热分解而释放的热分解产物，这种热分解产物种类繁多，且大多数有毒；二是燃烧产物。实际火灾中两种来源皆有。火灾中的毒性气体不仅与建筑材料的种类相关，而且与火灾中氧气供给情况相关。如果火场中供给不充分，火场热烟气中充满大量热分解产物和不完全燃烧产物，热烟气中毒性气体危害很大。火灾中主要有害气体的浓度对人体生理的作用见表 4-6。

表 4-6 火灾中主要有害气体的浓度对人体生理的作用 ppm

分类	单纯窒息性		化学窒息性		黏膜刺激性	
气体	缺 O_2	CO_2	CO	HCN	H_2S	HCl
作用	因对机体组织供氧降低而造成肌肉活动能力降低，呼吸困难，窒息	呼吸中使 O_2 分解压力降低，引起缺氧症，呼吸困难、弱刺激、窒息	阻碍血液输送 O_2 的能力，头痛、妨碍肌肉调节、虚脱、意识不清	细胞呼吸停止，发晕、虚脱、意识不清	高浓度时呼吸中枢麻痹，低浓度时刺激眼、上呼吸道黏膜	刺激眼、上呼吸道黏膜，因上呼吸道黏膜破坏而形成机械性窒息
一天 8 h，一周 40 h 的劳动环境中容许浓度		5 000	50	10	10	5
闻到臭味					10	35
刺激咽喉		4%			100	35
刺激眼		4%				
咳嗽					100	
接触数小时安全		1.1%～1.7%	100	20	20	10
接触 1 h 安全			400～500	45～54	170～300	50～100

续表

分类	单纯窒息性		化学窒息性		黏膜刺激性	
接触 30 min～1 h危险		5%～6.7%	1 500～2 000	110～135	400～700	1 000～2 000
接触 30 min致死			4 000	135		
短时间接触死亡	6%	20%	13 000	270	1 000～2 000	1 300～2 000
火灾时的疏散条件	14%	3%	2 000	200	1 000	3 000
气体	NH_3	HF	SO_2	Cl_2	$COCl_2$	NO_2
作用	刺激眼、上呼吸道黏膜，肺水肿	刺激眼、上呼吸道黏膜，腐蚀作用	刺激眼、上呼吸道和支气管黏膜，因肺、喉咙水肿，引起呼吸道闭塞的机械性窒息	刺激眼、上呼吸道黏膜和肺组织，流泪、打喷嚏、咳嗽，由于肺水肿呼吸困难、窒息	刺激支气管、肺细胞，由于肺水肿呼吸困难	刺激支气管、肺细胞，由于肺水肿呼吸困难、窒息
一天 8 h，一周 40 h的劳动环境中容许浓度	50	3	5	1	0.1	5
闻到臭味	53		3～5	3.5	5.6	5
刺激咽喉	408		8～12	15	3.1	62
刺激眼	698		20		4.0	
咳嗽	1 620		20	30	4.8	
接触数小时安全	100	1.5～3.0	10	0.35～1.0	1.0	10～40
接触 1 h安全	300～500	10		4		
接触 30 min～1 h危险	2 500～4 500	50～250	50～100	40～60	25	117～154
接触 30 min致死						
短时间接触死亡	5 000～10 000		400～500	1 000	50	240～775
火灾时的疏散条件					25	

(五)烟气的传播

当发生火灾时，有效地控制烟气流动和蔓延，对确保人员疏散安全、改善灭火条件极为重要。在对建筑物进行防排烟系统设计之前，应首先了解烟气在建筑物中的传播规律，据此有效地对烟气进行控制。

1. 烟气的流动规律

建筑物内烟气流动的形成，总的来说，是由于风和各种通风系统造成的压力差，以及由于温度差造成气体密度差而形成的烟囱效应。其中，温差和温度变化是烟气流动最为重要的因素。当房间门向走廊开启时，烟气的流动情况变得更复杂，它与建筑物的烟囱效应、防排烟方式、火灾温度、空调系统、膨胀力、风压、浮升力等诸多因素有关。

(1)烟囱效应。通常，建筑物室内外空气通常都存在温差，当室内空气温度高于室外时，由于室内外空气重度的不同而产生浮力，而建筑物内上部的压力大于室外压力，下部的压力小于室外压力，在建筑物的竖井中(如楼梯间、电梯井、管井、空调垂直风道等)的空气就会向上运动，这种现象就是建筑物的烟囱效应。当室外空气温度高于室内空气温度时，在建筑物的竖井中的空气就会向下运动，这种现象称为“逆烟囱效应”。

烟囱效应是由高层建筑物内外空气的密度差造成的，高层建筑的外部温度低于内部温度而形成的压力差将空气从低处压入，穿过建筑物向上流动，然后从高处流出建筑物，这种现象被称为正热压作用。在低处外部压力大于内部压力，在高处则相反，在中间某一高度，内外压力相间，即存在一个中性压力面。

建筑物在烟囱效应作用下，若着火的位置位于中性面之下，烟气会迅速地向建筑物上部蔓延；若着火的位置位于中性面之上，烟气则会向上一层蔓延，这时在中性面以下部位会比较安全，不会受到烟气的侵害。若在“逆烟囱效应”作用下，烟气运动的方向则与上述相反。

烟囱效应随建筑物的内外温度差以及建筑物高度的增加而增加，在火灾发生于较低层时，烟囱效应对竖井和较高层的烟污染影响尤为显著，因为此时烟气从低层上升至高层内的潜力更大。由烟囱效应造成的压力差和气流分布，以及中性压力面的位置，取决于建筑物内分隔物的开口对气体流动的限制程度。火灾时，由于燃烧放出大量热量，室内温度快速升高，建筑物的烟囱效应更加显著，使火灾的蔓延更加迅速。因此，烟囱效应对建筑物的空气的流动起着重要的作用。

(2)建筑物内通风空调系统对建筑物内压力的影响，取决于供风和排风的平衡状况。如果各处的供风和排风是相同的，那么该系统对建筑物内的压力不会产生影响。如果某部位的供气超过排气，那里便出现增压，空气就从那里流向其他部分。反之，在排气超过供气的部位，则出现相反的现象。因此，建筑物内通风空调系统可以按照某种预定而有益的方式设计，以控制建筑物内的烟雾流动。

(3)气体膨胀。温度升高而引起的气体膨胀是影响烟雾流动较为重要的因素。根据气体膨胀定律，可推算出着火期间着火区域内的气体体积将扩大 3 倍，其中 2/3 的气体将转移到建筑物的其他位置。而且膨胀过程发生相当迅速，并造成相当大的压力，这些压力如果不采取措施减弱，就会迫使烟气从着火层往上和往下向建筑物其他位置流动。

(4)室内风向、风力、风速对高层烟雾流动有显著影响，且这种影响随建筑物的形状与规模而变化。简单地讲，风力作用使得迎风面的墙壁经受向内的压力，而背风面和两侧的墙壁有朝外的压力，平顶层上有向上的压力。这两种压力，使空气从迎风面流入建筑物内，从背风面流出建筑物外，建筑物顶上的负压力对顶层上开口的垂直通风管道有一种吸力作用。同时，正的水平风压力促使中性面上升；负的水平风压力促使中性面下降。

(5)浮升力。火灾时，高温烟气在建筑物内部的运动存在向上的浮升力，从而导致烟气沿建筑物内部向上蔓延，随着烟气的流动和烟气的浓度被稀释，浮升力的作用会逐渐减小。

火灾中，烟从起火房间的内门流出后，首先进入室内走廊。从烟气在走廊或细长通道中流动的情况可以看到，从火源附近的顶棚面流动的烟气逐步有下降的现象。这是由于烟气接触顶棚面和墙面附近被冷却后逐渐失去浮力所致。其基本状态是：失去浮力的烟气首先沿周壁开始下降，然后下降到地面，烟气沿地面向上浮起，最后在走廊断面的中部留下一圆形的空间。

2. 烟气的流动速度

物质燃烧产生烟气，同时受热作用产生浮力，向上升起，升到平顶后转变方向，向水平方向扩散。这时，烟气的温度如果不下降，高温烟气与周围空气就明显地形成分离的层流，即形成两个层流流动。但一般情况是烟气与周围壁面接触而冷却，加上冷空气的混入，促成烟气温度下降和扩散而使其稀释，同时向水平方向移动。在起火建筑物内，若设有空调和机械通风，或由于室外风力引起种种气流时，烟气就会随着建筑物内的这些气流流动。由此可见，烟气的扩散与周围条件有关，其扩散速度大致如下：

(1)水平方向扩散速度。火灾初期的熏烧阶段为自然扩散，速度为 0.1 m/s，起火阶段为对流扩散，速度为 0.3 m/s；火灾中期，高温火灾为对流扩散，速度为 0.5～0.8 m/s。

(2)垂直方向扩散速度。主要是指沿楼梯间、管道井等垂直部分流动的速度，一般为 3～4 m/s。着火房间内产生的烟气，首先自起火点向上升腾，最先遇到的是顶棚；然后由顶棚向四周流动，再次碰到墙壁或下凸的梁；最后等到烟气积蓄到一定数量，达到梁高度或门窗过梁以下时，便由开启的门窗孔洞或门窗缝隙向外逸散。

(六)烟气的控制

由于火灾中人员撤离所需时间大致与建筑物高度成正比，所以，一般高层建筑物中人员撤离所需的时间较长，而在楼梯间和楼内远离着火区的其他地方形成难以忍受的烟雾状况，所需撤离时间则较短。在加拿大进行的试验表明，在每层有240人的情况下，通过一座1.1 m宽的楼梯向外疏散，一幢11层的楼房疏散时间需要6.5 min，一幢50层的楼房疏散的时间需要2 h 11 min，而一幢高100 m的建筑在无阻拦的情况下，烟雾能在0.5 min内达到顶层。因此，在发生火灾期间全部撤出建筑物内的人员是很困难的，如让住户留在高层建筑内，全面的消防安全系统必须保证对烟和火焰能同时控制，使某些特定区域内的烟浓度始终能维持在建筑使用者可以忍受的水平内。这些特定的区域包括楼梯间以及所有使用者都易到达并足以容纳他们的楼层空间等。

控制烟雾有“防烟”和“排烟”两种方式。“防烟”是防止烟的进入，是被动的；“排烟”是积极改变烟的流向，使之排出户外，是主动的；两者互为补充。为了有效地防止烟的产生和扩散，第一应尽量采用发烟量少的建筑材料；第二是防止烟进入疏散走道和同层房间；第三是防止烟扩散到楼梯间或沿有关途径扩散到相邻的楼层。目前有四种防烟、排烟方式应用较为普遍，即密闭防烟方式、自然排烟方式、烟塔排烟方式、机械排烟方式。具体对烟气的控制主要有以下四项：

(1)限制烟雾的产生量。防烟最好的办法在于消除发烟的源头。因此，在高层建筑中，应设计火灾报警系统及自动灭火系统，以便尽早发现火灾，在大量浓烟产生之前，扑灭火灾或控制火灾发展。同时，在选用房屋建材及装饰材料、家具时，应尽可能采用发烟性小的材料，以便不幸发生火灾时，发生烟量小，发烟速度慢，相对地有较充裕的逃生时间，减少对生命的威胁。目前，日本、美国、法国等国家都规定在一些重要公共建筑物内，吊顶、地板、墙壁的装饰不许采用可燃物；而且经常有消防官员到各大饭店检查家具、窗帘、地毯是不是阻燃的，核算火灾荷载。

(2)充分利用建筑物的构造进行自然排烟。自然排烟是在自然力的作用下，使室内外空气对流进行排烟。一般采用可开启的外窗和窗外阳台或凹廊进行自然排烟。

(3)设置机械加压送风防烟系统。其目的是在高层建筑物发生火灾时提供不受烟气干扰的疏散路线和避难场所。设置这种系统的部位应视建筑物的具体情况而定，一般有：不具备自然排烟条件的防烟楼梯间及其前室；可开窗自然排烟的楼梯间但不具备自然排烟条件的前室；不具备自然排烟条件的消防电梯前室；受楼梯井和消防电梯井烟囱效应影响的合用前室；封闭室避难间等。对非火灾区域及疏散通道等应迅速采用机械加压送风的防烟措施，使该区域的空气压力高于火灾区域的空气压力、防止烟气的侵入控制火灾的蔓延。

(4)利用机械装置进行机械排烟。这种排烟方式一般都是利用排风机进行强制排烟。据有关资料介绍，一个设计优良的机械排烟系统在火灾中能排出80%的热量，使火灾温度大大降低，因此，对人员安全疏散和灭火起到重要的作用。利用这种方式进行排烟在设计和使用上应划分防烟分区，合理有效地利用隔墙、挡烟垂壁等进行排烟。

目前，我国有关防火设计规范中规定，主要采用的排烟方式有自然排烟方式和机械排烟方式两种。

(1)自然排烟。自然排烟就是借助室内外气体温度差引起的热压作用和室外风压所造成的风压作用，利用面向室外的窗户或专用排烟口将室内的烟气排出。其优点是：不需要动力设备，运行、维修费用少；且结构简单、投资少、运行也可靠；在顶棚能够开设排烟口的建筑，自然排烟效果好。其缺点是：排烟效果不稳定；对建筑的结构有特殊要求；容易受室外风的影响，火势猛烈时，从开口部位喷出的火焰容易向上蔓延。

(2)机械排烟。机械排烟是指使用通风机，由接在各排烟分区内的风道进行排烟，能有效地排出规定的风量。在机械排烟中，要维持一定量的新鲜空气进入着火区域，确保排烟效果。机械排烟多用于大型商场或地下建筑，通过顶部的排烟口或排烟风管将烟气排出室外。其优点为：克服了自然排烟受室外气象条件和高层受热压的影响，排烟效果稳定。其缺点为：火灾猛烈发展阶段排烟效果会降低；排烟风机和排烟风管必须耐高温；初期投资和运行维修费用高；由于排烟风机和排烟道通常不使用，若不定期检修和试运行，一旦遇到紧急情况，就有不能使用的危险。

由此可见，两者的根本区别是前者不需任何动力，靠自然环境条件进行有效排烟；后者则需要动力，通过风道在单位时间内排出固定的烟量。

第二节 建筑防火

建筑防火是指建筑的防火措施。在建筑设计中应采取防火措施，以防火灾发生和减少火灾对生命财产的危害。建筑防火包括火灾前的预防和火灾时的措施两个方面。前者主要为确定耐火等级和耐火构造，控制可燃物数量及分隔易起火部位等；后者主要为进行防火分区，设置疏散设施及排烟、灭火设备等。我国古代主要以易燃的木材作为建筑材料，为建筑防火积累了许多经验。

一、建筑防火的主要内容

1. 总平面防火

总平面防火要求在总平面设计中，应根据建筑物的使用性质、火灾危险性、地形、地势和风向等因素，进行合理布局，尽量避免建筑物相互之间构成火灾威胁和发生火灾爆炸后可能造成严重后果，并且为消防车顺利扑救火灾提供条件。

2. 建筑物耐火等级

划分建筑物耐火等级是《建筑设计防火规范》(GB 50016—2014)中规定的防火技术措施中最基本的措施。它要求建筑物在火灾高温的持续作用下，墙、柱、梁、楼板、屋盖、吊顶等基本建筑构件，能在一定的时间内不被破坏、不传播火灾，从而起到延缓和阻止火灾蔓延的作用，并为人员疏散、抢救物资和扑灭火灾以及为火灾后结构修复创造条件。

3. 防火分区和防火分隔

在建筑物中采用耐火性较好的分隔构件将建筑物空间分隔成若干区域，一旦某一区域起火，则会将火灾控制在这一局部区域之中，防止火灾扩大蔓延。

4. 防烟分区

对于某些建筑物需用挡烟构件(挡烟梁、挡烟垂壁、隔墙)划分防烟分区将烟气控制在一定范围内，以便用排烟设施将其排出，保证人员安全疏散和便于消防扑救工作的顺利进行。

5. 室内装修防火

在防火设计中，应根据建筑物的性质、规模，对建筑物的不同装修部位，采用燃烧性能符合要求的装修材料。要求室内装修材料尽量做到不燃或难燃化，减少火灾的发生和降低蔓延速度。

6. 安全疏散

当建筑物发生火灾时，为避免建筑物内人员由于火烧、烟熏中毒和房屋倒塌而遭到伤害，必须尽快撤离；室内的财产物资也要尽快搬运出去，以减少火灾损失。为此，要求建筑物应有完善的安全疏散设施，为安全疏散创造良好的条件。

7. 工业建筑防爆

在一些工业建筑中，使用和产生的可燃气体、可燃蒸气、可燃粉尘等物质能够与空气形成有爆炸危险的混合物，遇到火源就能引起爆炸。这种爆炸能够在瞬间以机械功的形式释放出巨大的能量，使建筑物、生产设备遭到毁坏，造成人员伤亡。对于上述有爆炸危险的工业建筑，为了防止爆炸事故的发生，减少爆炸事故造成的损失，要从建筑平面与空间布置、建筑构造和建筑设施方面采取防火、防爆措施。

二、建筑构件的火灾性能

建筑结构的基本构件构成了建筑物的主体骨架。这些构件在火灾中，一方面继续起着正常使用功能的作用；另一方面又能阻止火势的扩大和蔓延。因此，它们的防火、耐火性直接决定着建筑物在火灾下失稳和倒塌的时间。一般来说，承重构件均是由不可燃的材料制成的，但也有一些非承重的门、窗、隔墙等构件是用可燃材料制成的。无论构件本身是否可燃，都存在着在热应力作用下变热并由此发生化学和物理变化的问题。因此，研究各类构件在火灾中的力学特性，是建筑防火工作的一项重要内容。

(一)建筑构件的耐火极限

1. 标准升温曲线

火灾安全立法的基本精神是：确保人员有充分的时间从火灾建筑中及时疏散出来和允许消防救护人员帮助疏散，并在他们的继续灭火中不因结构主构件的倒塌而造成人身伤害。显然，人们可以通过计算对截面已定的构件的受火稳定性进行检验。其中，一方面要注意到构件中采用的有创造性的概念和设计；另一方面则要考虑到各种火灾侵蚀的可能性，即明确一根构件、一组构件的破坏对结构整体稳定性的影响。一般来说，在温度升高的影响下，当构件的力学强度下降到与其承受的荷载相等时，此构件的受火稳定性就不能得到保证。作为计算假设，可以认为构件此时达到了指定的温度，即达到了临界温度或破坏温度。

试验时采用的破坏极限标准如下：

(1)构件丧失了标准的力学强度。

(2)构件自身的变形(挠度)已达到不能使其支撑的楼板等构件继续保证原有的耐火等级和不能保持相邻结构的承载功能值。

(3)构件的热传导和密封性超过规定值。

为了统一和横向比较，构件耐火强度等级的试验应按将火灾作用具体化了的标准加温程序来估算。自 1918 年以来，美国材料试验协会采用了一条标准曲线进行对楼板和墙的试验。1959 年，法国人根据实际火灾的情况，给出了标准的火灾试验曲线，而后在 1968 年，国际标准化组织决定采用法国人建议的这条曲线，称为 ISO 834 标准升温曲线。该曲线的数学表达式为

$$T-T_0=345\lg(8t+1) \tag{4-9}$$

式中 t——试验所经历的时间(min)；

T——试验用加热炉经 t 时间所达到的炉温(℃)；

T_0——加热炉内初始温度(℃)，5 ℃～40 ℃。

所谓的标准升温曲线是指按特定的加温方法，在标准的试验室条件下，所表达的火灾现场发展情况的一条理想化的理论试验曲线。

2. 耐火极限

建筑是各种建筑材料的复合体，建筑构件的耐火性能与构件的材料有关。建筑构件的耐火性能，通常是指构件的燃烧性能和抵抗火焰燃烧的时间(即耐火极限)。

根据烧烧性能，建筑构件可分为三类：第一类是非燃烧构件；第二类是难燃烧构件；第三类是燃烧构件。

为了确保结构在规定的时间内不会出现倒塌，必须对构件的防火性能进行分级。目前，国内外的建筑防火规范都对构件的防火程度做了相应的规定。在我国的《建筑设计防火规范》(GB 50016—2014)中使用了耐火极限的概念，即任一建筑构件按标准升温曲线进行耐火试验，从构件受火作用时算起，到构件失去支持能力或完整性被破坏或失去隔火作用时为止的这段时间，用小时(h)表示。耐火极限判定条件如下：

(1)非承重构件。有以下两种性能：

①失去完整性。当试件在试验中有火焰和气体从孔洞、空隙中出现，并点燃规定的棉垫时，则表明构件失去了完整性。

②失去绝热性。试件背火面的平均温升超过试件表面初始温度 140 ℃或单点最高温升超过初始温度 180 ℃时，则表明构件失去绝热性。

(2)承重构件。承重构件按是否失去承载能力和抗变形能力来判定。

①墙。试验过程中试件发生垮塌，则表明试件失去承载能力。

②梁或板。试验过程中试件发生垮塌，则表明试件失去承载能力。试件的最大挠度超过 $L/20$，则表明构件失去抗变形能力。L 为试件跨度，单位为 cm。

③柱。试验过程中试件发生垮塌，则表明试件失去承载能力。试件的轴向收缩引起的变形速度超过 $3H$ mm/min，则表明构件失去抗变形能力。H 为试件在炉内的受火高度，单位为 m。

当承重构件同时起分隔作用时，还应满足非承重构件的判定条件。

耐火极限的概念在国际上也为人所用，它的优点是直接明了地给人们一个构件耐火能力的量度。耐火极限值的确定取决于建筑物的用途、重要程度、灾害后的可修复程度，以及我国现有的混凝土构件(包括墙体构件)的实际耐火水平。

3. 耐火试验

对建筑构件进行耐火试验，研究构件的耐火极限，可以为正确制定和贯彻建筑防火法规提供依据，为提高建筑结构耐火性能和建筑物的耐火等级，降低防火投资，减少火灾损失提供技术措施，也与火灾烧损后建筑结构加固直接相关。

另外，在我国防火设计中，构件的耐火极限是衡量建筑物耐火等级的主要指标，而承重构件的耐火极限是结构能否在火灾中保持稳定而不倒塌的唯一保证。

(二)影响构件耐火极限的因素及提高构件耐火极限和改变构件燃烧性能的方法

1. 影响构件耐火极限的因素

构件耐火极限的判定条件有稳定性、完整性和绝热性三种。所有影响构件这三种性能的因素都影响构件的耐火极限。

(1)稳定性。凡影响构件高温承载力的因素都影响构件的稳定性。可燃材料构件由于本身发生燃烧，截面不断削弱，承载力不断降低。当构件自身承载力小于有效荷载作用下的内力时，构件破坏而失去稳定性。

(2)完整性。根据试验结果，易发生爆裂、局部破坏穿洞、构件接缝等都可能影响构件的完整性。当构件混凝土含水量较大时，遇火时易发生爆裂，使构件局部穿透，失去完整性。当构件接缝、穿管密封处不严，或填缝材料不耐火时，构件也易在这些地方形成穿透性裂缝而失去完整性。

(3)绝热性。影响构件绝热性的因素主要有材料的导温系数和构件厚度两个。材料导温系数越大，热量越易于传递到背火面，所以绝热性差；反之绝热性好。由于金属的导温系数比混凝土、砖大得多，所以墙体或楼板当有金属管道穿过时，热量会由管道传递向背火面而导致失去绝热性。当构件厚度较大时，背火面达到某一温度的时间则长，故其绝热性好。

2. 提高构件耐火极限和改变构件燃烧性能的方法

建筑构件的耐火极限和燃烧性能，与建筑构件所采用的材料性质、构件尺寸、保护层厚度，以及构件的构造做法、支承情况等有着密切的关系。在进行耐火构造设计时，当遇到某些建筑构件的耐火极限和燃烧性能达不到规范要求时，应采用适当的方法加以解决。常用的方法如下：

(1)适当增加构件的截面尺寸。建筑构件的截面尺寸越大，其耐火极限越长。此法对提高建筑构件的耐火极限十分有效。

(2)对钢筋混凝土构件增加保护层厚度。这是提高钢筋混凝土构件耐火极限的一种简单而常用的方法，对钢筋混凝土屋架、梁、板、柱都适用。钢筋混凝土构件的耐火性能主要取决于其受力筋高温下的强度变化情况。增加保护层厚度可以延缓和减少火灾高温场所的热量向建筑构件内钢筋的传递，使钢筋温升减慢，强度不至降低过快，从而提高构件的耐火能力。

(3)在构件表面做耐火保护层。钢结构表面耐火保护层的构造做法有：用现浇混凝土做耐火保护层。所使用的材料有混凝土、轻质混凝土及加气混凝土等。这些材料既有不燃性，又有较大的热容量，用作耐火保护层时能减缓构件的升温。由于混凝土的表层在火灾高温下易于剥落，如能在钢材表面加设钢丝网，便可进一步提高其耐火性。

(4)钢梁、钢屋架下及木结构做耐火吊顶和防火保护层。

(5)在构件表面涂防火涂料。在进行建筑耐火设计时，经常会遇到钢结构构件、预应力楼板达不到耐火等级所规定的耐火极限值的要求，以及有些可燃构件、可燃装修材料由于燃烧性能达不到要求的情况，这时都可以使用防火涂料加以解决。防火涂料涂敷于建筑构件可有效提高其耐火极限，在建筑构件、装修材料方面的应用前景十分广阔。

(6)进行合理的耐火构造设计。构造设计的目的就是通过采用巧妙的约束去抵抗结构的过大挠曲和断裂，合理的构造设计可以延长构件的耐火极限，提高结构的安全性和经济性。

(7)其他方法。改变构件的支承情况，增加多余约束，做成超静定梁。做好构件接缝的构造处理，防止发生穿透性裂缝。

三、建筑防火与消防设计

(一)建筑防火措施

1. 安全疏散和通风排烟

为减少火灾伤亡，建筑设计要考虑安全疏散。公共建筑的安全出口一般不能少于两个，影剧院、体育馆等观众密集的场所，要经过计算设置更多的出口。楼层的安全出口为楼梯，开敞的楼梯间易导致烟火蔓延，妨碍疏散，封闭的楼梯间能阻挡烟气，有利于疏散。防烟楼梯间因设有前室，更有利于疏散。高层建筑须设封闭的或防烟的楼梯间，楼梯间应布置两个疏散方向。超高层建筑应增设暂时安全区或避难层，还可设屋顶直升机机场，从空中疏散。

疏散通路上应设紧急照明、疏散方向指示灯和安全出口灯。建筑物发生火灾时产生大量浓烟，不仅妨碍疏散还会使人中毒甚至死亡。楼梯井、电梯井和管道井具有“烟囱效应”，起排烟作用，地下建筑的烟则很难排出。因此，高层或地下建筑的走道、楼梯间及消防电梯前室等，应按情况安排自然排烟或机械排烟设施。

2. 消防和灭火装置

一般建筑起火后 10～15 min 火势开始蔓延，可通过电话等人工报警和使用消火栓灭火。在大型公共建筑、高层建筑、地下建筑以及起火危险性大的厂房、库房内，还应设置自动报警装置和自动灭火装置。前者的探测器有感温、感烟和感光等多种类型；后者主要为自动喷水设备，不宜用水灭火的部位可采用二氧化碳、干粉或卤代烷等自动灭火设备。设有自动报警装置和自动灭火装置的建筑应设消防控制中心，对报警、疏散、灭火、排烟及防火门窗、消防电梯、紧急照明等进行控制和指挥。

3. 耐火等级和材料选择

我国按建筑常用结构类型的耐火能力划分为四个耐火等级(高层建筑必须为一或二级)。建筑的耐火能力取决于构件的耐火极限和燃烧性能，在不同耐火等级中对两者分别做了规定。构件的耐火极限主要是指构件从受火的作用起到被破坏(如失去支承能力等)为止的这段时间(按小时计)。构件的材料依燃烧性能的不同有燃烧体(如木材等)、难燃烧体(如沥青混凝土、刨花板)和非燃烧体(如砖、石、金属等)之分。

建筑物应根据其耐火等级来选定构件材料和构造方式。例如，一级耐火等级的承重墙、柱须为耐火极限 3 h 的非燃烧体(如用砖或混凝土做成 180 mm 厚的墙或 300 mm×300 mm 的柱)，梁须为耐火极限 2 h 的非燃烧体，其钢筋保护层厚度为 30 mm 以上。设计时须保证主体结构的耐火稳定性，以赢得足够的疏散时间，并使建筑物在火灾过后易于修复。隔墙和吊顶等应具有必要的耐火性能，内部装修和家具陈设应力求使用不燃或难燃材料。例如，采用经过防火处理的吊顶材料和地毯、窗帘等，以减少火灾发生和控制火势蔓延。

4. 防火间距和防火分区

(1)防火间距。为防止火势通过辐射热等方式蔓延，建筑物之间应保持一定间距。建筑耐火等级越低越易遭受火灾蔓延的影响，其防火间距应加大。一、二级耐火等级民用建筑物之间的防火间距不得小于 6 m，它们同三、四级耐火等级民用建筑物的防火距离分别为 7 m 和 9 m。高层建筑因火灾时疏散困难，云梯车需要较大工作半径，所以，高层主体同一、二级耐火等级建筑物的防火距离不得小于 13 m，同三、四级耐火等级建筑物的防火距离不得小于 15 m 和 18 m。厂房内易燃物较多，防火间距应加大，如一、二级耐火等级厂房之间或它们和民用建筑物之间的防火距离不得小于 10 m，三、四级耐火等级厂房和其他建筑物的防火距离不得小于 12 m 和 14 m。生产或储存易燃易爆物品的厂房或库房，应远离建筑物。

(2)防火分区。建筑中为阻止烟火蔓延必须进行防火分区，即采用防火墙等将建筑划为若干区域。一、二级耐火等级建筑长度超过 150 m 要设防火墙，分区的最大允许面积为 2 500 m^2；三、四级耐火等级建筑的上述指标分别为 100 m、1 200 m^2 和 60 m、600 m^2。一、二级防火等级的高层建筑防火分区面积限制在 1 000 m^2 或 1 500 m^2 内，地下室则控制在 500 m^2 内。防火墙应为耐火极限 3 h 的不燃烧体，上面如有洞口应装设甲级防火门窗，各种管道均不宜穿过防火墙。不能设防火墙的可设防火卷帘，用水幕保护。

5. 防火分区分隔物构造和要求

(1)防火墙。防火墙能在火灾初期和扑救火灾过程中，将火灾有效地限制在一定空间内，阻断在防火墙一侧而不蔓延到另一侧。国外相关建筑规范对于建筑内部及建筑物之间的防火墙设置十分重视，均有较严格的规定。对防火墙的耐火极限、燃烧性能、设计部位和构造的要求如下：

①防火墙应为不燃烧体，耐火极限不应低于 4 h，对高层民用建筑不应低于 3 h。

②防火墙应直接设计在基础上或耐火性能符合有关防火设计规范要求的梁上。

③防火墙应截断燃烧体或难燃烧体的屋顶结构，且要高出燃烧体或难燃烧体的屋面不小于 50 cm。防火墙应高出不燃烧体屋面不小于 40 cm。

④建筑物的外墙如为难燃烧体时，防火墙应凸出难燃烧体墙的外表面 40 cm；防火带的宽度，从防火中心线起每侧不应小于 2 m。

⑤防火墙中心与天窗端面的水平距离小于 4 m，且天窗端面为燃烧体时，应将防火墙加高，使之超过天窗结构 40～50 m，以防止火势蔓延。

⑥防火墙内不应设置排气道，民用建筑如必须设置时，其两侧的墙身截面厚度均不应小于 12 cm。

⑦防火墙上不应开设门、窗、洞口，如必须开设时，应采用甲级防火门、窗，并能自行关闭。

⑧输送可燃气体和甲、乙、丙类液体的管道不应穿过(高层民用建筑为严禁穿过)防火门。

⑨建筑物内的防火墙不宜设在转角处。

⑩紧靠防火墙两侧的门、窗、洞口之间最近边缘的水平距离不应小于 2 m，如装有固定乙级防火窗时，可不受距离限制。

(2)防火门。为便于针对不同情况规定不同的防火要求，规定了防火门、防火窗的耐火极限和开启方式等要求。规定要求建筑中设置的防火门，应保证其防火和防烟性能，符合相应构件的耐火要求以及人员的疏散需要。设置防火门的部位，一般为疏散门或安全出口。防火门既是保持建筑防火分隔完整的主要物体之一，又常是人员疏散经过疏散出口或安全出口时需要开启的门。因此，防火门的开启方式、方向等均应满足紧急情况下人员迅速开启、快捷疏散的需要。

6. 防火门的适用范围及选用

在防火墙上不应开设门窗洞口，如必须开设时，应采用耐火极限为1.2 h的甲级防火门。

(1)对于敷设在高层民用建筑内的固定灭火装置的设备室、通风空调机房等，应采用不低于规定的耐火极限的隔墙与其他部位隔开，隔墙的门应采用耐火极限为1.2 h的甲级防火门(对非高层建筑为0.9 h的乙级防火门)。

(2)地下室、半地下室的楼梯间的防火墙上开洞时，应采用耐火极限为1.2 h的甲级防火门。

(3)燃油、燃气的锅炉，可燃油油浸电力变压器，充有可燃油的高压电容器和多油开关等设在高层民用建筑或裙房内时，其分隔墙上必须开门时应设甲级防火门。

(4)设在高层民用建筑或裙房内的燃油发电机房的储油间应采用防火墙与发电机间隔开；当必须在防火墙上开门时，应设置能自行关闭的甲级防火门。

(5)消防电梯井、机房与相邻电梯井机房之间隔墙上开门时应为甲级防火门。

(6)对于防烟楼梯间和通向前室的门，高层民用建筑封闭楼梯间的门，消防电梯前室的门应为乙级防火门，并应向疏散方向开启。

(7)高层民用建筑中竖向井道的检查门应为乙级防火门。

(二)建筑消防系统

建筑消防系统是建筑消防设施的重要组成部分。建筑消防系统主要有消火栓给水系统、闭式自动喷水灭火系统、开式自动喷水灭火系统等。

1. 消火栓给水系统

消火栓给水系统是建筑物的主要灭火设备。其可供消防队员或其他现场队员，在火灾时利用消火栓箱内的水带、水枪实施灭火。消火栓给水系统的工作原理是：当发生火灾后，由消防人员打开消火栓箱，拉出水带、水枪，开启消火栓，通过水枪产生的射流，将水射向着火点进行灭火。开始时，消防用水是由水箱保证，随着水泵的开启，以后用水量由水泵从水池抽水加压提供。

2. 闭式自动喷水灭火系统

闭式自动喷水灭火系统是常见的一种固定灭火系统。其采用闭式喷头，通过喷头感温元件在火灾时自动动作，将喷头堵盖打开喷水灭火。由于其具有良好的灭火效果，广泛应用于厂房。闭式自动喷水灭火系统根据工作原理不同，可分为湿式、干式、预作用、干湿式和循环系统五种类型。

3. 开式自动喷水灭火系统

开式自动喷水灭火系统采用开式喷头，通过阀门控制系统的开启。该系统用于保护特定的场合，可分为雨淋式、水幕系统、水喷雾系统三种。

(三)建筑防火和消防设计的指导思想

消防工作是事关经济发展、社会稳定和人民安居乐业的大事。做好消防工作，对于促进改革开放，维护社会稳定，保障经济建设快速发展具有十分重要的意义。整改重大隐患是确保国家和人民群众生命财产安全的重要举措。为此，应着重抓好以下几个方面工作：

(1)切实加强领导，提高各级领导对整改火灾隐患重要性的认识。要以对党和人民高度负责的精神，充分认识整改火灾隐患对于维护改革、发展，稳定大局的重要意义，充分认识整改火灾隐患是最大限度维护人民群众的切身利益，践行“执法为民”思想的具体体现。定期分析研究本地区、本行业、本单位消防工作形势。在各级党委政府的领导下，以落实消防安全责任制为重点，以整改火灾隐患为目标，研究制订本地区、本部门、本单位重大火灾隐患整改措施和方案，明确分工，落实时限，责任到人，确保把隐患整改工作落到实处。

(2)实行重大火灾隐患和整改工作由有关行政首长或法人代表负责的责任制度。整改重大火灾隐患要贯彻“谁主管、谁负责”的原则，遵循企业单位内部“安全自查、隐患自除、责任自负”的指导思想。机关、团体、企业、事业单位内部存在的重大火灾隐患，由其行政首长或法人代表负责整改。其中，危害特别大、投资特别大、涉及范围大、单位确实无力整改的，应专题报告当地人民政府，采取得力措施加以整改，特别是在资金来源方面，应在当地政府的支持下，灵活采用合法的市场操作手段盘活和筹集资金，如转变服务功能、招商引资、股份拍卖、资产抵押贷款等方式。责令停产停业，对经济和社会生活影响较大的重大火灾隐患，报请当地人民政府依法决定的，人民政府要尽快做出明确的答复；并与公安消防机构签订整改工作责任书，明确规定整改期限、措施和责任。对于没有按期整改，造成严重后果的，依法追究有关人员的刑事责任。对拒不接受处罚的应申请人民法院强制执行。必要时，还可充分利用人大、政府和行政监察部门等在消除火灾隐患中的作用，积极推进政府各有关职能部门依法履行火灾隐患整改职责，落实整改责任。

(3)严格建筑防火审核程序，消灭“先天性隐患”。建筑设计部门、施工单位、审核部门要严格按照国家的规范、法规进行设计、施工、审核，对于不符合规定、规范要求的，坚决不予审批，坚决杜绝“条子”工程和“人情”工程。另外，对于审核过的建筑工程项目，要加强施工现场监督和工程验收工作，定期对在建的大中型工程进行消防安全检查，及时消除火灾隐患，凡不符合消防安全条件的，不得通过验收，不得投入使用或营业，对于强行投入使用的需要采取强硬的措施要求限期整改，并按规定程序和要求予以处罚，从建筑防火审核上杜绝“先天性隐患”的存在。

(4)加大消防监督力度。公安消防机构对检查发现的重大火灾隐患要实行立销案制度。要坚决抵制隐患整改工作中说情风、关系网的影响，依照法律、法规和有关规定罚款，坚决依法处罚；该停产、停业的，坚决依法责令其停产、停业整改，并建立健全监督整改工作档案，为彻底整改火灾隐患做好基础工作。

(5)加强对重大火灾隐患整改工作的舆论监督。一方面，对存在重大火灾隐患久拖不改的单位实施公示，由新闻宣传媒体公开披露曝光，加强对隐患形成和久拖不改的原因深度分析报道，对整改工作情况进行全过程追踪报道；营造强大的舆论攻势，以此促进重大火灾隐患的整改工作。另一方面，对有关单位和政府下力气多方筹措资金、采取多种措施消除重大隐患的先进工作经验进行大张旗鼓地宣传报道，使各级政府领导和隐患单位深刻认识消除隐患的法定职责和工作紧迫性。

(6)对重大火灾隐患应视情况在保证安全的前提下，分轻、重、缓、急分期整改，对于有些重大火灾隐患应组织专家会诊，或采取召开专家论证会的方法予以解决。

(7)国家或地方标准的颁布，应按有关法律规定从实施日期起执行，不能要求原有工程或场所符合现行技术标准，而给消防监督机构的行政执法工作造成被动局面，给重大火灾隐患的整改带来困难。

(8)应提高政府和有关部门组织的大型综合检查的实效性，坚决摒弃形式主义的检查，让基层和监督人员有足够的时间和精力帮助督促单位对重大隐患进行整改。消防监督机构要对重大火灾隐患逐一进行排查，适时组织一些专家技术型人员，对重大火灾隐患逐个进行分析研究，根据实际情况，提出切实可行的整改方案，帮助指导火灾隐患的整改。

四、建筑防火设计的原则

《建筑设计防火规范》(GB 50016—2014)规定了建筑防火设计的原则，明确规定：在建筑防火设计中，必须遵循国家的有关方针政策，从全局出发，针对不同建筑的火灾特点，结合具体工程、当地的地理环境条件、人文背景、经济技术发展水平和消防施救能力等实际情况进行建筑防火设计。在工程设计中，鼓励积极采用先进的防火技术和措施，正确处理好生产与安全的关系、合理设计与消防投入的关系，努力追求和实现建筑消防安全水平与经济高效的统一。在设计时，除应考虑防火要求外，还应在选择具体设计方案与措施时综合考虑环境、节能、节约用地等国家政策。

国家工程建设标准的制定原则是成熟一条，制定一条，因而往往滞后于工程技术的发展。消防工作是为经济建设服务的，《建筑设计防火规范》(GB 50016—2014)规定了建筑防火设计的一些原则性的基本要求。这些规定并不限制新技术等的应用与发展，对于工程建设过程中出现的一些新技术、新材料、新工艺、新设备等，允许其在一定范围内积极慎重地进行试用，以积累经验，为规范的修订提供依据。但在应用时，必须按国家规定程序经过必要的试验与论证。

《建筑设计防火规范》(GB 50016—2014)虽涉及面广，但也很难将各类建筑、设备的防火内容和性能要求、试验方法等全部包括其中，只能对其一般防火问题和建筑消防安全所需的基本防火性能作出规定。因此，防火设计中所采用的产品还应符合相关产品、试验方法等国家标准的有关规定。对于建筑防火设计中涉及专业性强的行业的防火设计，除执行《建筑设计防火规范》(GB 50016—2014)的规定外，还应符合相关行业的现行国家标准，如《城镇燃气设计规范》(GB 50028—2006)、《供配电系统设计规范》(GB 50052—2009)、《氧气站设计规范》(GB 50030—2013)、《乙炔站设计规范》(GB 50031—1991)、《汽车库、修车库、停车场设计防火规范》(GB 50067—2014)、《爆炸危险环境电力装置设计规范》(GB 50058—2014)、《石油化工企业设计防火规范》(GB 50160—2008)和《汽车加油加气站设计与施工规范(2014 年版)》(GB 50156—2012)、《石油库设计规范》(GB 50074—2014)等。

五、重大火灾隐患

近年来，随着经济建设的发展，人民生活水平的提高，家用电器、燃气用具的大量增加，新工艺、新产品、新装饰材料的开发应用，特别是城市规模的扩大、城市人口的增多、各类建筑物的大量竣工和投入使用，火灾的危险性大大增加。同时，由于社会化消防宣传教育还不够深入，职工群众消防安全意识和消防法制观念相对滞后，缺乏必要的消防安全常识，火灾隐患也普遍存在，威胁着国家和人民群众生命财产的安全。

1. 重大火灾隐患的种类

存在的重大火灾隐患种类是多种多样的，主要有以下几项：

(1)消防安全布局不合理，易燃易爆危险物品的生产、储存、销售等场所选址不符合消防安全要求。

(2)建筑、堆场、市场、储罐区未按规定设环形通道，或消防车通道被封堵占用。

(3)室内外未按规定设消火栓给水系统，或设置的给水系统达不到规定要求。

(4)防火间距达不到规范要求或被占用。

(5)建筑的耐火等级达不到规范要求。

(6)安全出口数量、宽度和疏散长度及设置方式达不到规范要求或疏散出口、疏散通道被封堵挤占。

(7)未设防火分区或防火分区面积超过规范要求。

(8)未按规范要求设置自动报警系统、自动灭火系统、防排烟系统，或上述系统处于瘫痪状态，或系统设置未达到规范要求。

(9)消防供电负荷等级和消防配电达不到规定要求，乱拉电气线路，乱接电器设备，或电气线路严重老化等。

(10)易燃易爆危险场所未按规定设置防爆泄压、防静电设施和防爆电气设备等。

(11)大量采用易燃可燃装修材料或软包的面积和厚度超过规定要求，或装修改造后严重影响安全疏散和消防设施的正常使用。

(12)有些建筑场所未按规定办理有关审核、审批手续，擅自施工、开业，存在的问题严重。

(13)管理混乱、责任划分不清、制度不健全、消防组织瘫痪、消防意识淡薄等。

2. 重大火灾隐患存在的原因

火灾隐患主要是指在工业、交通、农业、商业、科研、文化、教育、体育、卫生及其他机关、企事业单位中存在的违反消防法律、法规的行为，这种行为有导致火灾的可能性或在火灾发生时会产生重大的人员伤亡和财产损失。分析存在上述重大火灾隐患的原因，主要有以下几项：

(1)领导消防安全意识淡薄，对重大火灾隐患的危险性认识不足、重视不够，片面追求经济效益，忽视消防安全工作。对消防监督部门发出的隐患整改通知书，能拖则拖，敷衍了事，导致养患成灾。很多企业领导认为防火安全工作是消防部门的事，企业不用管，总认为单位多少年没有发生火灾，更不可能有什么火灾隐患，发生火灾的企业也只是少数。企业领导对防火工作存在麻痹和侥幸心理，这是最大的隐患。

(2)由于社会主义市场经济体制的逐步建立形成，一些企业实行承包、租赁经营，产权与使用权分离，在消防安全工作方面职责不清、责任不明、互相推诿，导致消防安全管理工作出现空白。有些企业冒险非法生产经营，增加了火灾危险性，加大了火灾荷载。

(3)大型集贸市场、商场、购物广场在消防设施建设上投入不足，消防基础设施差，缺少消防水源，随意乱搭乱建，占用消防通道现象比较严重。很多市场都是由一个小小的零售市场逐步扩容成为大市场的，但是由于原来没有考虑市场再发展，在消防投入上、硬件设施上没有进行必要的规划，留下诸多先天性火灾隐患，屡经治理还是达不到防火要求。一旦发生火灾，后果不堪设想。

(4)新建、改建、扩建工程项目，不报经消防部门审核同意擅自动工、盲目装修，随意改变建筑结构，大量使用可燃材料，随意安装电器设备和敷设电气线路，留下“先天性”火灾隐患。还有一些单位为了赶工期，边设计、边施工、边审批，投入使用前未经公安消防机构验收或验收不合格，擅自使用，留下了隐患。个别消防监督机构对验收不合格的工程，明知其使用也不闻不问，不督促其限期整改，使隐患继续存在。有些擅自变更消防设计或随意取消消防设施，一旦发生火灾，将会付出惨重的代价。

(5)单位职工消防意识不强，缺乏必备的消防安全知识。有些单位对职工不进行消防安全教育，不组织必要的消防安全培训。如之前在防火检查时，询问某商场营业员，让其讲解使用灭火器的方法，这个营业员既不会讲解也不会使用。另外，对火源、电源、气源管理不严，乱拉乱接电线，超负荷用电现象普遍存在。还有一些单位依赖保险，总认为单位参加了保险，就进了“保险箱”，对火灾隐患熟视无睹。

(6)企业经营管理不善、经济效益差，对存在的重大火灾隐患无法从资金上得到有效保障，久而久之形成恶性循环，使许多隐患久拖不改。有些属历史遗留的先天性重大火灾隐患，存在问题较多，与现行规范差距较大，整改非常困难，有些已无法整改。

(7)有些“跨时段”“跨规范”的问题没有处理好，导致重大火灾隐患的存在。由于有些工程在设计、审查、施工、验收使用中环节多、周期长，造成在设计审核中符合规定，而在验收时却达不到现行规范的要求，形成新的隐患。

(8)由于社会环境的影响，一些上级领导写条子、打电话、托熟人，为存在重大火灾隐患的单位说情；有些领导甚至就是存在重大火灾隐患单位的靠山和保护伞；有些停产、停业对社会和经济有影响的企业存在的重大火灾隐患，报到当地政府后，或无回音，或仅作原则性批示，没有表明态度，使公安消防机构工作陷入被动；有些重大火灾隐患的处置需要强制执行时，报人民法院后，法院以各种理由拒绝受理，使处罚无法进行，失去了公安消防机构执法的威严；有些政府领导和公安消防监督机构怕停产、停业后，工人下岗增加社会不安定因素，顾虑较多，所以下不了决心进行强有力的处罚。

(9)个别消防监督人员政治、业务素质不高，经不住各种利益的诱惑，对火灾隐患睁一只眼、闭一只眼，有些监督人员执法不严、处罚不力，甚至袒护隐患单位，使火灾隐患迟迟得不到整改。

(10)有些防火大检查，没有一查到底，也不去扎扎实实解决问题，而是做表面文章，流于形式，应付上级。例如，有一重大火灾隐患，先后有三次高规格的检查，但每次都没有解决实际的大问题，使重大隐患仍然存在。有些基层监督机构经常应付大型检查和专项治理，没有精力严格按法定程序督促重大火灾隐患的整改。

第五章　地震灾害与建筑结构抗震设计

第一节　地震灾害

一、地震的基本概念

地震又称地动、地振动，是指地壳在快速释放能量过程中造成振动，期间产生地震波的一种自然现象。地球上板块与板块之间相互挤压碰撞，造成板块边沿及板块内部产生错动和破裂，是引起地震的主要原因。地震开始发生的地点称为震源；震源正上方的地面称为震中。破坏性地震的地面振动最剧烈处称为极震区，极震区往往也就是震中所在的地区。地震常常造成严重人员伤亡，能引起火灾、水灾、有毒气体泄漏、细菌及放射性物质扩散，还可能造成海啸、滑坡、崩塌、地裂缝等次生灾害。据统计，地球上每年约发生 500 多万次地震，即每天要发生上万次地震。其中，绝大多数太小或太远，以至于人们感觉不到；真正能对人类造成严重危害的地震有几十次；能造成特别严重灾害的地震有一两次。人们感觉不到的地震，必须用地震仪才能记录下来。不同类型的地震仪能记录不同强度、不同距离的地震。世界上运转着数以千计的各种地震仪器日夜监测着地震的动向。当前的科技水平还无法预测地震，未来相当长的一段时间内，地震也是无法预测的。对于地震，人们更应该做的是提高建筑抗震等级，做好防御而不是预测地震。

地震是地球内部发生的急剧破裂产生的震波，在一定范围内引起地面振动的现象。地震就是地球表层的快速振动，在古代又称为地动。它与海啸、龙卷风、冰冻灾害一样，是地球上经常发生的一种自然灾害。大地震动是地震最直观、最普遍的表现。在海底或濒海地区发生的强烈地震，能引起巨大的波浪，称为海啸。地震是极其频繁的。

地球分为三层：中心层是地核，中间是地幔，外层是地壳。地球的平均半径为 6 370 km 左右，地壳厚度为 35 km 左右，大多数破坏性地震就发生在地壳内。

但地震不仅发生在地壳之中，也会发生在软流层当中。据地震部门测定，深源地震一般发生在地下 300～700 km 处。到目前为止，已知的最深的震源是 720 km。从这一点来看，传统的板块挤压地层断裂学说并不能合理解释深源地震，因为 720 km 深处并不存在固态物质。科学家设想将地球岩石图画出来，这样对预测地震有很大的帮助。地震剖析图如图 5-1 所示。

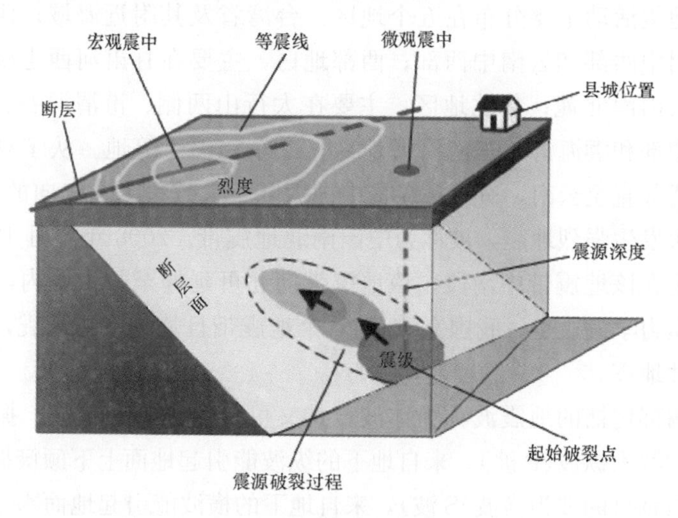

图 5-1　地震剖析图

地球表层的岩石圈称作地壳。地壳岩层受力后快速破裂错动引起地表振动或破坏，就称为地震。由地质构造活动引发的地震称为构造地震；由火山活动造成的地震称为火山地震；固岩层(特别是石灰岩)塌陷引起的地震称为塌陷地震。地震是一种极其普通和常见的自然现象，但由于地壳构造的复杂性和震源区的不可直观性，地震特别是构造地震是怎样孕育和发生的，其成因和机制至今尚无完满的解答，但目前科学家比较公认的解释是构造地震是由地壳板块运动造成的。

据统计，全球有 85%的地震发生在板块边界上，仅有 15%的地震与板块边界的关系不那么明显。而地震带是地震集中分布的地带，在地震带内地震密集，在地震带外地震分布零散。

世界上主要有三大地震带：环太平洋地震带，分布在太平洋周围，包括南北美洲太平洋沿岸和从阿留申群岛、堪察加半岛、日本列岛南下至中国台湾省，再经菲律宾群岛转向东南，直到新西兰，这里是全球分布最广、地震最多的地震带，所释放的能量约占全球的四分之三；欧亚地震带，从地中海向东，一支经中亚至喜马拉雅山，然后向南经中国横断山脉，过缅甸，呈弧形转向东，至印度尼西亚；另一支从中亚向东北延伸，至堪察加半岛，分布比较零散；大洋中脊地震活动带，此地震活动带蜿蜒于各大洋中间，几乎彼此相连，总长约为 65 000 km，宽为 1 000～7 000 km，其轴部宽为 100 km 左右。大洋中脊地震活动带的地震活动性较前两个地震带要弱得多，而且均为浅源地震，还未发生过特大的破坏性地震。大陆裂谷地震活动带与上述三个地震带相比规模最小，不连续分布于大陆内部，在地貌上常表现为深水湖，如东非裂谷、红海裂谷、贝加尔裂谷、亚丁湾裂谷等。

我国的地震活动主要分布在五个地区：台湾省及其附近海域；西南地区，包括西藏、四川中西部和云南中西部；西部地区，主要在甘肃河西走廊、青海、宁夏以及新疆天山南北麓；华北地区，主要在太行山两侧、汾渭河谷、阴山—燕山一带、山东中部和渤海湾；东南沿海地区，广东、福建等地。从宁夏，经甘肃东部、四川中西部直至云南，有一条纵贯中国大陆、大致呈南北走向的地震密集带，历史上曾多次发生强烈地震，被称为中国南北地震带。2008 年 5 月 12 日汶川 8.0 级地震就发生在该地震带中南段。该地震带向北可延伸至蒙古境内，向南可到缅甸。根据地质力学的观点，我国大致有 20 个地震带且均为浅源地震，还未发生过特大的破坏性地震。

在地球内部传播的地震波称为体波。其又可分为纵波和横波。振动方向与传播方向一致的波为纵波(P 波)，来自地下的纵波能引起地面上下颠簸振动；振动方向与传播方向垂直的波为横波(S 波)，来自地下的横波能引起地面水平晃动。由于纵波在地球内部传播速度大于横波，所以地震时，纵波总是先到达地表，而横波总落后一步。这样，发生较大的近震时，人们一般先感到上下颠簸，过数秒到十几秒后才会感到有很强的水平晃动。横波是造成破坏的主要原因。沿地面传播的地震波称为面波，其可分为勒夫波和瑞利波。面波是当体波到达岩层界面或地表时，会产生沿界面或地表传播的幅度很大的波，传播速度小于横波，所以跟在横波的后面。地震波的传播如图 5-2 所示。

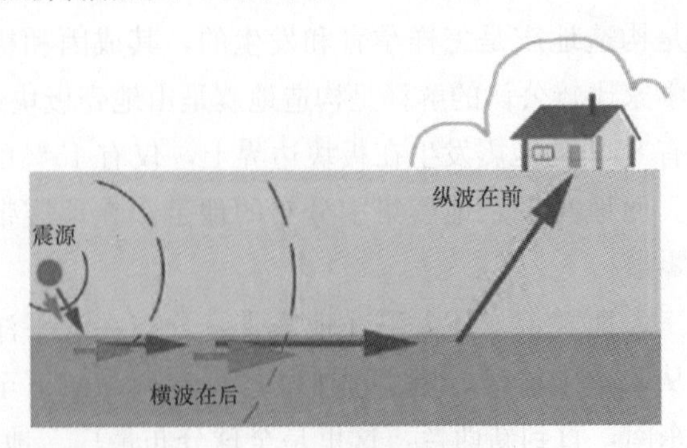

图 5-2　地震波的传播

同样大小的地震，造成的破坏不一定相同；同一次地震，在不同的地方造成的破坏也不同。为衡量地震破坏程度，科学家又“制作”了另一把“尺子”——地震烈度。中国地震烈度表对人的感觉、一般房屋震害程度和其他现象做了描述，可以作为确定地震烈度的基本依据。影响地震烈度的因素有震级、震源深度、距离震源的远近、地面状况和地层构造等。一般情况下仅就烈度和震源、震级之间的关系来说，震级越大震源越浅，烈度也越大。一般震中区的破坏最重，烈度最高，这个烈度称为震中烈度。从震中向四周扩展，地震烈度逐渐减小。所以，一次地震只有一个震级，但它所造成的破坏在不同的地区是不同的。即一次地震，可以划分出好几个烈度不同的地区。这与一颗炸弹爆炸后，近处与远处破坏程度不同的道理一样。炸弹的炸药量，好比是震级；炸弹对不同地点的破坏程度，好比是烈度。烈度不仅跟震级有关，而且还跟震源深度、地表地质特征等有关。一般而言，震源浅、震级大的地震，破坏面积较小，但震中区破坏程度较重；震源较深、震级大的地震，影响面积较大，而震中区破坏程度则较轻。为了在实际工作中评定烈度的高低，有必要制订一个统一的评定标准。这个评定的标准称为地震烈度表。在世界各国使用的有几种不同的烈度表。西方国家比较通行的是改进的麦加利烈度表。日本将无感定为0度，有感则分为Ⅰ～Ⅶ度，共8个等级。苏联和中国均按12个烈度等级划分烈度表。我国1980年重新编订了地震烈度表。

在一定的地方和一定时间内连续发生的一系列具有共同发震构造的一组地震，称为地震序列。主震震级很突出，释放的地震波能量占全序列总能量的90%以上，或最大震级和次大震级之差为0.8～2.4级，称为主震型序列；在地震序列中没有一个突出的主震，而是由震级相近的两次或多次地震组成，最大地震释放的能量一般只占全序列总能量的80%以下，或最大震级和次大震级之差小于0.7级，称为震群或多震型序列；主震震级特别突出，前震和余震都很少且震级也很小，大、小地震极不成比例，最大震级和次大震级大于2.5级，称为孤立型或单发型序列。

大地震动是地震最直观、最普遍的表现。在海底或濒海地区发生的强烈地震，能引起巨大的波浪，称为海啸。在大陆地区发生的强烈地震，会引发滑坡、崩塌、地裂缝等次生灾害。破坏性地震一般是浅源地震。对于同样大小的地震，由于震源深度不一样，对地面造成的破坏程度也不一样。震源越浅，破坏越大，但波及范围也越小；反之亦然。破坏性地震如1976年的唐山地震的震源深度为12 km。地震可由地震仪所测量，地震的震级用来表示由震源释放出来的能量，以“里氏地震规模”来表示，烈度则通过《修订麦加利地震烈度表》来表示。地震释放的能量决定地震的震级，释放的能量越大，震级越大。地震相差一级，能量相差约为30倍，震级相差0.1级，释放的能量平均相差1.4倍。1995年，日本大阪神户7.2级地震所释放的能量相当于1 000颗二战时美国向日本广岛长崎投放的原子弹的能量。

地震直接灾害是地震的原生现象，如地震断层错动，以及地震波引起地面振动所造成的灾害。其主要有：地面的破坏，建筑物与构筑物的破坏，山体等自然物的破坏(如滑坡、泥石流等)，海啸等。地震时最基本的现象是地面的连续振动，主要特征是明显的晃动。极震区的人在感到大的晃动之前，首先感到上下跳动。1960年智利大地震时，最大的晃动持续了3 min。地震造成的灾害首先破坏房屋和构筑物，造成人畜的伤亡，如1976年我国河北唐山大地震(图5-3)中，70%～80%的建筑物倒塌，人员伤亡惨重。地震对自然界景观也有很大影响，最主要的后果是地面出现断层和地裂缝。大地震的地表断层常绵延几十至几百千米，往往具有较明显的垂直错距和水平错距，能反映出震源处的构造变动特征(如浓尾大地震、旧金山大地震)。但并不是所有的地表断裂都直接与震源的运动有关，它们也可能是由地震波造成的次生影响。特别是地表沉积层较厚的地区、坡地边缘、河岸和道路两旁常出现地裂缝，这往往是由于地形因素在一侧没有依托的条件下晃动，使表土松垮和崩裂。地震的晃动使表土下沉，浅层的地下水受挤压会沿地裂缝上升至地表，形成喷沙、冒水现象。大地震能使局部地形改观，或隆起，或沉降，使城乡道路断裂、铁轨扭曲、桥梁折断。在现代化城市中，地下管道破裂和电缆被切断会造成停水、停电和通信受阻。煤气、有毒气体和放射性物质泄漏可导致火灾和毒物、放射性污染等次生灾害。在山区，地震还能引起山崩和滑坡，常造成掩埋村镇的惨剧。崩塌的山石若堵塞江河，会在上游形成地震湖。1923年日本关东大地震时，神奈川县发生泥石流，顺山谷下滑远达5 km。

图5-3 唐山大地震震后现场

地震次生灾害是直接灾害发生后，破坏了自然或社会原有的平衡和稳定状态，从而引发的灾害。其主要有火灾、水灾、毒气泄漏、瘟疫等。其中，火灾是次生灾害中最常见、最严重的。地震火灾多是因房屋倒塌后火源失控引起的。由于震后消防系统受损，社会秩序混乱，火势不易得到有效控制，因而往往会酿成大灾。

地震时海底地层发生断裂，部分地层出现猛烈上升或下沉，造成从海底到海面的整个水层发生剧烈“抖动”，这就是地震海啸(图 5-4)。强烈地震发生后，灾区水源、供水系统等遭到破坏或受到污染，灾区生活环境严重恶化，故极易造成疫病流行。社会条件的优劣与灾后疫病是否流行，关系极为密切。

图 5-4　地震海啸

地震的次生灾害主要发生在山区和塬区，由于地震的强烈振动，使得原已处于不稳定状态的山崖或塬坡发生崩塌或滑坡。这类次生灾害虽然是局部的，但往往也是毁灭性的，使整村整户人财全遭埋没。地震引起水库、江湖决堤，或是由于山体崩塌堵塞河道造成水体溢出等，都可能造成地震水灾。另外，社会经济技术的发展还会带来新的继发性灾害，如通信事故、计算机事故等。这些灾害是否发生或灾害大小，往往与社会条件有着更为密切的关系。

对历史地震和现今地震大量资料的统计显示，1901～2010 年全球地震活动态势分布是不均匀的：一段时间发生地震较多，震级较大，称为地震活跃期；另一段时间发生地震较少，震级较小，称为地震活动平静期。这表现出地震活动的周期性。每个活跃期均可能发生多次 7 级以上地震，甚至 8 级左右的巨大地震。地震活动周期可分为几百年的长周期和几十年的短周期；不同地震带活动周期也不尽相同。当然也有的地震是没有周期的，这与地质情况有关，如河北邢台，大约 100 年是一个周期，因为断层带的地壳是有规则的移动，当地下的能量积累到必须使地壳发生移动时，地震就发生了，这种地震是有周期的。而绝不是所有的运动都是有规则的，规则之外的运动，就会发生偶然的地震，偶然的地震往往能量巨大，瞬时引发，并不在周期内。

我国大陆东部地震活动周期普遍比西部长。东部的活动周期大约为 300 年，西部为 100～200 年。如陕西渭河平原地震带，从公元 881 年(唐末)到 1486 年的 606 年间，就没有破坏性地震的记载。1556 年华县 8 级大地震后几十年，地震比较活跃。1570 年以后这一带就没有 6 级以上的地震，5 级左右的地震也很少。

二、地震的作用

地震发生时，震中是接受振动最早的部位。震中到震源的深度叫作震源深度。通常，将震源深度小于 60 km 的叫作浅源地震，深度在 60～300 km 的叫作中源地震，深度大于 300 km 的叫作深源地震。对于同样大小的地震，由于震源深度不一样，对地面造成的破坏程度也不一样。震源越浅，破坏程度越大，但波及范围也越小；反之亦然。观测点距震中的距离叫作震中距。震中距小于 100 km 的地震称为地方震，在 100～1 000 km 的地震称为近震；大于 1 000 km 的地震称为远震。其中，震中距越大的地方受到的影响和破坏越小。地震所引起的地面振动是一种复杂的运动，它是由纵波和横波共同作用的结果。由于纵波传播速度较快，衰减也较快，横波传播速度较慢，衰减也较慢，因此，距离震中较远的地方，往往感觉不到上下跳动，但能感到水平晃动。

当某地发生一个较大的地震时，在一段时间内往往会发生一系列的地震，主震之前发生的地震叫作前震，主震之后发生的地震叫作余震。地震具有一定的时空分布规律。从时间上看，地震有活跃期和平静期交替出现的周期性现象。从空间上看，地震的分布呈一定的带状，称为地震带。就我国大陆地震而言，主要集中在环太平洋地震带和地中海—喜马拉雅地震带两大地震带。目前，衡量地震规模的标准主要有震级和烈度两种。

地震震级是根据地震时释放能量的大小而定的。一次地震释放的能量越多，地震级别就越大。而地震烈度表示地震对地表及工程建筑物影响的强弱程度。

地震以波的形式从震源向周围快速传播，通过岩土和地基，使建筑物的基础和上部结构产生不规则的往复振动和激烈的变形。结构在地震时发生的相应运动称为地震反应，包括位移、速度、加速度。同时，结构内部发生很大的内力(应力)和变形，当它们超过了材料和构件的各项极限值后，结构将出现各种不同程度的破坏现象，如混凝土裂缝、钢筋屈服、显著的残余变形、局部的破损、碎块或构件坠落、整体结构倾斜甚至倒塌等。

三、地震作用下结构受力性能

在震中区附近，地面运动的垂直方向振动激烈且频率高，水平方向振动较弱；距震中较远处，垂直方向的振动衰减快，其加速度峰值约为水平方向加速度峰值的 1/2～1/3。因此，对地震区的大部分建筑而言，水平方向的振动是引起结构强烈反应和破坏的主要因素。以钢筋混凝土为例，结构在地震作用下受力性能主要体现在以下方面：

(1)动力响应。结构的抗震能力和安全性，不仅取决于构件的(静)承载力，还在很大程度上取决于其动力响应。地震时结构上作用的“荷载”是结构反应加速度和质量引起的惯性力，它不像静荷载那样具有确定的数值。变形较大、延性好的结构，能够耗散更多的地震能量，地震的反应就减小，荷载小，损伤轻而更为安全。相反，静承载力大的结构，可能因为刚度大、重量大、延性差而招致更严重的破坏。

(2)屈服后的工作阶段。当发生的地震达到或超出设防烈度时，按照我国相关规范的设计原则和方法，钢筋混凝土结构一般都将出现不同程度的损伤。构件和节点受力较大处普遍出现裂缝，有些宽度较大；部分受拉钢筋屈服，有残余变形，构件表面局部破损剥落等，但结构不致倒塌。

(3)荷载低周的反复作用。地震时结构在水平方向的往复振动，使结构的内力主要是弯矩和剪力，有时也有轴力发生正负交变。由于地震的时间不长且结构具有阻尼，荷载交变的反复次数不多(即低周)，所以，必须研究钢筋混凝土构件在低周交变荷载作用下的滞回特征。

(4)变形性能。地震时结构有很大变形。一方面对结构本身产生不利影响，如柱的二阶效应，增大附加弯矩，甚至引起失稳或倾覆，构造缝相邻结构的碰撞等；另一方面，造成非结构部件的破损。故抗震结构设计时，要控制其总变形。

四、防震减灾的主要措施

做好地震安全性评价工作，对建设工程实施抗震设防是防震减灾工作的重要防御措施和重要环节。城市的生命线工程、重大工程都需要做地震安全性评价工作。为更好地完成该项工作，城市建设和土地开发应有科学依据，应为一般工业和民用建筑设防提供准确依据。为满足市域内经济建设的需要和对人民生命财产的考虑，根据国家有关指示精神及各地抗灾救灾的经验教训，尽快组建地震研究机构十分必要。为进一步加强防震减灾工作，应实行预防为主、防御与救助相结合的措施，最大限度地减轻人民生命财产的损失。只有健全地震应急指挥系统建设，才能卓有成效地开展工作。

20世纪的观测事实已表明，气候变化引起的极端天气气候事件(厄尔尼诺、干旱、洪涝、雷暴、冰雹、风暴、高温天气和沙尘暴等)出现频率与强度明显上升，直接危及我国的国民经济发展。为此，可以采取以下几项措施来预防和减轻自然灾害造成的影响。

1. 制订预案，常备不懈

在国家、省、市、区以及企事业单位、社区、学校等制订与演练应急预案，形成预防和减轻自然灾害有条不紊、有备无患的局面。应急预案应包括对自然灾害的应急组织体系及职责、预测预警、信息报告、应急响应、应急处置、应急保障、调查评估等机制，形成包含事前、事发、事中、事后等各环节的一整套工作运行机制。

2. 以人为本，避灾减灾

以人为本，将保障人民群众生命财产安全作为防灾减灾的首要任务，最大限度地减少自然灾害造成的人员伤亡和对社会经济发展的危害。

3. 监测预警，依靠科技

在防灾减灾中坚持“预防为主”的基本原则，将灾害的监测预报预警放到十分突出的位置，并高度重视和做好面向全社会，包括社会弱势群体的预警信息发布。加强灾害性天气的短时、临近预报，加强突发气象灾害预警信号制作工作，加强气象预警信息发布工作，是提高防灾减灾水平的重要科技保障。如新一代天气雷达和自动气象站、移动气象台，以及气象卫星等现代化探测手段，提高了对台风最新动态实时监测的能力。

4. 防灾意识，全民普及

社会公众是防灾的主体。社会公众应增强防灾意识、了解与掌握避灾知识，防患于未然。在自然灾害发生时，普通群众能够知道如何处置，如何保护自己、帮助他人。政府与社会团体应组织和宣传灾害知识，培训灾害专业人员或志愿者。有关部门应通过图书、报刊、音像制品和电子出版物、广播、电视、网络等，广泛宣传预防、避险、自救、互救、减灾等常识，增强公众的忧患意识、社会责任意识和自救、互救能力。

5. 分类防灾，针对行动

不同灾种对人类生活、社会经济活动的影响差异很大，防灾减灾的重点、措施也不同。如防灾减灾的预防措施，对于台风灾害，重点是防御强风、暴雨、高潮位对沿海船只、沿海居民的影响；对于强雾、雪灾，重点则是降低其对航空、交通运输的影响；对于沙尘暴灾害，主要降低其对空气质量的影响。根据不同灾种特点以及对社会经济的影响特征，采取针对性应对措施。

6. 人工影响，力助减灾

人工影响天气已成为一种重要的减灾科技手段。在合适的天气形势下，组织开展人工增雨、人工消雨、人工防雹、人工消雾等作业，可以有效抵御和减轻干旱、洪涝、雹灾、雾灾等气象灾害的影响及损失。

7. 风险评估，未雨绸缪

自然灾害风险是指未来若干年内可能达到的灾害程度及其发生的可能性。开展灾害风险调查、分析与评估，了解特定地区不同灾种的发生规律，了解各种自然灾害的致灾因子对自然、社会、经济和环境所造成的影响，以及影响的短期和长期变化方式，并在此基础上采取行动，降低自然灾害风险，减少自然灾害对社会经济和人们生命财产所造成的损失。

第二节　建筑结构抗震设计

地震作为自然界的一种特殊现象，其发生不可预知且破坏力巨大，由此引起的建筑物倒塌、人员伤亡已经深深刺痛了人类敏感的神经。多年来，许多学者、专家都围绕着建筑结构抗震开展了大量卓有成效的研究，取得了丰硕的成果。我国近几年大震频发，大量的灾后调查发现，合理的建筑结构抗震设计措施可以在很大程度上降低地震所造成的建筑物损害。

一、抗震设计的基本原则

要想更好地执行规范，就必须明确抗震规范制定的基本思想，明确抗震设计的基本原则。地震可分为小震、中震和大震。我国抗震设计的基本原则即通常所说的“小震不坏，中震可修，大震不倒”。在小震作用下，要求结构不受损伤或不需修理仍可继续使用。中震大概相当于设防烈度地震，当遭遇到中震作用时，结构可以有一定程度的损坏，经修复或不经修复仍可继续使用。对发生概率极小的罕遇大震，要求结构不应倒塌或发生危及生命的严重破坏。在上述设计原则指导下，就要求结构处于这样一种状况：当小震来临，应确保所有的结构构件在抵抗地震作用力时，具有足够的强度，使其基本上处于弹性状态，并通过验算小震作用下的弹性位移共同来保证结构不坏。在中震作用下，结构的某些关键部位超过弹性强度，进入屈服，发生较大变形，达到非线性阶段。这时，特别提出延性要求(延性指当地震迫使结构发生较大的非线性变形时，结构仍能维持其初始强度的能力)，是结构超过弹性阶段的变形能力，它是结构抗震能力强弱的标志。它包括承受极大变形的能力和靠滞回特性吸收能量的能力，它是抗震设计当中一个非常重要的特性。当中震来临时，结构某些关键部位超过其弹性强度，进入塑性状态。由于它有一定的延性，它的非线性能够承担塑性变形，使它在变形中能够耗费和吸收地震能量。代价是可能导致较宽的裂缝，混凝土表皮起壳、脱落，可能有一定的残余变形，但不至于导致安全失效，以达到中震可修的设防目标。处于这个阶段的结构，对延性就会提出相应的要求，而延性就要靠精心设计的细部构造措施来保证。当大震来临时，结构的非线性变形非常大，也可能发生不可修复的破坏。处于这个阶段的结构，就需要通过计算它的弹塑性变形来保证结构不致倒塌。

近年来，世界范围内地震频发，人们对建筑结构抗震的研究也越发重视，相关的抗震理论、抗震设计思路以及设计方法也更加成熟。现代建筑结构抗震设计理论已经由最初的基于经验的弹性设计理论转变为基于非线性理论的弹塑性理论，允许结构发生屈服、产生一定量的非弹性变形，从而起到消耗一部分地震能量的目的。总的来看，建筑结构的抗震设计过程可以概括为抗震概念设计、抗震设计以及结构抗震构造措施这三个方面。

二、建筑结构抗震概念设计

1. 抗震概念设计的含义

概念设计不依靠数值计算进行，而是以结构破坏机理、结构体系整体与分体力学关系分析、结构震害试验以及工程经验等为基础，总结出相关的宏观经验用以指导设计过程中结构方案的确定、结构的布置以及计算简图和计算结果的处理。在结构设计过程中，抗震概念设计主要用于解决一些较为复杂难以进行计算或相关规范中无具体规定的问题。

2. 抗震概念设计的重要性

在结构抗震数值计算的同时进行必要的概念设计意义重大。首先，地震的发生具有随机性以及不可预测性，地震动也具有十分明显的随机性和复杂性，而地震作用下结构的反应非常复杂，仅靠数值计算难以准确把握相关规律；其次，当前背景下的抗震设计理论都建立在一定假设基础上，并不能完全展示结构的地震受力、变形以及破坏过程。因此，在结构抗震设计过程中有必要进行相应的概念设计，这样有利于提高结构设计的准确性，增强结构的安全性。

3. 抗震概念设计的应用与发展

20 世纪 70 年代以来，大量的震害经验表明，结构抗震设计中“计算设计”存在一定的缺陷，有必要开展相应的“概念设计”。随后，概念设计的应用与发展在《建筑抗震设计规范》(GB 50011—2010)(2016 年版)中得到鲜明体现，结构工程师逐步将概念设计应用于实际工程，并取得了良好效果。

传统意义上的结构抗震设计，焦点都放在如何提高结构的承载能力，不可避免地引起结构混凝土强度等级以及配筋率的提高，相应的建筑的造价也提高。结构配筋率提高，结构承载能力虽有提高，但是考虑到结构的地震作用效应与结构的刚度成正比，而增加结构的配筋却提高了结构的刚度，因此，加强了地震作用效应。概念设计从降低地震作用效应出发来避免这个矛盾，而达到提高结构的抗震安全性能。最典型的方法就是隔震消能法，这种方法的根本是依靠设置在基础与主体之间的柔性隔震层来加大结构的阻尼，抑制结构的振动，减小结构的加速度、位移，最终降低结构的地震作用效应。相关的理论分析证明，通过这种概念设计方法可以将结构地震作用效应降低四成，值得大力推广。

随着经济社会的不断发展，现代建筑的结构形式也趋于复杂化。为了满足人民群众的需求，结构设计人员必须提高对概念设计重要性的认识，不断探索先进的计算理论。同时，注重借助现代计算机强大的数值计算能力，让建筑结构能够满足功能性、安全性以及经济性的要求。

三、地基和基础抗震设计

(一)地基、基础的分类

基础是建筑物和地基之间的连接体。基础将建筑物竖向体系传来的荷载传递给地基。从平面上可见，竖向结构体系将荷载集中于点或分布成线形，但作为最终支撑结构的地基，提供的是一种分布的承载能力。

如果地基的承载能力足够，则基础的分布方式可与竖向结构的分布方式相同。但有时由于土或荷载的条件，需要采用满铺的筏形基础。筏形基础有扩大地基接触面的优点，但与独立基础相比，它的造价通常要高得多，因此只在必要时才使用。无论何种情况，基础的概念都是将集中荷载分散到地基上，使荷载不超过地基的长期承载力。因此，分散的程度与地基的承载能力成反比。有时，柱子可以直接支承在下面的方形基础上，墙则支承在沿墙长度方向布置的条形基础上。当建筑物只有几层高时，往往只需要将墙下的条形基础和柱下的方形基础结合使用，就足以将荷载传递给地基。这些单独基础可用基础梁连接起来，以加强基础抵抗地震的能力。只是在地基非常软弱或建筑物比较高的情况下，才需要采用筏形基础。多数建筑物的竖向结构，墙、柱都可以用各自的基础分别支撑在地基上。中等地基条件可以要求增设拱式或预应力梁式的基础连接构件，这样可以比独立基础更均匀地分布荷载。

如果地基承载力不足，就可以判定为软弱地基，就必须采取措施对其进行处理。软弱地基是指主要由淤泥、淤泥质土、冲填土、杂填土或其他高压缩性土层构成的地基。在建筑地基的局部范围内有高压缩性土层时，应按局部软弱土层考虑。勘察时，应查明软弱土层的均匀性、组成、分布范围和土质情况，根据拟采用的地基处理方法提供相应参数。冲填土还应了解排水固结条件。杂填土应查明堆积历史，明确自重下稳定性、湿陷性等基本因素。

在初步计算时，最好先计算房屋结构的大致重量，并假设它均匀地分布在全部面积上，从而得到平均的荷载值，可以和地基本身的承载力相比较。如果地基的容许承载力大于4倍的平均荷载值，则用单独基础可能比筏形基础更经济；如果地基的容许承载力小于2倍的平均荷载值，那么建造满铺在全部面积上的筏形基础可能更经济。如果介于两者之间，则用桩基础或沉井基础。

(二)地基的处理方法

1. 利用软弱土层作为持力层时的规定

(1)淤泥和淤泥质土，宜利用其上覆较好土层作为持力层，若上覆土层较薄，应采取避免施工时对淤泥和淤泥质土产生扰动的措施。

(2)冲填土、建筑垃圾和性能稳定的工业废料，当均匀性和密实度较好时，均可用来作为持力层。

(3)对于有机质含量较多的生活垃圾和对基础有侵蚀性的工业废料等杂填土，未经处理不宜作为持力层。局部软弱土层以及暗塘、暗沟等，可采用基础梁、换土、桩基础或其他方法处理。在选择地基处理方法时，应综合考虑场地工程地质和水文地质条件、建筑物对地基要求、建筑结构类型和基础形式、周围环境条件、材料供应情况、施工条件等因素，经过技术经济指标比较分析后择优采用。

在地基处理设计时，应考虑上部结构、基础和地基的共同作用，必要时应采取有效措施加强上部结构的刚度和强度，以增加建筑物对地基不均匀变形的适应能力。对已选定的地基处理方法，宜按建筑物地基基础设计等级，选择代表性场地进行相应的现场试验，并进行必要的测试，以检验设计参数和加固效果，同时为施工质量检验提供相关依据。

经处理后的地基，当按地基承载力确定基础底面面积及埋置深度。而需要对地基承载力特征值进行修正时，基础宽度的地基承载力修正系数取零，基础埋置深度的地基承载力修正系数取1.0；在受力范围内仍存在软弱下卧层时，应验算软弱下卧层的地基承载力。对受较大水平荷载或建造在斜坡上的建筑物或构筑物，以及钢油罐、堆料场等，地基处理后应进行地基稳定性计算。结构工程师需根据有关规范，分别提供用于地基承载力验算和地基变形验算的荷载值；根据建筑物荷载差异大小、建筑物之间的联系方法、施工顺序等，按有关规范和地区经验对地基变形允许值合理提出设计要求。地基处理后，建筑物的地基变形应满足现行有关规范的要求，并在施工期间进行沉降观测，必要时应在使用期间继续观测，用以评价地基加固效果和作为使用维护依据。复合地基设计应满足建筑物承载力和变形要求。地基土为欠固结土、膨胀土、湿陷性黄土、可液化土等特殊土时，设计要综合考虑土体的特殊性质，选用适当的增强体和施工工艺。复合地基承载力特征值应通过现场复合地基荷载试验确定，或采用增强体的荷载试验结果和其周边土的承载力特征值结合经验确定。

2. 常用的地基处理方法

常用的地基处理方法有换填垫层法、强夯法、强夯置换法、砂石桩法、振冲法、水泥土搅拌法、高压喷射注浆法、预压法、夯实水泥土桩法、水泥粉煤灰碎石桩法、石灰桩法、灰土挤密桩法和土挤密桩法、柱锤冲扩桩法、单液硅化法和碱液法等。

(1)换填垫层法。换填垫层法适用于浅层软弱地基及不均匀地基的处理。其主要作用是提高地基承载力，减少沉降量，加速软弱土层的排水固结，防止冻胀和消除膨胀土的胀缩。

(2)强夯法和强夯置换法。强夯法适用于处理碎石土、砂土、低饱和度的粉土与黏性土、湿陷性黄土、杂填土和素填土等地基。强夯置换法适用于高饱和度的粉土、软-流塑的黏性土等地基，对变形控制不严的工程，在设计前必须通过现场试验确定其适用性和处理效果。强夯法和强夯置换法主要用来提高土的强度，减少压缩性，改善土体抵抗振动液化能力和消除土的湿陷性。对饱和黏性土，宜结合堆载预压法和垂直排水法使用。

(3)砂石桩法。砂石桩法适用于挤密松散砂土、粉土、黏性土、素填土、杂填土等地基，以提高地基的承载力和降低压缩性，也可用于处理可液化地基。对饱和黏土地基上变形控制不严的工程也可采用砂石桩置换处理，使砂石桩与软黏土构成复合地基，加速软土的排水固结，提高地基承载力。

(4)振冲法。振冲法分为加填料和不加填料两种。加填料的通常称为振冲碎石桩法。振冲法适用于处理砂土、粉土、粉质黏土、素填土和杂填土等地基。对于处理不排水抗剪强度不小于 20 kPa 的黏性土和饱和黄土地基，应在施工前通过现场试验确定其适用性。不加填料振冲加密适用于处理黏粒含量不大于 10%的中、粗砂地基。振冲碎石桩主要用来提高地基承载力，减少地基沉降量，还可用来提高土坡的抗滑稳定性或土体的抗剪强度。

(5)水泥土搅拌法。水泥土搅拌法可分为浆液深层搅拌法(简称湿法)和粉体喷搅法(简称干法)。水泥土搅拌法适用于处理正常固结的淤泥与淤泥质土、黏性土、粉土、饱和黄土、素填土以及无流动地下水的饱和松散砂土等地基。不宜用于处理泥炭土、塑性指数大于 25 的黏土、地下水具有腐蚀性以及有机质含量较高的地基。若需采用时，必须通过试验确定其适用性。当地基的天然含水量小于 30%(黄土含水量小于 25%)、大于 70%或地下水的 pH 小于 4 时，不宜采用此法。连续搭接的水泥搅拌桩可作为基坑的止水帷幕，受其搅拌能力的限制，该法在地基承载力大于 140 kPa 的黏性土和粉土地基中应用有一定难度。

(6)高压喷射注浆法。高压喷射注浆法适用于处理淤泥、淤泥质土、黏性土、粉土、砂土、人工填土和碎石土地基。当地基中含有较多的大粒径块石、大量植物根茎或较高的有机质时，应根据现场试验结果确定其适用性。在地下水流速度过大、喷射浆液无法在注浆套管周围凝固等情况下，不宜采用。高压旋喷桩的处理深度较大，除地基加固外，也可作为深基坑或大坝的止水帷幕，目前最大处理深度已超过 30 m。

(7)预压法。预压法适用于处理淤泥、淤泥质土、冲填土等饱和黏性土地基。按预压方法可分为堆载预压法及真空预压法。堆载预压可分为塑料排水带或砂井地基堆载预压和天然地基堆载预压。当软土层厚度小于 4 m 时，可采用天然地基堆载预压法处理；当软土层厚度超过 4 m 时，应采用塑料排水带、砂井等竖向排水预压法处理。对真空预压工程，必须在地基内设置排水竖井。预压法主要用来解决地基的沉降及稳定问题。

(8)夯实水泥土桩法。夯实水泥土桩法适用于处理地下水位以上的粉土、素填土、杂填土、黏性土等地基。该法施工周期短、造价低、施工文明、造价容易控制，目前在北京、河北等地的旧城区危房改造小区工程中得到不少成功的应用。

(9)水泥粉煤灰碎石桩(CFG 桩)法。水泥粉煤灰碎石桩法适用于处理黏性土、粉土、砂土和已自重固结的素填土等地基。对淤泥质土应根据地区经验或现场试验确定其适用性。基础和桩顶之间需设置一定厚度的褥垫层，保证桩、土共同承担荷载形成复合地基。该法适用于条形基础、独立基础、箱形基础、筏形基础，可用来提高地基承载力和减少变形。对可液化地基，可采用碎石桩和水泥粉煤灰碎石桩多桩型复合地基，达到消除地基土的液化和提高承载力的目的。

(10)石灰桩法。石灰桩法适用于处理饱和黏性土、淤泥、淤泥质土、杂填土和素填土等地基。其用于地下水水位以上的土层时，可采取减少生石灰用量和增加掺合料含水量的办法提高桩身强度。该法不适用于地下水下的砂类土。

(11)灰土挤密桩法和土挤密桩法。灰土挤密桩法和土挤密桩法适用于处理地下水水位以上的湿陷性黄土、素填土和杂填土等地基，可处理的深度为 5～15 m。当用来消除地基土的湿陷性时，宜采用土挤密桩法。当用来提高地基土的承载力或增强其水稳定性时，宜采用灰土挤密桩法；当地基土的含水量大于 24%、饱和度大于 65%时，不宜采用这种方法。灰土挤密桩法和土挤密桩法在消除土的湿陷性与减少渗透性方面效果基本相同，土挤密桩法地基的承载力和水稳定性不及灰土挤密桩法。

(12)柱锤冲扩桩法。柱锤冲扩桩法适用于处理杂填土、粉土、黏性土、素填土和黄土等地基，对地下水水位以下的饱和松软土层，应通过现场试验确定其适用性。地基处理深度不宜超过 6 m。

(13)单液硅化法和碱液法。单液硅化法和碱液法适用于处理地下水水位以上渗透系数为 0.1～2 m 的湿陷性黄土等地基。在自重湿陷性黄土场地，对Ⅱ级湿陷性地基，应通过试验确定碱液法的适用性。

在确定地基处理方案时，宜选取不同的方法进行比选。对复合地基而言，方案选择是针对不同土性、设计要求的承载力选取适宜的成桩工艺和增强体材料。

3. 基础失稳实例

加拿大特朗斯康谷仓，由于地基强度破坏发生整体滑动，是建筑物失稳的典型例子。

(1)概况。加拿大特朗斯康谷仓平面呈矩形，长为 59.44 m，宽为 23.47 m，高为 31.0 m，容积为 36 368 m^3。谷仓为圆筒仓，每排 13 个，共 5 排 65 个。谷仓的基础为钢筋混凝土筏形基础，厚度为 61 cm，基础埋置深度为 3.66 m。

加拿大特朗斯康谷自重 20 000 t，相当于装满谷物后满载总重量的 42.5%。建成后开始往谷仓装谷物，当谷仓装了 31 822 m^3 谷物时，发现 1 小时内垂直沉降达 30.5 cm，并在 24 小时谷仓向西倾斜达 26°53′。谷仓西端下沉 7.32 m，东端上抬 1.52 m。数日后谷仓倾倒，上部钢筋混凝土筒仓坚如磐石，仅有极少的表面裂缝。

(2)事故原因。加拿大特朗斯康谷仓筹建时未对谷仓的地基土层进行调查研究，只是根据对邻近结构物基槽开挖试验，计算承载力为 352 kPa，并将此应用到这个仓库。谷仓的场地位于冰川湖的盆地中，地基中存在冰河沉积的黏土层，厚度为 12.2 m。黏土层上面是更近代沉积层，厚度为 3.0 m。黏土层下面为固结良好的冰川下冰碛层，厚度为 3.0 m。这层土支承了这地区很多更重的结构物。

地基上加荷的速率过快对事故发生起到了一定的促进作用，因为荷载突然施加的地基承载力要比加荷固结逐渐进行的地基承载力为小。这个因素对黏性土尤为重要，因为黏性土需要很多年时间才能完全固结。根据资料计算，抗剪强度发展所需时间约为1 年，而谷物荷载施加仅 45 天。

综上所述，加拿大特朗斯康谷仓发生地基滑动强度破坏的主要原因是：对谷仓地基土层事先未作勘察、试验与研究，采用的设计荷载超过地基土的抗剪强度。由于谷仓整体刚度较高，地基破坏后，筒仓仍保持完整，无明显裂缝，因此地基发生强度破坏而整体失稳。

(3)处理方法。为修复筒仓，基础下设置了 70 多个支承于深 16 m 基岩上的混凝土墩，使用了 388 只 50 t 的千斤顶，逐渐将倾斜的筒仓纠正。补救工作是在倾斜谷仓底部水平巷道中进行的，新的基础在地表下深 10.36 m。经过纠倾处理后，修复后谷仓位置比原来降低了 4 m。

(三)基础的设计

房屋基础设计应根据工程地质和水文地质条件、建筑体形与功能要求、荷载大小和分布情况、相邻建筑基础情况、施工条件和材料供应以及地区抗震烈度等综合考虑，选择经济合理的基础形式。

砌体结构优先采用刚性条形基础，如灰土条形基础、C15 素混凝土条形基础、毛石混凝土条形基础和四合土条形基础等，当基础宽度大于 2.5 m 时，可采用钢筋混凝土扩展基础(即柔性基础)。

多层内框架结构，如地基土较差时，中柱宜选用柱下钢筋混凝土条形基础，中柱宜用钢筋混凝土柱；框架结构、无地下室、地基较好、荷载较小，可采用单独柱基；无地下室、地基较差、荷载较大，为增强整体性，减少不均匀沉降，可采用十字交叉梁条形基础。

如采用上述基础不能满足地基基础强度和变形要求，又不宜采用桩基或人工地基时，可采用筏形基础(有梁或无梁)。

框架结构、有地下室、上部结构对不均匀沉降要求严、防水要求高、柱网较均匀，可采用箱形基础；柱网不均匀时，可采用筏形基础。有地下室，无防水要求，柱网、荷载较均匀，地基较好，可采用独立柱基，抗震设防区加柱基拉梁，或采用钢筋混凝土交叉条形基础或筏形基础。筏形基础上的柱荷载不大、柱网较小且均匀，可采用板式筏形基础。当柱荷载不同、柱距较大时，宜采用梁板式筏形基础。

无论采用何种基础，都要处理好基础底板与地下室外墙的连接节点。框架-剪力墙结构无地下室、地基较好、荷载较均匀，可选用单独柱基、墙下条形基础，抗震设防地区柱基下设拉梁并与墙下条形基础连接在一起。

无地下室、地基较差、荷载较大，柱下可选用交叉条形基础并与墙下条形基础连接在一起，以加强整体性，如还不能满足地基承载力或变形要求，可采用筏形基础。剪力墙结构无地下室或有地下室、无防水要求、地基较好，宜选用交叉条形基础。当有防水要求时，可选用筏形基础或箱形基础。高层建筑一般都设有地下室，可采用筏形基础；如地下室设置有均匀的钢筋混凝土隔墙时，采用箱形基础。

当地基较差，为满足地基强度和沉降要求，可采用桩基或人工处理地基。多栋高楼与裙房在地基较好(如卵石层等)、沉降差较小、基础底标高相等时，基础可不分缝(沉降缝)。当地基一般，通过计算或采取措施(如高层设混凝土桩等)控制高层和裙房间的沉降差，则高层和裙房基础也可不设缝，建在同一筏形基础上。施工时可设后浇带，以调整高层与裙房的初期沉降差。

当高层与裙房或地下车库基础为整块筏形钢筋混凝土基础时，在高层基础附近的裙房或地下车库基础内设后浇带，以调整地基的初期不均匀沉降和混凝土初期收缩。

四、结构抗震计算

结构抗震计算工作包括地震作用计算与结构抗震变形验算两方面任务。

(一)地震作用计算

除地震烈度 8 度、9 度时的大跨度结构与长悬臂结构以及地震烈度 9 度时的高层建筑需要计算竖向地震作用外，一般结构抗震设计仅仅需要验算结构在其两个主轴方向的水平地震作用下的强度、刚度以及稳定性。同时，认为不同方向的结构水平地震反应完全由相应方向的抗侧力构件承担。若建筑结构中含有交角超过 15°的斜角抗侧力构件，则应进行各抗侧力构件所在方向的水平抗震计算。另外，对于质量、刚度分布不具备对称性的结构还应验收结构构件在双向水平地震作用下的扭转效应，而调整地震作用法也是考虑其他特殊结构中扭转效应的有效途径。

目前，常用的结构抗震计算方法主要包括底部剪力法、振型分解反应谱法以及时程分析法(又称动态设计法)三种。其中，前两种方法是基本方法，而时程分析法主要用于对严重不规则、特别重要或是高度较高的高层建筑进行抗震补充计算。其中，时程分析法是在地震作用下对结构的基本运动方程进行积分，求得结构在整个地震历程中的动态反应的方法。具体实施时，选取与建筑场地相适应的若干地震动加速度记录或人工地震动加速度时程曲线波作为输入结构基本运动方程的地震作用，由输入地震动初始状态逐步积分至地震结束。通过积分转换最终不仅可以得到结构的速度、加速度反应时程曲线，还可以进一步得到结构的内力、位移等时程曲线，结构设计人员可以据此对结构构件的抗震承载力与变形进行验算。

(二)结构抗震变形验算

通常情况下，结构抗震变形验算方法根据多遇地震作用与罕遇地震作用分为以下两种类型。

1. 多遇地震作用

在验算不同结构物在多遇地震作用下的变形量时，对其楼层内最大的弹性层间位移做如下限定：

$$\Delta u_e \leqslant [\theta_e] h$$

2. 罕遇地震作用

在罕遇地震作用下，下列结构应进行弹塑性变形验算：

(1)高大单层厂房的横向排架(8 度地震Ⅲ、Ⅳ类场地与 9 度地震)。

(2)钢筋混凝土框架结构(7、8、9 度地震且结构 $\xi_y < 0.5$)。

(3)钢结构(高度 150 m 以上)。

(4)结构抗震设计中有隔震与消能减震措施的建筑结构。

(三)保证结构延性能力的抗震措施

合理选择了结构的屈服水准和延性要求后，就需要通过抗震措施来保证结构确实具有所需的延性能力，从而保证结构在中震、大震下实现抗震设防目标。系统的抗震措施包括以下几个方面内容。

1. 强柱弱梁

人为增大柱相对于梁的抗弯能力，使钢筋混凝土框架在大震下，梁端塑性铰出现较早，在达到最大非线性位移时塑性转动较大；而柱端塑性铰出现较晚，在达到最大非线性位移时塑性转动较小，甚至根本不出现塑性铰。从而保证框架具有一个较为稳定的塑性耗能机构和较大的塑性耗能能力。

2. 强剪弱弯

剪切破坏基本上没有延性，一旦某部位发生剪切破坏，该部位就将彻底失去结构抗震能力，对于柱端的剪切破坏还可能导致结构的局部或整体倒塌。因此，可以人为增大柱端、梁端、节点的组合剪力值，使结构能在大震下的交替非弹性变形中其任何构件都不会先发生剪切破坏。

3. 抗震构造措施

通过抗震构造措施来保证形成塑性铰的部位具有足够的塑性变形能力和塑性耗能能力，同时保证结构的整体性。

五、多层砌体房屋抗震设计

多层砌体房屋建筑在城乡建设中分量很大，涉及广大人民群众生产生活的方方面面，是人民群众生产生活的主要场所。提高房屋抗震设计质量，重视房屋抗震设计中的环节，使地震对房屋的破坏降到最低程度，对保护广大人民群众的生命财产安全是至关重要的。为了保证结构具有足够的抗震可靠性，使地震破坏降到最低限度，达到抗震设计中“小震不坏，中震可修，大震不倒”的设防目标，在进行结构的抗震设计时，必须结合实际情况综合考虑多种因素的影响，从结构总体上进行设计。

(一)多层砌体房屋结构现状

砌体房屋之所以地震破坏比例大，主要原因是砌体是一种脆性结构，其抗拉和抗剪能力均较低。在强烈地震作用下，砌体结构易于发生脆性的剪切破坏，从而导致房屋的破坏和倒塌。如果在多层砌体房屋的设计中再过度追求大开间、大门洞、大悬挑甚至通窗效果等，必将大大削弱房屋的抗震能力。

(1)城市综合体房屋的超高或超层，特别是底层营业的砌体房屋部分。

(2)在公用建筑砌体房屋中，底层或顶层多采用“混杂”结构体系。即为满足部分大空间需要，在底层或顶层局部采用钢筋混凝土内框架结构。或将构造柱和圈梁局部加大，当作框架结构。

(3)住宅砌体房屋中为追求大客厅，布置大开间和大门洞，有的大门洞间墙宽仅有 240 mm，并将阳台做成大悬挑(悬挑长度大于 2 m)延扩客厅面积；部分“局部尺寸”不满足要求时，有的不采取加强措施，有的采用增大截面及配筋的构造柱替代砖墙肢；住宅砌体房屋中限于场地或“造型”，布置成复杂平面，或纵、横墙沿平面布置多数不能对齐，或墙体沿竖向布置上下不连续等。

(二)多层砌体房屋抗震设计应注意的问题

1. 加强多层砌体房屋的纵向抗震能力

随着住宅功能要求的提高，一些多层砌体住宅房屋的客厅增大，个别的设计方案和实际工程在客厅开间的外纵墙没有设置，形成构造柱、圈梁与阳台门相连，使得外纵墙的开洞率大于 55%。多层砌体房屋的抗震性能主要依靠砌体墙，而地震作用于水平面是两个方向的，房屋的纵向相对于横向弱得多，在地震作用下一般会率先破坏，而纵墙又是横墙的支承体系，所以，纵墙的破坏直接就会导致房屋的整体破坏；另外，在一个开间内缺少了外纵墙，则会使在该外纵墙的传力间断，导致传力二次分配，对该开间的其他纵墙也会形成增大地震作用等不利影响。

2. 采用横墙承重或纵横墙共同承重的结构体系

墙体布置应满足地震作用有合理的传递途径。由于横墙开洞少，又有纵墙作为侧向支承，所以横墙承重的多层砌体结构具有较好的传递地震作用的能力。而纵横墙共同承重的房屋既能比较直接地传递横向地震作用，也能直接或通过纵横墙的连接传递纵向地震作用。所以，从合理的地震作用传递途径分析，宜优先采用纵横墙共同承重的结构体系，尽量避免采用纵墙承重的结构体系。

3. 合理布置平面、立面，适当设置防震缝

在现实情况中，往往由于场地条件和功能要求的限制，合理地进行平面、立面布置显得尤为重要。建筑平面布置和抗侧力结构的平面布置宜规则、对称，平面形状应具有良好的整体作用，楼梯间不宜设在房屋的尽端和转角处，建筑的立面和竖向剖面力求规则，结构的侧向刚度宜均匀变化，墙体沿竖向布置上下应连续，避免抗侧力构件的承载力突变。地震烈度为 8 度和 9 度时，当房屋的立面高差较大、错层较大和质量及刚度截然不同时，宜采用防震缝将结构分割成平面和体形规则的独立单元。

当建筑形状复杂而又不设防震缝时，应选取符合实际的结构计算模型，认真

进行抗震分析，对薄弱构件及部位采取加强措施。

4. 多层砌体房屋抗震设计应严格进行抗震计算

抗震计算是抗震设计的重要组成部分，是保证满足抗震承载力的基础。在多层砖房的抗震计算中，水平地震作用计算可根据房屋的平、立面情况采用不同的方法。对于平、立面布置规则和结构抗侧力构件在平、立面布置均匀的可采用底部剪力法；对于立面布置不规则的宜采用振型分解反应谱法；对平面不规则和竖向不规则的多层砌体房屋，宜采用考虑地震扭转影响的分析程序。

(三)多层砌体房屋设计应采取的有效抗震构造措施

1. 钢筋混凝土构造柱的设置

构造柱虽然对提高砌体墙的受剪承载力有限，据国内外的模型试验，大体提高10%～20%，但对墙体的约束和防止墙体开裂后砌块的散落能起到非常显著的作用，如果再和圈梁有效地结合起来，即通过构造柱和圈梁把墙体分片约束，能有效地限制开裂后砌体裂缝的延伸和砌体的错位，使砌体墙能维持竖向承载力，并能继续吸收地震的能量，避免和延迟墙体的倒塌。构造柱的部位截面尺寸应按照烈度、高度以及结构类型不同进行不同的设置，钢筋混凝土构造柱与墙体的连接处宜砌成马牙槎，并应沿墙高每隔500 mm设拉结钢筋，每边伸入墙内不宜小于1 m。构造柱应与圈梁连接，构造柱的纵筋应穿过圈梁的主筋，保证构造柱纵筋上下贯通。构造柱可不设单独基础，但应伸入室外地面下500 mm，或锚入浅于500 mm的基础圈梁内。对于基础圈梁与防潮层相结合，其圈梁标高已高出地面。在这种情况下，构造柱应符合伸入地面下500 mm的要求。

2. 钢筋混凝土圈梁的功能与要求

钢筋混凝土圈梁是多层砌体结构房屋有效的抗震措施之一，尤其与构造柱结合配置，能起到相当的作用：

(1)圈梁能够增强房屋的整体性，由于圈梁的约束，预制楼板以及砖墙平面倒塌的危险性大大减小了，而且通过圈梁，能够使纵横墙形成一个箱形结构，充分发挥各面砖墙的支承作用，提高在平面内的抗剪承载力。

(2)圈梁作为楼屋盖的边缘构件，提高了楼板的水平刚度，使局部地震作用能够分配给较多的纵横墙承担，也降低了大房间纵、横墙平面外破坏的危险性。

(3)增设的圈梁应与墙体可靠连接；圈梁在楼、屋盖平面内应闭合，在阳台、楼梯间等圈梁标高变换处，应有局部加强措施；变形缝两侧的圈梁应分别闭合。

(4)加固后采用综合抗震能力指数验算时，圈梁布置和构造的体系影响系数应取1.0；墙体连接的整体构造影响系数和相关墙垛局部尺寸的局部影响系数应取1.0。

3. 多层砌体房屋重要部位的连接

抗震构造连接的部位较多，重要部位的连接措施有下列几项。首先，当为装配式楼、屋盖时，构造柱应与每层圈梁连接(多层砖房宜每层设圈梁)；当为现浇楼、屋盖时，在楼、屋盖处设 240 mm×120 mm 拉梁(配 ϕ10 纵筋)与构造柱连接。7 度时长度大于 7.2 m 的大房间以及 8 度和 9 度时，外墙转角及内外墙交接处，当未设构造柱时，应沿墙高每隔 500 mm 设 ϕ6 拉结钢筋，每边伸入墙内不小于 1 m。凸出屋面的楼梯间等，构造柱应从下一层伸到屋顶间顶部，并与顶部圈梁连接。屋顶间的构造柱与砖墙以及砖墙与砖墙的连接，可采取上述抗震措施。

4. 多层砌体房屋悬臂构件的连接

悬臂构件的连接也是抗震的关键之一，6～8 度时，240 mm 厚无锚固女儿墙(非出入口处)的高度不宜超过 0.5 m。当超过时，女儿墙应按抗震构造图集要求采取稳定措施。女儿墙的计算高度从屋盖的圈梁顶面算起，当屋面板周边与女儿墙有钢筋拉结时，计算高度可从板面算起。悬臂阳台挑梁的最大外挑长度不宜小于 1.8 m，不应大于 2 m。不应采用墙中悬挑式踏步或竖肋插入墙体的楼梯。

(四)多层砌体结构中楼(屋)盖的抗震设计

在多层砌体结构中，砖墙为竖向承重结构，支承在砖墙上的预制钢筋混凝土空心板(以下简称空心板)为水平承重构件。这种混合结构是由脆性材料(砖和砌块)和分散的预制混凝土构件组成，不难看出其抗震性能是很差的。1976 年唐山大地震后，按照抗震规范的要求，在砌体结构中设置了钢筋混凝土构造柱和圈梁(以下简称构造柱和圈梁)，使得砖墙体的抗震性能有所改善，但分散的空心板作为水平承重构件，则成为抗震设计中的薄弱环节。

1. 震害分析

从历次地震造成多层砌体结构房屋的破坏来看，楼(屋)盖的破坏大体有以下三种类型：

(1)上层墙体或楼盖塌落造成下层楼板折断。

(2)楼板支承长度不足引起支承处破坏造成楼板塌落。

(3)楼板间无拉结的情况下，外墙承重横墙被破坏甩出时，将靠外墙的楼板一并甩出。

2. 受力分析

由于空心板支承于砖墙上的长度一般仅为 10 mm 左右且多是简支搁置，水平方向无可靠拉结，在整个楼层体系中是一个分散在强烈地震作用下，建筑物产生多向瞬间位移，因而，空心板不可避免地会遭到破坏。这也是砌体房屋遭受强烈地震后一塌到底的一个主要原因。因此，对于目前砌体结构中采用的预制装配式楼(屋)盖必须加以改进。

3. 多层砌体结构楼(屋)盖的抗震措施建议

楼(屋)盖如果采用装配整体式结构，必须满足以下条件：

(1)预制楼板之间每隔 2～3 m 留 10 mm 宽的配筋板缝。

(2)预制板面上应配置双向钢筋网的现浇层，其混凝土强度等级不低于 C20，厚度可为 40～50 mm。

(3)预制板下应有圈梁，圈梁内预留棚平整以拉结筋与现浇层形成整体。

(4)楼面现浇层应拉通，砖墙后砌对抗震无疑是有利的，但也存在以下问题：

①工序增多，由于做现浇面层绑扎钢筋和进行现场浇筑不仅增加了工序，而且面层浇筑后需要一定的养护时间，从而减慢了工程施工进度。

②材料用量多，楼面厚度加厚，总厚约 203 mm(包括面层和顶棚抹灰)。

③楼面荷载增大，从而导致墙体基础用料增多。

④房屋造价增高。

4. 设计与施工

现浇钢筋混凝土楼(屋)盖是工程设计中常见的水平承重构件。多层砌体结构中最好采用现浇钢筋混凝土楼(屋)盖，它具有楼(屋)盖整体性好、平面刚度大、质量小、工序少、施工方便等优点，是较为理想的水平承重构件。由它与构造柱、圈梁组成框架，能够大大提高多层砌体结构的抗震能力，从而可能达到规范中要求的“大震不倒”的抗震设防目标。唐山大地震后，从建筑物震害分析中发现，一些砌体结构中的现浇楼盖部分(如卫生间等)未倒塌，这可以说明此部分具有一定的防倒塌能力。不同的建筑的板布置、配筋量及构造有所差异。例如，住宅建筑中室内房间面积一般较小，则可布置成连续双向现浇板，不需要布置梁，使之达到室内美观。在办公楼等需要时，大房间则可布置成梁板结构，随着施工技术水平和现场机械化程度的提高、组合钢模板与灵活支撑体系的广泛应用，由目前大量采用装配式楼(屋)为现浇钢筋混凝土楼(屋)盖是完全可行的，施工进度问题可采用下一层不拆模方法来解决，据了解目前施工单位也愿意承担现浇钢筋结构任务。

六、多层与高层钢筋混凝土房屋抗震设计

(一)震害特点

地震作用具有较强的随机性和复杂性，要求在强烈地震作用下钢筋混凝土结构仍保持在弹性状态，不发生破坏是很不实际的；既经济又安全的抗震设计是允许在强烈地震作用下破坏严重，但不倒塌。因此，依靠弹塑性变形消耗地震的能

量是抗震设计的特点，提高结构的变形、耗能能力和整体抗震能力，防止高于设防烈度的“大震不倒”是抗震设计要达到的目标。

1. 结构层间屈服强度有明显的薄弱楼层

钢筋混凝土框架结构在整体设计上存在较大的不均匀性，使得这些结构存在着层间屈服强度特别薄弱的楼层。在强烈地震作用下，结构的薄弱层率先屈服，弹塑性变形急剧发展并形成弹塑性变形集中的现象。例如，1976 年唐山大地震中，某厂 13 层蒸馏吸收塔框架，由于楼层屈服强度分布不均匀，造成第 6 层和第 11 层的弹塑性变形集中，导致该结构 6 层以上全部倒塌。

2. 柱端与节点的破坏较为突出

框架结构的构件震害一般是梁轻柱重，柱顶重于柱底，尤其是角柱和边柱易发生破坏。除剪跨比小的短柱易发生柱中剪切破坏外，一般柱是柱端的弯曲破坏，轻者发生水平或斜向断裂；重者混凝土压酥，主筋外露、压屈和箍筋崩脱。当节点核心区无箍筋约束时，节点与柱端破坏合并加重。当柱侧有强度高的砌体填充墙紧密嵌砌时，柱顶剪切破坏严重，破坏部位还可能转移至窗洞上下处，甚至出现短柱的剪切破坏。

3. 砌体填充墙的破坏较为普遍

砌体填充墙刚度大而变形能力差，首先承受地震作用而遭受破坏，在 8 度和 8 度以上地震作用下，填充墙的裂缝明显加重，甚至部分倒塌，震害规律一般是上轻下重，空心砌体墙重于实心砌体墙，砌块墙重于砖墙。

(二)钢筋混凝土结构抗震设计

较合理的框架地震破坏机制，应该是节点基本不破坏，梁比柱屈服可能早发生、多发生，同一层中各柱两端的屈服历程越长越好，底层柱底的塑性铰宜最晚形成，即框架的抗震设计应使梁、柱端的塑性铰出现尽可能分散，充分发挥整个结构的抗震能力。

1. 抗震计算中的延性保证

用楼层水平地震剪力与层间位移关系来描述楼层破坏的全过程可反映出，在抗震设防的第二、三水准时，框架结构构件已进入弹塑性阶段，构件在保持一定承载力条件下主要以弹塑性变形来耗散地震能量，所以框架结构需有足够的变形能力才不致抗震失效。试验研究表明“强节点”“强柱弱梁”“强底层柱底”和“强剪弱弯”的框架结构有较大的内力重分布和能量消耗能力，极限层间位移大，抗震性能较好。构件承载力调整办法在一定程度上可以体现上述的强弱要求，而且考虑了设计者的使用方便，采用地震组合内力的抗震承载力验算表达式，只是要对地震组合内力的设计值按有关公式进行相应的调整。

综合大量实验研究成果，影响不同受力特征节点延性性质的主要综合因素有相对作用剪力、相对配筋率、贯穿节点的梁柱纵筋的粘结情况。

2. 构造措施上的延性保证

汶川大地震实践证明，当建筑结构在大地震中要求保持足够的承载能力来吸收进入塑性阶段而产生的巨大能量时，因为此时的结构在震中进入一个塑性阶段，容易产生变形。所以，根据这种特点和抗震的要求，多发地震国家的钢筋混凝土结构抗震能力强。

(1)有抗震设计的剪力墙，要求具有一定的延性，一般要求位移延性系数为3～4。试验研究表明，墙体剪应力的高低将影响非弹性阶段墙的延性及耗能性能，剪应力越高，延性及耗能性能将越低。设置翼缘及边柱，特别是增加边柱或翼缘内的约束箍筋，可以延缓纵筋压屈，保护混凝土的核心，增强沿裂缝处的抗滑移能力，从而提高墙体的延性及耗能性能。

(2)剪力墙要达到延性要求。必须防止墙体的脆性剪切破坏和锚固构造破坏，充分发挥弯曲作用下的钢筋抗弯能力，使墙体的某些部位出现塑性变形。墙的塑性铰区高度可取墙根部的一定范围，其值为墙肢宽或1/8墙高度，取两者的较大值且不小于底层层高。为了降低塑性铰的高度，墙肢不宜过宽。在塑性铰区，要求抗剪强度安全储备大于抗弯强度，加强竖向钢筋的锚固和加大水平钢筋的配筋率，控制斜裂缝宽度和塑性铰区，即墙体下部加强部位的水平钢筋和竖向钢筋的最小配筋率要求。

第三节　隔震耗能技术在结构抗震中的应用

一、传统的结构抗震设计

传统的抗震设计是基于“抗”的三水准两阶段进行的，具体为结构设计时控制结构的刚度，使结构成为延性结构，在小震下结构具有足够的强度承受地震作用；当遇到大震时，部分构件进入塑性状态，以消耗地震能量，结构整体不发生倒塌，但结构在强震下会产生很大的变形。

目前，结构设计存在计算模型不完善的情况，同时建筑平面及立面日趋复杂，结构布置越来越不规则，计算模型不能真实反映结构在地震作用下真实的受力状况及变形，容易造成肥梁胖柱，从而降低结构的延性，使设计不能达到预期的目标。

二、基础隔震在工程中的应用

1. 工程概况

某中学教学楼，四层，无地下室，屋面为坡屋顶，檐口高为 15.3 m，抗震设防类别为重点设防，抗震设防烈度为 7 度，设计基本地震加速度值为 0.1g，设计地震分组为第三组，这类建筑场地，场地特征周期 T_g=0.4 s，多遇地震时加速度峰值取为 35 cm/s^2，设防时加速度峰值为 100 cm/s^2，罕遇地震时加速度峰值取为 220 cm/s^2。结构设计使用年限为 50 年，结构安全等级为Ⅱ级，基础的设计等级为乙级，基础持力层为稍密卵石层，场地内分布的细沙层为液化土，地基液化等级综合判定为中等。

由于平面的长宽比较大，短方向刚度较弱，故在标准层结构平面短向适当布置少量剪力墙，上部结构为框架-剪力墙结构。

采用基础隔震方案，将隔震层设置在上部结构和基础之间，为了方便安装及维修隔震装置，隔震层的高度为 2.0 m。

2. 隔震目标确定

隔震设计首先应明确设计目标，上部结构降低后的水平地震作用进行抗震设计，需要明确的是场地的抗震设防烈度并没有降低，仅仅是水平地震作用降低，竖向地震作用保持不变。该工程上部结构水平地震作用按降低 1 度考虑《建筑抗震设计规范》(GB 50011—2010)(2016 年版)得出：水平向减震系数 β=0.04×0.8/0.08=0.4。

3. 隔震支座布置

上部结构按非隔震模型在预期设定的隔震目标下考虑水平组合的柱轴力设计，确定隔震支座的直径，隔震支座力学性能由生产厂家提供(表 5-1)。

表 5-1　隔震支座力学性能

设计							γ=100%水平性能		
型号	面压	水平屈服力	屈服前刚度	屈服后刚度	设计承载力	等效刚度	等效阻尼比	竖向刚度	容许水平位移
	MPa	kN	kN·mm^{-1}	kN·mm^{-1}	kN	kN·mm^{-1}		kN·mm^{-1}	mm
LNR500	12				2 355	1.100	0.04	1 500	275
LNR600	12				3 391	1.650	0.04	1 500	330
LNR700	12				4 616	2.000	0.04	3 100	385
LRB600	12	95		1.600	3 391	2.300	0.25	2 800	330

隔震支座除满足竖向承载力的要求外，隔震层还应提供必要的侧向刚度和阻尼，以抵抗正常使用阶段的风荷载及小震下产生的位移，使建筑保持稳定，不产生晃动。隔震层的屈服力为 $F=98\times 9=882$(kN)，大于风荷载设计值 $F_w=$ 496.3 kN。

第四节　钢筋混凝土框架设计实例

对已有建筑物加层，既能够增加建筑的面积，同时也能节约投资和建筑材料，降低各项生活设备以及市政设施的投入，并能够避免因为拆迁等方面的工作而引发的不必要麻烦。建筑物加层可以解决建筑面积不足问题，同时有着适用性比较广以及经济性比较好的特点。尤其是在 1990 年前，我国大部分钢筋混凝土的建筑在 10 层以下，同时使用的是框架、装配式的单层厂房结构。这段时间的建筑结构设计施工的过程当中，大多数都未能很好地考虑结构抗震问题，因此，随着社会经济的持续发展，这类建筑在加层的过程中也普遍面临抗震结构重新设计的问题。

一、工程概况

上海某公司的 5 号建筑是已建 2 层的工业厂房，位于上海市的漕河泾开发区，占地面积为 1 724 m^2，已建的建筑面积为 4 356 m^2，建筑为钢筋混凝土的框架结构。这一建筑原设计为 4 层，1992 年建成 2 层之后就投入使用，设计的 3、4 层没有继续建设。2015 年因为生产线的增加，厂方需要续建 3、4 层，同时改变建筑使用功能，导致楼层的使用荷载上升。上海市相关部门要求续建之后建筑需要满足《建筑抗震设计规范》(GB 50011—2010)(2016 年版)以及上海市《建筑抗震设计规程》(DGJ 08—9—2013)中关于抗震设计方面的要求。针对这一问题，该工程在进行加层设计时，首先根据相关设计规范进行结构的抗震分析，在结构上使用最初设计时考虑的荷载，从而便于对工程的计算结果加以对比，同时对已建的结构完成抗震鉴定。

二、原有房屋结构的检测鉴定

钢筋混凝土框架结构加层需要坚持先鉴定后设计以及先加固后加层原则。对已有建筑加层的处理要对旧建筑的结构实行可靠性鉴定，从而确定已有建筑是否存在加层使用的潜力，包括建筑的施工质量是否存在缺陷、隐患，使用过程中是否出现异常问题，建筑是否具备相应的加层条件，鉴定的结论是加层设计的关键依据。根据加层改造设计的需要，该厂房鉴定从以下两个方面开展。

1. 地基的调查、复核

经对建筑上部结构进行的检测发现，整个厂房的结构没有裂缝、移位或者变形，能够判定地基非常稳定，没有不均匀的沉降问题。经过钻探勘察，发现地基承载力是 150 kPa，工程的电气室部分在加层之后荷载上升，不过计算后证明地基承载能力足够而无须加固地基。变压器室因为设备的荷载比较大，而按加层后的荷载验算发现地基的承载力不够，所以需要对地基加固处理。

2. 检测、校核原有基础、梁、板、柱的承载能力

无论直接加层或者是对旧建筑的结构构件进行加固之后再加层，都应当检测、校核原结构的构件承载的能力。所以，需要根据结构构件具体的情况，详细地检测以及校核之前的基础以及梁、板、柱等构件的承载能力。通过对建筑结构现状加以现场勘察最终发现，本厂房结构的构件较为完好。使用回弹以及钻芯取样来检测混凝土强度，并经过试验以及分析之后，发现厂房基础以及梁、板、柱的混凝土强度都达到 C20，符合设计强度。同时，经过检测钢筋强度、根数以及布置，也确定同之前的设计相符合。所以，根据具体的状况进行复核计算，厂房主要的承重结构以及构件承载力可以满足已有结构的要求。

三、加层设计

1. 加层方案的选择

一个经济、安全、可行的钢筋混凝土加层设计是加层改造成功的重要前提。加层设计要保证原结构安全，同时保证新结构安全。所以，加层方案选择时要遵循以下原则。

首先，结构改造要尽可能利用之前的结构，优化分析结构改造的设计方案。同时，加层设计要尽量减少工作量，并且在符合使用要求前提下，控制加层层高，并对四周的围护墙体使用大开窗。

其次，新做楼面面层还有新加屋面恒荷载需要尽量少。新加层内以及外墙体需要使用轻质材料，从而做到实用、经济，同时缩短工期。由于该工程在施工的过程中，底层的电气室需要保持正常工作，也就是对原有结构加层不能波及操作间的运转，所以，在拟订加层方案时，需要考虑不同的可能性，逐级进行分析试算，选取合理结构形式，从而选择最优的方案，保证房屋的承载能力满足使用要求，并且兼顾施工方便。由于加层之后房间用作电气室，因此楼面要设置电缆沟，直接使用原屋面板就需要加固梁、板。在加层方案的设计过程中，在电气室内增加楼面板，其中板面距离之前的面板板面为 2.0 m，同时标高是 6.5 m，这一楼板同原屋面板间空间则铺设电缆。这样，就能够避免对原屋的面板加固，同时保证原电气室正常运转。

2. 加层结构的连接做法

在加层结构连接的做法方面，加层柱同下部连接是关键处理部位，因为原来框架柱未能预留钢筋搭接，因此，处理加层柱钢筋连接是确保结构安全的核心。

(1)在钢筋连接的设计方面需要考虑受力要求，保证垂直力同水平力之间的传递。同时，在施工的要求方面，对框架的节点以及梁、柱钢筋密集的地方要保证施工方便，如果使用钻孔植筋技术则要保证钻孔可行性，并尽可能减少对原有结构的损伤，也就是要做到连接的设计简捷，从而降低凿打以及钻孔的难度。

(2)在钢筋连接的方法方面，钢筋同原构件连接可以分成直接连接(即钢筋焊或者锚在原构件上)以及间接连接(即在原构件设钢牛腿后焊接钢筋)。直接连接可以分为焊缝连接以及钻孔植筋。焊缝连接是广泛使用的连接方法，借助焊缝连接将钢筋连接从而确保受力的直接可靠；钻孔植筋则可以分为一般植筋以及高性能植筋。使用水泥以及微膨胀胶粘剂来固定的叫作一般植筋，而使用聚氨酯以及甲基丙烯酸酯等与水泥等组成胶粘剂固定的则是高性能植筋。其中，高性能植筋有着高强度以及高性能的优点，在加固钢筋连接过程中广泛应用。间接连接则是通过焊接以及胀锚螺栓将钢牛腿固定后焊接钢筋，这一技术因为钢牛腿可以承担剪力，能解决剪力大、结合面弱的问题。

(3)该工程钢筋连接的方法选择方面，因为原框架的节点处钢筋比较多并且较为密集，在节点的顶部钻孔困难，所以选择使用钻孔植筋法。在设计的过程中结合框架柱的加固在柱脚部分设计钢板，借助 8 个螺栓同原框架柱的顶面连接，同时焊接钢板以及新柱钢筋。

3. 结构的复核与加固

在一些实际加层的工程当中，往往会出现原有框架的结构构件截面以及配筋加层后无法满足荷载要求现象，所以需要对原结构加固处理。比较常见的加固技术有预应力技术、加大截面技术、外粘钢板技术、改变结构传力技术以及碳纤维技术等，每种加固技术都有其特点以及使用的范围，因此，需要根据相应的条件进行选择。该工程因为加层之后房屋的高度还有荷载都会出现变化，从而导致下部梁柱受力出现变化，所以对加层之后建筑柱、梁的内力变化及承载力需要进行详细复核，同时根据框架的计算原则，来计算加层之后建筑框架的梁柱内力，从而根据之前的框架梁柱截面的配筋来复核承载力。以轴框架柱为例，在加固设计时，可以使用∟50×4 采用湿式外包钢技术来加固建筑的原框架柱，而在施工时，需要保证角钢同原柱混凝土间的粘结牢固，从而保证角钢以及混凝土可以协同工作。从加层构造而言，加层的荷载通过框架的梁柱来传递，对原结构的楼板产生的影响比较小，经过验算校核，发现框架梁配筋可以满足加层截面配筋的要求，因此可以不必加固框架梁。

该建筑改造完成后，没有发现安全问题，加层改造的效果优良。通过这次加层改造的设计，说明钢筋混凝土框架结构在加层设计时需要根据具体的改造要求同时结合已有的加固方法，从经济安全以及可行性原则出发来综合衡量具体的加固方案。同时，在制订加固的方案时，一方面要考虑可靠性等方面的结论以及加固的内容；另一方面，需要考虑加固之后建筑物总体的效应。例如，在加层加固的改造之后，整个建筑结构荷载出现变化，除要将新增部分合理设计外，还应当对原有结构实行承载力验算，无法满足要求的那些构件也要予以加固处理，从而保证加固之后的建筑可以正常使用。总而言之，对旧建筑实行加层是值得推广的技术，在操作过程中需注意原本设计的层数，从而避免引发安全事故。同时，要做好建筑的抗震性鉴定，最大限度地开发已有建筑的使用价值。

第六章　风灾害与建筑结构抗风设计

风既有大小，又有方向。风速就是风的前进速度。相邻两地之间的气压差越大，空气流动越快，风速越大，风的力量自然也就越大。一般用风力表示风的速度的大小。风力是指风吹到物体上所表现出的力量的大小。根据风吹到地面或水面的物体上所产生的各种现象，将风力的大小分为 18 个等级，最小为 0 级，最大为 17 级。用风级表示的风的强度，风力越强风级越大。所以，通常都以风力来表示风的大小。风速的单位为 m/s 或 km/h。发布天气预报时，大都用风力等级。

第一节　风 灾 害

一、风的概念和性质

风是空气从气压大的地方向气压小的地方流动而形成的。空气流动的原因是地表上各点大气压力不同，存在压力差和压力梯度，空气就从气压大的地方向气压小的地方流动。而气流遇到结构物的阻塞就会形成压力气幕，也就是风压。一般情况下风速越大，风对结构物产生的风压也就越大。

生活经验告诉人们，风有不同的等级，不同的效果。夏天人们期待凉风习习，但又惧怕台风；冬天出门谁也不希望碰到凛冽的北风；放风筝时需要有柔和的风。人们在天气预报中常常听到诸如“东北风 3 到 4 级”“台风中心附近风力 12 级”“强热带风暴紧急预报”等说法。风的等级一般是根据风速来划分的，分别用 2 分钟的平均情况表示的平均风速和瞬间情况代表的瞬时风速。

二、风的成因

形成风的直接原因，是气压在水平方向分布不均匀。风受大气环流、地形、水域等不同因素的综合影响，表现形式多种多样，如季风、地方性的海陆风、山谷风等。简单地说，风是空气分子的运动。风的成因包括空气和气压。

1. 空气

空气是由氮分子(占空气总体积的78%)、氧分子(约占21%)、水蒸气和其他微量成分构成的。所有空气分子以很快的速度移动着，彼此之间迅速碰撞，并与地平线上任何物体发生碰撞。

2. 气压

气压是指在一个给定区域内，空气分子在该区域施加的压力大小。一般而言，在某个区域空气分子存在越多，这个区域的气压就越大。相应来说，风是气压梯度力作用的结果。而气压的变化，有些是风暴引起的，有些是地表受热不均匀引起的，有些是在一定的水平区域上，大气分子被迫从气压相对较高的地带流向低气压地带引起的。

大部分显示在气象图上的高压带和低压带，只是形成了伴随人们的温和微风。而产生微风所需的气压差仅占大气压力本身的1%，许多区域范围内都会发生这种气压变化。相对而言，强风暴的形成源于更大、更集中的气压区域变化。

三、风的类型

空气流动就成风。自然界中常见的风的类型有热带气旋、季风和龙卷风。

1. 热带气旋

热带气旋是发生在热带或副热带海洋上的气旋性涡旋，在北半球做逆时针方向旋转，在南半球做顺时针方向旋转。

热带气旋的形成随地区不同而不同，它主要由太阳辐射在洋面所产生的大量热能转变为动能(风能和海浪能)而产生。海洋水面受日照影响，往往在赤道及低纬度地区生成热而湿的水汽，水汽向上升起形成庞大的水汽柱和低气压。热低压区和稳定的高压区气压之差产生空气流动，由于平衡产生相互补充的力使之呈螺旋状流动，气压高低相差越大，旋转流动的速度越快。旋转流动的中心即热带旋风中心，习惯上称为“眼”，在“眼”的范围内相对平衡，无风也无云层。“眼”的直径一般小于10 km，有时可以大于50 km。台风的气旋直径为600～1 000 km，紧紧环绕在其周围的圆环形风带为强烈的暴风，并在旋转中向前水平移动。

热带气旋的强度以其中心附近的平均风力来确定，世界气象组织对此规定了四个强度等级，即国际热带气旋的名称与等级标准。

(1)热带低压。中心附近最大平均风力为6～7级，即风速为10.8～17.1 m/s。

(2)热带风暴。中心附近最大风力为8～9级，即风速为17.2～24.4 m/s。

(3)强热带风暴。中心附近最大风力为10～11级，即风速为24.5～32.6 m/s。

(4)台风。中心附近最大平均风力达 12 级或以上，即风速为 32.6 m/s 以上。

为了便于区分和预防，我国每年对在经度 180°以西、赤道以北的西北太平洋和南海海面上出现的中心附近最大风力达 8 级及 8 级以上的热带气旋，按其先后出现的次序进行编号。编号采用四位数，前两位数表示年份，后两位数表示先后次序。例如，1999 年出现的第一次热带气旋，编号为 9901；第二次热带气旋为 9902，以此类推。有的国家(主要是美国、英国)以名称确认发生的热带气旋，例如，1965 年的 6504 号台风，美国关岛气象台命名为 Carla(卡拉)。我国于 2000 年开始，也在气象预报中采用台风的国际名字。

2. 季风

季风是大气流中出现的最为频繁的风，也是由内陆和海洋空气温差引起的风。冬季季风由内陆吹向海洋，夏季季风由海洋吹向内陆，这是由于陆地上四季气温的变化要比海洋大。由于地表性质不同，对热的反应也不同。冬季大陆上辐射冷却强烈，温度低，形成高压，而与它相邻的海洋，由于水的比热容大，其辐射冷却比大陆缓慢，温度比大陆高，因而气压低。因此，气压梯度的方向是由大陆指向海洋，即风从陆地吹向海洋。到了夏季，风向则相反。这种风由于与一年的四季有关，故称为季风。

3. 龙卷风

龙卷风是一个猛烈旋转着的圆形空气柱，它的上端与雷雨云相接，下端有的悬在半空中，有的直接延伸到地面或水面，一边旋转，一边向前移动。发生在海上，犹如“龙吸水”的现象，称为“水龙卷”；出现在陆上，卷扬尘土，卷走房屋、树木等的龙卷，称为“陆龙卷”。据统计，每个陆地国家都出现过龙卷风，其中美国是发生龙卷风最多的国家；加拿大、墨西哥、英国、意大利、澳大利亚、新西兰、日本和印度等国，发生的龙卷风也很多。

在我国，龙卷风主要发生在华南和华东地区，它还经常出现在南海的西沙群岛上。

龙卷风的范围小，直径平均为 200～300 m；直径最小的不过几十米，只有极少数直径大的为 1 000 m 以上。它的寿命很短暂，往往只有几分钟到几十分钟，最多不超过几小时。其整体移动速度平均为 15 m/s，最快的可达 70 m/s；移动路径的长度短的只有几十米，长的可达几百米或千米以上。它造成破坏的地面宽度一般只有 1～2 km。

一般情况，龙卷风(就地旋转)的风速为 50～150 m/s，极端情况下，可达到 300 m/s 或超过声速。超声速的风能，可产生极大的威力。尤其可怕的是龙卷风内部存在低气压，所以，在龙卷风扫过的地方，它犹如一个特殊的吸泵，可将所触及的水和沙尘、树木等吸卷而起，形成高大的柱体。当龙卷风将陆地上某种有颜色的物质或其他物质及海里的鱼类卷到高空，移到某地再随暴雨降到地面，就形成了“鱼雨”“血雨”“谷雨”。当龙卷风扫过建筑物顶部或车辆时，由于它的内部气压极低，使建筑物或车辆内外形成强烈的气压差，顷刻间就会使建筑物或交通车辆发生“爆炸”。如果龙卷风的爆炸作用和巨大风力共同施展威力，那么它们所产生的破坏和损失将是极端严重的。

4. 其他风灾

其他能形成灾害的风有雷暴大风、“黑风”等。

(1)雷暴大风天气是强雷暴云的产物。强雷暴云，又称“强风暴云”，主要是指那些伴有大风、冰雹、龙卷风等灾害天气的雷暴。强风暴云体的前部是上升气流，后部是下沉气流，由于后部下降的雨、雹等的降水物强烈蒸发，所以下沉的气流变得比周围空气冷，这种急速下沉的冷空气在云底形成一个冷空气锥，气象上称为“雷暴高压”，使气流迅速向四周散开。因此，当强雷暴云来临的瞬间，风向突变，风力猛增，往往由静风突然变为狂风大作，暴雨、冰雹俱下。这种雷暴大风突发性强，持续时间甚短，一般风力为8～12级，所以有很大的破坏力。当强风暴云中伴有大冰雹和龙卷风时，其破坏性更大。

(2)“黑风”是一种强烈的沙尘暴或沙暴。“黑风”是指由强风将地面大量的浮尘细沙吹起，卷入空中，使空气浑浊，能见度很低的一种恶劣天气现象，内蒙古一带又称其为“黄毛风”。发生“黑风”的条件，一是要有足够强大而持续的风力；二是大风经过地区植被稀疏，土质干燥、松软。因此，我国阿拉善高原、内蒙古北部、河西走廊和塔里木盆地、柴达木盆地及黄土高原北部等地区最易出现“黑风”。春季，这些地区气温回升很快，低层空气很不稳定，空气极易扰动，能将沙土卷向空中。据研究，当风速为7 m/s左右时，即可明显起沙。尤其当冷峰过境时，峰后大风使大量沙粒、尘土扬向天空，有时沙尘气层厚度可高达4～5 km；然后，随高空气流向西南飘移，其浮尘部分常常可以扩散到几千千米远的地方。“黑风”所到之处，飞沙走石，日光昏暗，能见度很低。这种天气对航空、交通运输及农牧业生产等均有严重的影响。1983年4月27日，内蒙古西中部出现一次强“黑风”天气，呼和浩特市下午3时天空即一片橙黄，百米之外视物不清，室内需点灯。风过之处吹断电杆，通信中断，火车停驶。尤其是在毛乌素沙漠的鄂托克前旗，午后起风，瞬间飞沙走石，最大风速达31 m/s，对面不见人，造成11人死亡，3万多头(只)牲畜被风沙掩埋，跑散丢失牲畜10万余头(只)，沙埋或吹坏水井5 000余眼。

北京地区受沙尘暴侵袭已有多年，目前正在联合西北各省共同建造防风固沙林及改善植被。

四、风力等级的划分标准

1. 风的等级

很多时候，人们将一些规律性的现象编成歌谣，来帮助记忆和分析。风的等级也不例外，通俗地理解，风的等级可以归纳为以下的“风级歌”：

0 级烟柱直冲天，1 级青烟随风偏；

2 级风来吹脸面，3 级叶动红旗展；

4 级风吹飞纸片，5 级带叶小树摇；

6 级举伞步行艰，7 级迎风走不便；

8 级风吹树枝断，9 级屋顶飞瓦片；

10 级拔树又倒屋，11、12 级陆上很少见。

当然这只是从感性方面对风的等级进行划分。目前，世界上通用的划分标准是《蒲福风力等级表》(*the Beaufort Scale*)，这个表于 1806 年由英国的海军弗朗西斯·蒲福(Francis Beaufort)编制。最开始用于海面上，是以航行的船只状态及海浪为参照，后来也适用在陆上，是以烟、树叶及树枝或旗帜的摇动为参照。后人在《蒲福风力等级表》的基础上又加上了 13～17 级风，划分的依据也是风速，中国气象局的《台风业务和服务规定》中也采用了扩大的《蒲福风力等级表》。

日常生活中可以根据需要方便地将风力换算成所对应的风速，也就是单位时间内空气流动的距离，用 m/s 表示。其换算口诀供参考：二是二来一是一，三级三上加个一；四到九级不难算，级数减二乘个三；十到十二不多见，牢记十级就好办；十级风速二十七，每加四来多一级。即：一级风的风速等于 1 m/s，二级风的风速等于 2 m/s；三级风的风级上加 1，其风速等于 4 m/s；四到九级在级数上减去 2 再乘 3，就得到相应级别的风速；十至十二级的风速算法是一样的，十级风速是 27 m/s，在此基础上加 4 得十一级风速为 31 m/s，再加 4 得十二级风速为 35 m/s。

《蒲福风力等级表》见表 6-1。

表 6-1　蒲福风力等级表

风力等级	名称	海浪高度		海岸船只征象	陆地地面征象	相当于空旷平地上标准高度 10 m 处的风速		
		一般/m	最高/m			mile① · h^{-1}	m · s^{-1}	km · h^{-1}
0	静稳	—	—	静	静，烟直上	小于 1	0～0.2	小于 1
1	软风	0.1	0.1	平常渔船略觉摇动	烟能表示方向，但风向标不能动	1～3	0.3～1.5	1～5

续表

风力等级	名称	海浪高度		海岸船只征象	陆地地面征象	相当于空旷平地上标准高度 10 m 处的风速		
		一般/m	最高/m			mile① · h^{-1}	m · s^{-1}	km · h^{-1}
2	轻风	0.2	0.3	渔船张帆时，每小时可随风移行 2～3 km	人面感觉有风，树叶微响，风向标能转动	4～6	1.6～3.3	6～11
3	微风	0.6	1.0	渔船渐觉颠簸，每小时可随风移行 5～6 km	树叶及微枝摇动不息，旌旗展开	7～10	3.4～5.4	12～19
4	和风	1.0	1.5	渔船满帆时，可使船身倾向一侧	能吹起地面灰尘和纸张，树的小枝摇动	11～16	5.5～7.9	20～28
5	清劲风	2.0	2.5	渔船缩帆（即收去帆之一部）	有叶的小树摇摆，内陆的水面有小波	17～21	8.0～10.7	29～38
6	强风	3.0	4.0	渔船加倍缩帆，捕鱼须注意风险	大树枝摇动，电线呼呼有声，举伞困难	22～27	10.8～13.8	39～49
7	疾风	4.0	5.5	渔船停泊港中，在海者下锚	全树摇动，迎风步行感觉不便	28～33	13.9～17.1	50～61
8	大风	5.5	7.5	进港的渔船皆停留不出	微枝折毁，人行向前感觉阻力甚大	34～40	17.2～20.7	62～74
9	烈风	7.0	10.0	汽船航行困难	建筑物有小损（烟囱顶部及平屋摇动）	41～47	20.8～24.4	75～88
10	狂风	9.0	12.5	汽船航行颇危险	陆上少见，见时可使树木拔起或使建筑物损坏严重	48～55	24.5～28.4	89～102
11	暴风	11.5	16.0	汽船遇之极危险	陆上很少见，有则必有广泛损坏	56～63	28.5～32.6	103～117
12	飓风	14.0	—	海浪滔天	陆上绝少见，摧毁力极大	64～71	32.7～36.9	118～133

续表

风力等级	名称	海浪高度		海岸船只征象	陆地地面征象	相当于空旷平地上标准高度 10 m 处的风速		
		一般/m	最高/m			mile①·h⁻¹	m·s⁻¹	km·h⁻¹
13	—	—	—	—	—	72～80	37.0～41.4	134～149
14	—	—	—	—	—	81～89	41.5～46.1	150～166
15	—	—	—	—	—	90～99	46.2～50.9	167～183
16	—	—	—	—	—	100～108	51.0～56.0	184～201
17	—	—	—	—	—	109～118	56.1～61.2	202～220

① 1 mile(英里)＝1.609 km。

通过在海面上拍摄的一组照片，可以对不同等级的风产生的效果有一个更直观的认识，如图 6-1～图 6-12 所示。

图 6-1　0 级

图 6-2　1 级

图 6-3　2 级

图 6-4　3 级

图 6-5　4 级

图 6-6　5 级

图 6-7　6 级

图 6-8　7 级

图 6-9　8 级

图 6-10　9 级

图 6-11　10 级

图 6-12　11、12 级

2. 台风和飓风

台风是大气环流的组成部分，是在热带洋面上形成的低压气旋。我国东部沿海地区每年都会遭到台风的袭击。台风也给人们的生命财产造成了巨大的损失。飓风与台风一样，属于北半球的热带气旋，其生成的区域与台风不同。台风专指在北太平洋西部(国际日期变更线以西，包括中国南海)洋面上发生的、中心附近最大持续风级达到 12 级及以上(即风速达 32.6 m/s 以上)的热带气旋。飓风专指在大西洋或北太平洋东部(国际日期变更线以东)发生的、中心附近最大持续风级达到 12 级及以上(即风速达 32.6 m/s 以上)的热带气旋。飓风依据其对建筑、树木以及室外设施所造成的破坏程度不同而被划分为 5 个等级。1 级：风速为 118～152 km/h；2 级：风速为 153～176 km/h；3 级：风速为 177～207 km/h；4 级：风速为 208～248 km/h；5 级：风速大于 248 km/h。2005 年 8 月登陆美国的"卡特里娜"飓风就是 5 级飓风。

根据《热带气旋等级》(GB/T 19201—2006)的规定，热带气旋分为热带低压、热带风暴、强热带风暴、台风、强台风和超强台风六个等级。热带气旋底层中心附近最大平均风速 10.8～17.1 m/s(风力 6～7 级)为热带低压，17.2～24.4 m/s(风力 8～9 级)为热带风暴，24.5～32.6 m/s(风力 10～11 级)为强热带风暴，32.7～41.4 m/s(风力 12～13 级)为台风，41.5～50.9 m/s(风力 14～15 级)为强台风，达到或大于 51.0 m/s(风力 16 级或以上)为超强台风。详见表 6-2。

表 6-2　热带气旋等级划分表

热带气旋等级	底层中心附近最大平均风速/($m \cdot s^{-1}$)	底层中心附近最大风力/级
热带低压(TD)	10.8～17.1	6～7
热带风暴(TS)	17.2～24.4	8～9

续表

热带气旋等级	底层中心附近最大平均风速/($m \cdot s^{-1}$)	底层中心附近最大风力/级
强热带风暴(STS)	24.5～32.6	10～11
台风(TY)	32.7～41.4	12～13
强台风(STY)	41.5～50.9	14～15
超强台风(SuperTY)	≥51.0	16或以上

第二节　建筑结构抗风设计

一、工程结构的风灾破坏和抗风设计

风是自然界常见的一种自然现象，国内外每年都会发生因风灾而造成的严重灾害。风灾损失的主要形式之一是工程结构的损坏和倒塌。因此，工程抗风设计计算的合理和全面与否是工程安全的关键，抗风设计也是工程结构中的重要研究课题。风灾是自然灾害中影响最大的一种。根据德国1961—1980年的20年间，对损失1亿美元以上自然灾害统计，风灾造成的损失占总自然灾害损失的40.5%。随着生产和建设的发展，风灾损失与其他损失一样，每年递增。1992年，安德鲁飓风横扫美国佛罗里达州，把面积达100多万平方英里[①]的建筑和城镇夷为平地，损失达300亿美元，7家保险公司因无法承受赔债而倒闭。1991年，孟加拉国风灾造成14万人丧生，损坏或摧毁民房100万间，造成30亿美元损失，相当于孟加拉国国民生产总值的10%；而1994年，孟加拉国二次风灾又造成44万人死亡，损失更加惊人。在我国，风灾损失也是十分惊人的。1994年，9415号台风袭击浙江，造成倒塌和损坏房屋80多万间，倒掉通信电杆2 397 km，死亡1 000多人，机场建筑被吹坏，99 m高的通信铁塔也被狂风吹倒，直接经济损失108亿人民币，加上间接损失，总数达177.6亿元人民币。风灾损失的主要形式是工程结构的损坏和倒塌，特别是高、细、长的柔性工程结构。鉴于风灾的严重后果，国际上对抗风工程的研究十分重视，世界各国相继制定了有关抗风荷载的规范，有关风工程方面的国际会议也十分频繁。我国对抗风减灾也给予高度重视，《建筑结构荷载规范》(GB 50009—2012)、《高耸结构设计规范》(GB 50135—2006)等都对风荷载做了

① 1平方英里=2.59平方千米。

专门的规定。

(一)风对工程结构的作用

风对工程结构的作用受到风的自然特性、结构的动力特性以及风和结构的相互作用的制约。从工程抗风设计的角度来看，可将自然风分解为不随时间变化的平均风和随时间变化的脉动风两部分，应分别考虑它们对结构的作用。在风作用下的结构上的风力有顺风力(阻力)、横风力(升力)和扭力矩三种。

(1)顺风向效应。顺风向效应是结构风工程中必须考虑的效应，在一般情况下，起主要作用。

(2)横风向效应及共振效应。在横风力作用下，由于空气的黏性和流速，在结构的尾部会产生流体旋涡脱落，其产生与结构的截面形状和雷诺数(Reynolds number)有关。工程科学家发现，不同的雷诺数范围，出现不同形式的流体的旋涡脱落和结构的风致振动。

①$Re<3\times10^5$ 为亚临界范围，为周期性旋涡脱落振动；

②$3\times10^5\leqslant Re<3.5\times10^6$ 为超临界范围，为不规则的随机振动；

③$Re\geqslant3.5\times10^6$ 为跨临界范围，出现规则的周期振动。

当旋涡脱落的频率等于结构的自振频率时，引起涡激共振。

(3)空气动力失稳。当风速达到某一临界值时，结构运动会无限制地增大，使空气动力失稳。

①在风的作用下，由于结构的振动对空气力的反馈作用，产生一种自激振动机制。例如，当颤振和驰振达到临界状态时，将出现危险的发散振动。

②在脉动风作用下的一种有限振幅的随机强迫振动，称为抖振。风对结构的作用见表 6-3。

表 6-3　风对结构的作用

<table>
<tr><th>分类</th><th colspan="4">作用形式和破坏现象</th><th>作用机制</th></tr>
<tr><td rowspan="3">静力作用</td><td colspan="4">静风力引起的内力和变形</td><td>平均风的静风压产生的阻力、升力和力矩作用</td></tr>
<tr><td colspan="2" rowspan="2">静力不稳定</td><td colspan="2">扭转发散</td><td>静力矩作用</td></tr>
<tr><td colspan="2">横向屈曲</td><td>静阻力作用</td></tr>
<tr><td rowspan="6">动力作用</td><td colspan="2">抖振(紊流风响应)</td><td colspan="2" rowspan="2">限幅振动</td><td>紊流风作用</td></tr>
<tr><td rowspan="4">自激振动</td><td>涡振</td><td>旋涡脱落引起的涡激力作用</td></tr>
<tr><td>弛振</td><td rowspan="2">单自由度</td><td rowspan="3">发散振动</td><td rowspan="2">自激力的气动负阻尼效应——阻尼驱动</td></tr>
<tr><td>扭转颤振</td></tr>
<tr><td>古典耦合颤振</td><td>双自由度</td><td>自激力的气动刚度驱动</td></tr>
</table>

(二)抗风设计的目的和手段

抗风设计的目的是保证结构在施工阶段和建成后的使用阶段能够安全承受可能发生的最大风荷载和风振引起的动力作用。由于自然风会引起各种风致振动，在结构的抗风设计中，首先要求发生危险颤振和弛振的临界风速与结构的设计风速相比具有足够的安全度，以确保结构在各个阶段的抗风稳定性。同时，将涡激振动和抖振的最大振幅限制在可接受的范围内，以免产生结构疲劳或引起人体感觉不适。如果结构的最初设计方案不能满足抗风要求，应通过修改设计或采取气动措施、结构措施和机械措施等控制方法提高结构的抗风稳定性或减小风致振动的振幅。由于大气边界层紊流风特性和结构的不规则钝体的气动特性具有相当的复杂性，目前无法建立起完善描述风和结构相互作用的数学模型，只能通过半实验或纯实验的途径求近似的解答。因此，对于某些特殊的结构，风洞实验是结构抗风设计中必不可少的手段。

(三)工程抗风设计的主要研究内容

1. 抗风设计中的近地风特性

不同的场地地貌对风速的影响是不同的。地表摩擦的结果使接近地表的风速随着距离地面高度的减小而降低。只有距离地面 200～500 m 以上的地方，风才不受地表的影响，达到所谓的梯度速度，这种速度的高度称为梯度风高度。梯度风高度以上，地面已不受地貌影响，各处风速均为梯度风速。梯度风高度以下的近地层面为摩擦层，其间风速受到地理位置、地形条件、地面粗糙度、高度、温度变化等因素的影响。抗风设计中，应考虑风的特性主要有风速随高度的变化规律、风速的水平攻角、脉动风速的强度、周期成分、空间相关性等。

2. 风荷载

《建筑结构荷载规范》(GB 50009—2012)规定作用在结构表面的风荷载为 $w_k=\beta_z\mu_z\mu_s w_0$，其中，$\beta_z$、$\mu_z$、$\mu_s$ 和 w_0 分别表示：风振系数、风压高度变化系数、体型系数和基本风压。其中 $\beta_z=1+\xi\upsilon\varphi_z/\mu_z$，$\xi$ 为脉动增大系数，υ 为脉动影响系数，φ_z 为振型系数。这三个系数可以根据随机振动理论和结构动力学方法求出。μ_z，μ_s，μ_r 和 w_0 是与风的统计特性有关的参数。在风荷载确定后，可根据结构力学理论，计算结构的响应。《建筑结构荷载规范》(GB 50009—2012)对于一些常见的高层结构和高耸结构的风振系数和体型系数做了规定。但是，对于一些新的结构形式(如膜结构、悬索结构和整体张拉结构的风荷载的取值)没做规定。

3. 结构的动力特性分析

结构动力特性分析的正确性取决于其力学模型，包括边界条件能否真实地反映结构的工作行为，以及对结构进行合理抽象和简化的过程中要保持结构的刚度和质量的等效性及空间的分布。在进行结构动力分析时，可采用有限元动力分析程序。我国建筑结构的相关规范对一些基本结构只考虑一阶振型，并有一些简化公式。对于有多层拉绳的桅杆结构根据情况可考虑的振型数目不大于4。对于桥梁结构，最主要的是主梁最低阶对称和反对称的竖向弯曲、侧向弯曲和扭转等六个模态。随着科技的发展，又有一些新的结构形式出现，例如，国内外现代大型体育场馆中常用的膜结构，由于这种结构的自重非常小，风振效应就成为整个结构设计中的主要控制因素之一。对于这种结构的动力特性和风振问题，学者们在理论上还在进行探讨。

4. 结构的空气动力稳定性

结构的空气动力失稳主要有颤振和弛振两种形式。而发生颤振又有两种驱动机制：对于近似流线型的扁平结构断面可能发生古典耦合颤振，这种颤振的临界风速较高，此时高速流动的风引起的刚度效应将改变结构的弯曲和扭转频率，在临界风速下耦合成统一的颤振频率，并驱动结构的振动发散；对于非流线型的结构断面，容易发生分离流的扭转颤振。由于流动的风对断面的扭转运动会产生负阻尼效应，当达到临界风速时，空气的负阻尼克服结构的正阻尼导致振动发散。同时，强风带有一定的攻角，演算结构的颤振稳定性时，应考虑攻角对临界风速的不利影响。

对于弛振，其发生的可能性主要取决于结构横截面的外形。在大跨桥梁结构和柔度大的高耸结构中，对这两种空气动力稳定性考虑得比较多。

5. 风致限幅振动

对于抖振，可采用同时考虑自激力和抖振力作用的频域分析方法。自激力可由风洞实验测得结构的气动导数；抖振力则按准定长假定由风洞实验测得空气力系数与攻角的关系曲线求得。再通过气动导纳函数考虑非定长效应，由风速谱按随机振动理论估算抖振响应的根方差。风流经钝体结构时产生分离，由此在结构的两侧诱导出不对称的脱落的旋涡，使结构的两侧产生交替变化的正负压力，由此引发结构的涡激振动。当旋涡脱落的频率和结构的某一阶固有频率相等时，结构发生涡激共振。此时结构的振动对涡激力产生反馈作用，使得旋涡脱落频率在某一风速范围内被结构的固有频率“捕获”，与结构的固有频率相等，这种现象称为“锁定”。“锁定”使作用在结构上的涡激力相关性增强，产生气动阻尼，在结构振动时减小原结构的阻尼。旋涡脱落的频率与结构的截面尺寸、特征尺寸和风速有关。对某一确定的结构而言，与结构的斯特罗哈数(Strouhal Number)有关。知道结构的斯特罗哈数就可以求得结构涡振共振的临界风速，结构的斯特罗哈数一般由风洞实验得到。《公路桥梁抗风设计规范》(JGJ/T D60-01—2004)对一些常见的典型截面的斯特罗哈数做了测定。

6. 风致振动控制

对于超过限度的风致振动，可以采用气动措施或机械措施予以控制。气动措施是通过附加外部装置、改变结构或构件的外形来改变结构周围的气流流动，提高抗风能力。例如，在结构设计时，应尽量采用气动稳定性好的结构外形等。气动措施主要用于提高结构的气动稳定性和降低涡激振动。机械措施是通过改变结构的刚度、阻尼或质量，来降低风振响应，这种方法在桥梁结构上用得较多。例如，在桥梁的主梁上设置调质阻尼器来控制主梁的竖向振动和扭转振动，在拉索上设置抗风联结器和阻尼减震器等。

7. 风洞实验

由于建筑结构或桥梁结构的形体的多样性，用纯理论的方法分析结构上的气动力和风致振动响应相当困难，采用风洞实验是结构抗风设计的一个重要手段。在风洞实验中要尽量满足相似准则，这种相似不仅指结构模型的相似，还应该使结构所处的流场特性和风洞流场的特性具有一定的可比性。

二、横风向风振

很多情况下，横风向力较顺风向力小得多，横风向力可以忽略。然而，对于一些细长的柔性结构，如高耸塔架、烟囱、缆索等，横风向力可能会产生很大的动力效应，即风振，这时，横风向效应应引起足够重视。

横风向风振都是由不稳定的空气动力形成的，其性质远比顺风向更为复杂，其中包括旋涡脱落、弛振、颤振、扰振(抖振)等空气动力现象。其中，弛振与颤振主要出现在长跨柔性桥梁上。颤振和弛振都属于自激型发散振动，它们都具有对结构造成毁灭性破坏的特点。其中，颤振是指桥梁以扭转振动形式或扭转与竖向弯曲振动相耦合(即两种或两种以上振动形式同时发生，耦连在一起)形式的破坏性发散振动；弛振则是指桥梁像骏马奔驰那样上下舞动的竖向弯曲形式的破坏性发散振动。1940 年，美国 Tacoma 桥的毁坏就属于颤振破坏。弛振现象一般会出现在桥梁的绞缆索上。抖振是指风速中随机变化的脉动成分激励起的桥梁不规则的有限振幅振动，在桥梁工程中，尤其在长大跨的柔性桥梁中有专门论述，这里不做介绍。长而细的建筑物受横向风的振动，主要是旋涡脱落引起的涡激共振，当然也可能伴有抖振。

对圆截面柱体结构，当发生旋涡脱落时，若脱落频率与结构自振频率相符，将出现共振。大量试验表明，旋涡脱落频率 f_s 与风速 v 成正比，与截面的直径 D

成反比。同时，雷诺数 $Re=\frac{\mu D}{v}$（μ 为空气运动黏性系数，约为 $1.45\times10^{-5}\ \mathrm{m^2/s}$）和斯特罗哈数 $St=\frac{f_s D}{v}$ 在识别其振动规律方面具有重要的意义。

(1)在空气流动中，对流体质点起主要作用的是惯性力和黏性力。根据牛顿第二定律，作用在流体上的惯性力为单位面积上的压力 $\frac{1}{2}\rho v^2$ 乘以面积。黏性是流体抵抗剪切变形的性质，黏性越大的流体，其抵抗剪切变形的能力越大。流体黏性的大小可通过黏性系数 μ 来衡量，流体中黏性应力为黏性系数 μ 乘以速度梯度 $\frac{\mathrm{d}\mu}{\mathrm{d}y}$ 或剪切角 γ 的时间变化率，而黏性力等于黏性应力乘以面积。

雷诺通过大量实验，首先给出了惯性力与黏性力之比为参数的动力相似定律，该参数后来被命名为雷诺数。只要雷诺数相同，流体便动力相似，后来发现，雷诺数也是衡量平滑流动的层流向混乱无规则的湍流转换的尺度。

因为惯性力的量纲为 $\rho v^2 l^2$，而黏性力的量纲是黏性应力 $\mu\frac{v}{l}$ 乘以面积 l^2，故雷诺数 Re 的定义为

$$Re=\frac{\rho v^2 l^2}{\frac{\mu v}{l}l^2}=\frac{\rho v l}{\mu}=\frac{vl}{x} \tag{6-1}$$

式中，$x=\frac{\mu}{\rho}$ 为动黏性，它等于黏性系数 μ 除以流体密度 ρ，对于空气其值为 $0.145\times10^{-4}\ \mathrm{m^2/s}$。将该值代入式(6-1)，并用垂直于流速方向物体截面的最大尺度 B 代替式(6-1)中的 l，则式(6-1)成为

$$Re=69\ 000vB \tag{6-2}$$

由于雷诺数的定义是惯性力与黏性力之比，因而如果雷诺数很小，如小于 1 000，则惯性力与黏性力相比可以忽略，即意味着高黏性行为。相反，如果雷诺数很大（大于 1 000），则意味着黏性力影响很小，空气流体的作用一般是这种情况，惯性力起主要作用。

如图 6-13 所示，气体流过圆形截面结构时，在圆柱边 S 点处产生旋涡，并在圆柱体后脱落。若雷诺数在亚临界和跨临界范围内，尾流的旋涡会产生周期性的不对称脱落，其频率 f_s 为

$$f_s=\frac{Stv}{D} \tag{6-3}$$

式中 v——风速；

D——圆柱体的直径；

St——与结构截面几何形状和雷诺数有关的参数，称为斯特罗哈数，对于亚

临界和跨临界范围内圆截面结构，$St=0.2$。

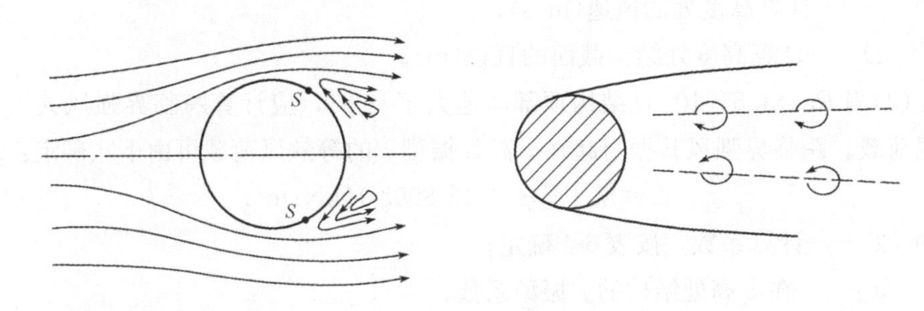

图 6-13　旋涡的产生与脱落

横风向风力系数与雷诺数 Re 有关，在亚临界范围，圆形平面结构横风向风力系数 μ_L 在 0.6～0.2 变化；在超临界范围，由于圆形平面结构横风向作用具有随机性，不能准确确定 μ_L；而在跨临界范围，结构横风向风力系数 μ_L 又稳定在 0.2～0.15。以上这些系数对于其他平面形式结构也可参考使用。

结构顺向风力系数 μ_D 一般为 1.3，比结构横向风力系数 μ_L（一般小于 0.4）大 3 倍以上。因而，在一般情况下可以忽略横向风的效应。但是，当横风向作用与结构发生共振时，则不能忽略，甚至还会起控制作用，因而必须考虑。横风向效应分两段考虑。

(2)当风速在亚临界或超临界范围内时，即 $Re<3\times10^5$ 时，应控制结构顶部风速 v_H 不超过临界风速 v_{cr}，v_{cr} 和 v_H 可按下式确定

$$v_{cr}=\frac{D}{T_1 St} \tag{6-4}$$

$$v_H=\sqrt{\frac{2\,000\gamma_w\mu_H w_0}{\rho}} \tag{6-5}$$

式中　T_1——结构基本自振周期；

St——斯特罗哈数，对圆截面结构取 0.2；

γ_w——风荷载分项系数，取 1.4；

μ_H——结构顶部风压高度变化系数；

w_0——基本风压(kN/m^2)；

ρ——空气密度(kg/m^3)。

当结构沿高度截面缩小时(倾斜度不大于 0.02)，可近似取 2/3 结构高度处的风速和直径。此时，雷诺数 Re 可按下列公式确定：

$$Re=69\ 000vD \tag{6-6}$$

式中　v——计算高度处的风速(m/s)；

D——计算高度处结构截面的直径(m)。

(3)当 $Re\geqslant 3.5\times 10^6$ 且结构顶部风速大于 v_{cr} 时，应计算跨临界强风共振引起的风荷载。跨临界强风共振引起在 z 高处振型 j 的等效风荷载可由下式确定：

$$w=|\lambda_j|v_{cr}^2\varphi_{zj}/(12\ 800\zeta_j)(\text{kN/m}^2) \tag{6-7}$$

式中　λ_j——计算系数，按表 6-4 确定；

φ_{zj}——在 z 高处结构的 j 振型系数；

ζ_j——第 j 振型的阻尼比；对第一振型，钢结构取 0.01，房屋钢结构取 0.02，混凝土结构取 0.05；对高振型的阻尼比，若无实测资料，可近似按第一振型的值取用。

表 6-4 中的 H_1 为临界风速起始点高度，可按下式确定：

$$H_1=H\times\left(\frac{v_{cr}}{v_H}\right)^{1/\alpha} \tag{6-8}$$

式中　α——地面粗糙度指数，对 A、B、C 和 D 四类分别取 0.12、0.16、0.22 和 0.30；

v_H——结构顶部风速(m/s)。

注意：校核横风向风振时所考虑的高振型序号不大于 4，对一般悬臂型结构，可只取第 1 或第 2 个振型。

表 6-4　λ_j 计算用表

结构类型	振型序号	H_1/H										
		0	0.1	0.2	0.3	0.4	0.5	0.6	0.7	0.8	0.9	1.0
高耸结构	1	1.56	1.55	1.54	1.49	1.42	1.31	1.15	0.94	0.68	0.37	0
	2	0.83	0.82	0.76	0.60	0.37	0.09	−0.16	−0.33	−0.38	−0.27	0
	3	0.52	0.48	0.32	0.06	−0.19	−0.30	−0.21	0.00	0.20	0.23	0
	4	0.30	0.33	0.02	−0.20	−0.23	0.03	0.16	0.15	−0.05	−0.18	0
高层建筑	1	1.56	1.56	1.54	1.49	1.41	1.28	1.12	0.91	0.65	0.35	0
	2	0.73	0.72	0.63	0.45	0.19	−0.11	−0.36	−0.52	−0.53	−0.36	0

校核横风向风振时，风的荷载总效应可将横风向风荷载效应 S_C 与顺风向风荷载效应 S_A 按下式组合后确定：

$$S=\sqrt{S_C{}^2+S_A{}^2} \tag{6-9}$$

三、防风减灾对策

(一)合理的建筑体形

1. 流线型平面

采用圆形或椭圆形等流线型平面的楼房，有利于减少作用于结构上的风荷载。圆柱形楼房，垂直于风向的表面积最小，表面风压比矩形棱柱体楼房要小得多，例如，法国巴黎的法兰西大厦是一幢采用椭圆形平面的高楼，其风荷载数值比矩形平面高楼约减少 27%。因此，有些规范规定，圆柱形高楼的风荷载，可以比同一尺度矩形棱柱体高楼的常用值减少 20%～40%。结构的风振加速度自然也随之减小。

采用三角形或矩形平面的高楼，转角处设计成圆角或切角，可以减少转角处的风压集中。例如，日本东京的新宿住友大厦(图 6-14)和我国香港的新鸿基中心(图 6-15)就采用了这种方法。

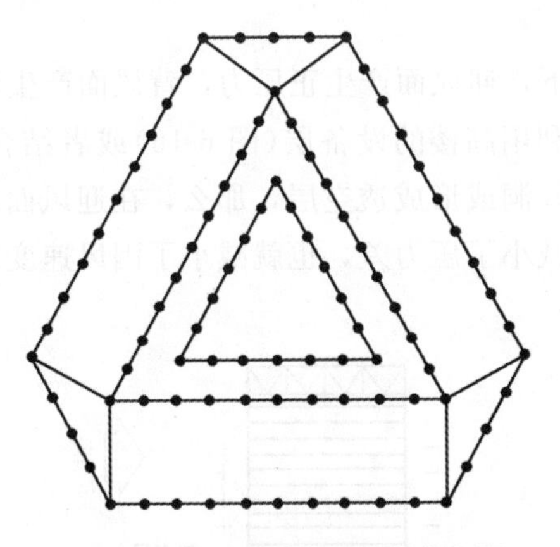

图 6-14　日本东京的新宿住友大厦

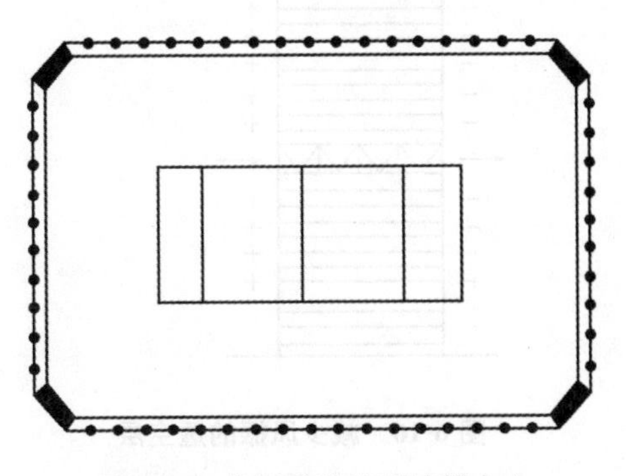

图 6-15　我国香港的新鸿基中心

2. 截锥状体形

高楼若采用上小下大的截锥状体形，由于顶部尺寸变小，减少了楼房上部较大数值的风荷载，并减少了风荷载作用下产生的反向水平分力，能使高楼侧移值减少 10%～50%，从而使风振时的振幅和加速度得以较大幅度地减少。

计算分析结果指出，一幢 40 层的高楼，当采用倾斜度为 8%的角锥体时，其侧移值将比采用锥柱体时减少约 50%。

3. 不大的高宽比

房屋高宽比是衡量一幢高楼抗侧刚度和侧移控制的一个主要指标。

美国纽约的 110 层世界贸易中心大厦，高 412 m，主体结构采用刚度很大的钢框筒，为了控制风力作用下的侧移和加速度，除各层楼板处安装黏弹性阻尼减震器外，房屋的高宽比为 $H/B=412/63.5=6.51$，即控制在 6 左右。我国沿海台风的风压值高于纽约，为使高楼的风振加速度控制在允许范围以内，房屋的高宽比应该再适当减小一些。

4. 透空层

高楼在风力作用下，迎风面产生正压力，背风面产生负压力，使高楼受到很大的水平荷载。如果利用高楼的设备层(图 6-16)或者结合大楼“中庭”采光的需要，在高楼中部局部开洞或形成透空层，那么，在迎风面堆积的气流，就可以从洞口或透空层排出，减小了压力差，也就减小了因风速变化而引起的高楼振动加速度。

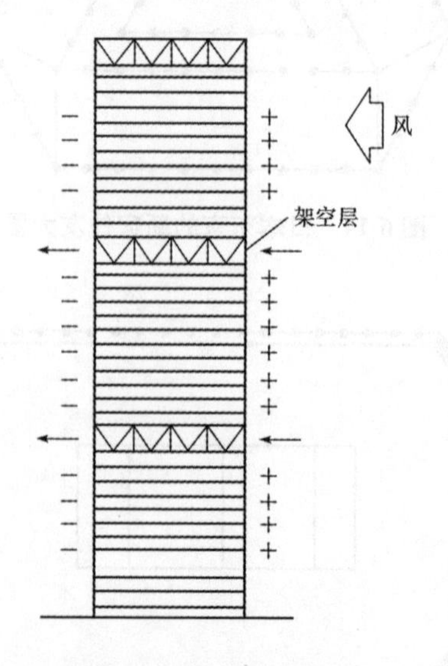

图 6-16 减少风振的透空层

5. 并联高楼群

目前建造的高楼，都是一座座独立的悬臂式结构。如果在某一新开发区，将拟建的多幢高楼在顶部采用大跨度立体桁架(用作高架楼房)连为一体，在结构上形成多跨刚架(图 6-17)，就可以大大减小高楼顶部的侧移，也就大大减小了高楼顶部的风振加速度。据粗算，若就单跨刚架而论，在水平力作用下，其顶点侧移值仅为独立悬臂结构的 1/4 左右。

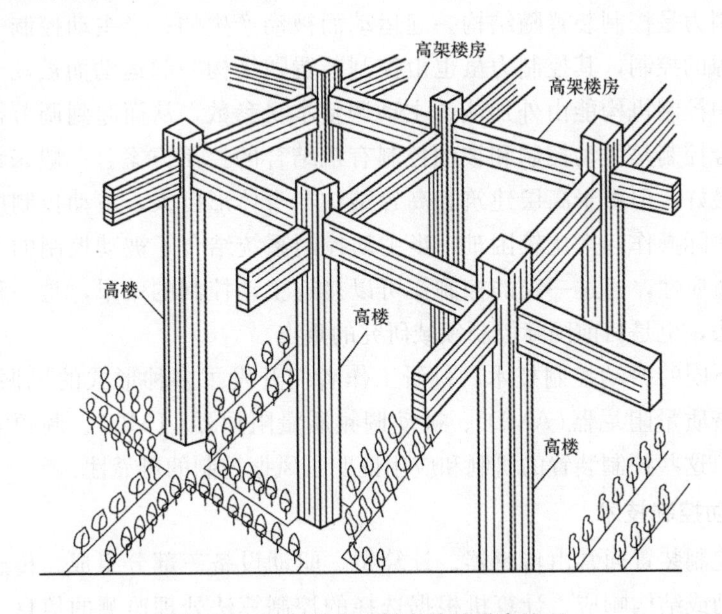

图 6-17　设想的空中城市的并联高楼群

“并联高楼群”方案在城市规划方面也是可取的，这种建筑方式构成了“空中城市”，使部分建筑由地面移向高空，增大了城市空间和绿化面积，城市交通也得到了分流，减少了地面交通量。

(二)足够的控制装置

由于科技的进步，高层建筑和高耸结构正向着日益增高和高强轻质的方向发展。结构的刚度和阻尼不断下降，结构在风荷载作用下的摆动也在加大。这样，就会直接影响高层建筑和高耸结构的正常使用，使得结构刚度和舒适度的要求越来越难满足，甚至有时威胁到建筑物的安全。

传统的结构抗风对策是通过增强结构自身刚度和抗侧移能力来抵抗风荷载作用的，这是一种消极、不经济的做法。30 多年来，发展起来的结构振动控制技术开辟了结构抗风设计的新途径。结构振动控制技术是在结构上附设控制构件和控制装置，在结构振动时通过被动或主动地施加控制力来减小或抑制结构的动力反应，以满足结构的安全性、使用性和舒适度的要求。结构振动控制是传统抗风对策的突破与发展，是结构抗风的新方法和新途径。

自从20世纪70年代初提出工程结构控制概念以来，结构振动控制理论、方法及其实践越来越受到重视。从控制方式上结构振动控制可分为主动控制、被动控制、半主动控制和混合控制。其中，主动控制是有外加能源的控制，其控制力是控制装置按最优控制规律，由外加能源主动施加的；被动控制无须外部能源的输入，其控制力是控制装置随结构一起运动而被动产生的；半主动控制一般为有少量外加能源的控制，其控制力虽也由控制装置随结构一起运动而被动产生，但在控制过程中控制机构能由外加能源主动调整本身参数，从而起到调节控制力的作用；而混合控制是主动控制和被动控制有机结合的控制方案。一般来说，主动控制的效果最好，但由于高层建筑和高耸结构本身体形巨大，主动控制所需外加能源很大，实际操作起来比较困难。半主动控制系统结合了被动控制的可靠性和主动控制的适应性，通过一定的控制律可以接近主动控制的效果，是一种极具前途的控制方法，也是目前国际控制领域研究的重点。

针对不同的振动控制技术，科研工作者们开发了多种形式的风振控制装置，如主动调谐质量阻尼器(AMD)、被动调频质量阻尼器(TMD)、调频液体阻尼器(TLD)等，这些控制装置的研制和应用证明了风振控制的可靠性。

1. 主动控制技术

主动控制装置通常由传感器、计算机、驱动设备三部分组成。传感器用来监测外部激励或结构响应；计算机根据选择的控制算法处理监测的信息及计算所需的控制力；驱动设备根据计算机的指令产生需要的控制力。土木工程结构相比机械结构重且大，不能直接运用经典的最佳控制方法，对于控制方式尤其是控制装置而言，现应用于土木工程结构中的主动控制系统有以下几项：

(1)主动调谐质量阻尼器。其是将调谐质量阻尼器与电液伺服机构连接，构成一个有电源质量阻尼器，因质量运动所产生的主动控制力和惯性力都能有效地减小结构的振动反应。

(2)主动拉索控制装置。其是利用拉索分别连接伺服机构和结构的适当位置，伺服机构产生的控制力由拉索实施于结构上以减小结构的振动反应。

(3)主动挡风板。在建筑物的适当位置安装主动挡风板可以减少在暴风荷载作用下结构的振动。

在实际工程结构中，世界上第一个安装AMD的建筑位于日本东京，这是一个11层的钢框架结构，整个尺寸长12 m，宽4 m，高33 m，在顶部安装了AMD系统以减小它的振动幅值，利用两个AMD系统来控制结构的响应。建成后，进行了强迫振动试验和实际观测，获得了在地震及强台风作用时的实测数据。试验、地震响应数值分析及风振观测均表明控制效果很好。

1998 年，我国兴建的南京电视塔(图 6-18)高 340 m，在设计风荷载的作用下，不能满足舒适度的要求，通过安装 AMD 装置使得观光平台的加速度反应得到控制。实际结果表明，AMD 装置有效地减小了电视塔的风振反应，基本上满足了观光游客对舒适度的要求。

图 6-18　南京电视塔

对于土木工程结构来说，主动控制还处于开始试用阶段，特别是其经济因素和可靠性有待于接受更多的实践检验。但随着科技的进步、试验手段的更新，尤其是研究人员的广泛增加，相信能不断挖掘其优势，克服其不足，使主动控制在结构工程中的应用得到进一步发展。

2. 被动控制技术

主动控制效果较好，但需要从外部输入能量，像高耸结构这样的庞然大物用能量控制是十分不易的，加上主动控制装置十分复杂，需要经常维护，经济上增添了额外的负担。同时，计算方法和控制机构的灵敏度所带来的“时迟”效应，使它不可能与状态向量同步实现，必然要滞后于结构反应，即存在“时迟”的影响，尽管采取了“校正”的办法，也未能很好地解决这个问题。另外，控制机构的可靠性还存在一些问题，往往使控制效果降低。相比之下，无论从经济上还是技术上，目前主动控制用于实际工程还存在较大困难(美国、日本等国在个别工程中已将主动控制技术应用于实际工程)，而被动控制装置如 TMD、阻尼器等用于实际工程，经验已趋于成熟。理论研究和实际经验已经相互证实：对不同的结构，如果能选择适当的被动控制装置及其相应的参数取值，往往可以使其控制效果与采用相应的主动控制效果等效。因此，目前采用被动控制作为主要手段是有效而且可行的。

被动控制中具有代表性的装置有阻尼器、被动拉索、被动调频质量阻尼器、调频液体阻尼器等。其中，阻尼器按照耗能方式的不同，主要分为黏弹性阻尼器、黏滞阻尼器、金属阻尼器和摩擦阻尼器四种。

1982 年，西雅图的哥伦比亚西尔斯大厦(图 6-19)中安装了 260 个黏弹性阻尼器以抵抗风振。它们沿着主对角构件布置在建筑物的核心位置，如图 6-20 所示。经计算布置在结构中的黏弹性阻尼器增加了主振型的阻尼比，在频遇暴风时，阻尼比从 0.8%增加到 6.4%，在设计风荷载作用下增加到 3.2%。实测结果表明黏弹性阻尼器能够有效地抑制结构的风振反应。

图 6-19　哥伦比亚西尔斯大厦

美国纽约的世界贸易中心大厦、西蒂柯布中心大楼，波士顿的汉考克大楼、匹兹堡的哥伦比亚中心大厦以及澳大利亚的一些高楼，均采用安装阻尼器的办法来减小高楼的风振加速度。

纽约世界贸易中心大厦，是在与外柱毗连的各层楼盖桁架梁的下弦末端处，安装黏弹性阻尼装置。当高楼在大风下发生振动时，减震器就发挥作用，将振动

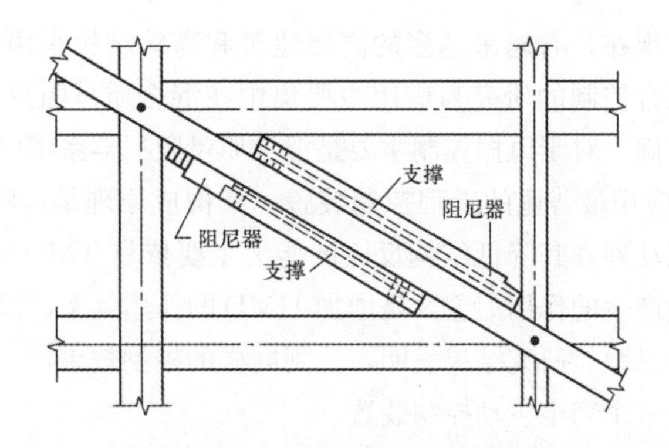

图 6-20　黏弹性阻尼器的布置

能转变为热能，通过外柱扩散于四周，从而减小该高楼的振动加速度。美国纽约高 279 m 的西蒂柯布大楼，在 238 m 高度处安装了一个 4 000 kN 的调频质量阻尼器。波士顿的 60 层汉考克大楼，在第 58 层的东西两端，各安装一台 3 000 kN 的调频质量阻尼器。这两幢高楼都是当大风时振动加速度达到 0.003g（约为 0.03 m/s^2）时，阻尼器自动开启，高楼的振动加速度随之降低 40%～50%。

3. 半主动控制技术

半主动控制第一次提出是在 20 世纪 20 年代，而在土木工程领域的研究始于 20 世纪 80 年代，半主动控制系统结合了主动控制系统与被动控制系统的优点，既具有被动控制的可靠性，又具有主动控制系统的强适应性，通过一定的控制律可以达到主动控制的效果，而且构造简单，所需能量小，不会使结构系统发生不稳定。

半主动控制系统根据结构的响应和(或)外激励的反馈信息实时地调整结构参数，使结构的响应减小到最优态。该系统概括起来可以分为主动变刚度(AVS)控制系统、主动变阻尼(AVD)控制系统和主动变刚度阻尼(AVSD)控制系统三类。

对于一般结构，承载力验算是第一位的，变形验算是第二位的；高楼结构特别是高楼钢结构，因为比较柔，在不少情况下，构件截面首先取决于满足结构侧移限值的需要，承载力的验算往往降为第二位，而且高楼结构还要满足风振时人体容忍度的要求。然而，采用加大构件截面、提高结构抗推刚度的办法来降低结构风振加速度，以满足上述要求，收效甚微，而且经济性也差。实践证明，采用半主动系统的控制装置来减少风振加速度，十分经济有效。

4. 混合控制技术

混合控制就是主动控制和被动控制的结合。由于具备多种控制装置参与作用，混合控制能摆脱一些对主动控制和被动控制的限定，这样就能实现更好的控制效果。尽管混合控制相对于完全主动控制结构更复杂，但是其效果比一个完全主动控制结构更可靠。现在，有越来越多的高层建筑和高耸结构采用混合控制来抑制动力反应。现在混合控制的研究与应用主要集中在混合质量阻尼器系统和混合基础隔振系统两个方面。对于风振控制主要是混合质量阻尼器系统(HMD)。

HMD是现在应用最普遍的工程控制装置，其构成原理是：联合了一个TMD和一个主动控制驱动器，其降低结构反应的能力主要依靠TMD运动时的惯性力，主动控制驱动器所产生的作用力主要是增加HMD的作用效率，以及通过增加强度来改变结构的动力参数。研究结果表明，达到同样的控制效果，一个HMD装置所需要的能量远小于一个完全主动控制装置。

世界上第一个安装混合质量控制系统的建筑是位于日本东京清水公司技术研究所的7层建筑。平时装置保持控制力为零的状态，当强风或地震作用下的响应超过一定水平时，驱动装置自动启动。通过几次强迫振动试验和风振观测表明，控制效果是令人满意的。另外，还可以利用若干个HMD来减小建筑物不同方向的振动。许多研究者为HMD的发展做了很大的贡献，开发了很多更新颖、使用期更长的装置。例如，塔尼达(Tanida)设计出了一种拱形的HMD装置，应用于日本东京的彩虹悬索桥塔(134 m，1994年)，有效地降低了结构的动力反应。这个混合质量阻尼器相对于第一振型的质量比是0.14%，而一个被动TMD要达到相同的控制效果，其相对于第一振型的质量比是1%，很显然，相对于被动控制装置，HMD具有很大的优势。

(三)增加反向变形

高楼在风荷载作用下基本上是按照结构基本振型的形态向一侧弯曲，顶点侧移最大。因而，结构在风的动力作用下产生振动时，顶点的振幅和加速度也是最大的。如果在高楼中设置一些竖向预应力钢丝束，当高楼在风力作用下向一侧弯曲时，传感器启动千斤顶控制器，对布置在高楼弯曲受拉一侧的钢筋束施加拉力，从而产生一个反向力矩 M_2，与风力弯矩 M_1 叠加后，使高楼结构下半部的弯矩值大大减少，并使结构的侧向变形由单弯型变成多弯型(图6-21)。风荷载作用下结构顶点的侧移值减少了，结构顶点的振动幅值和振动加速度也随之减少。

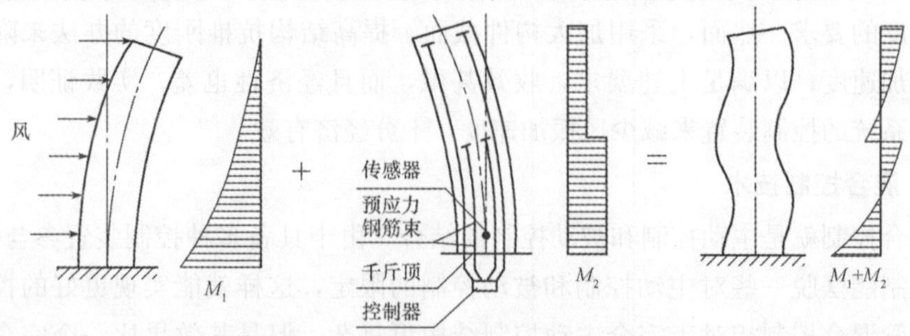

图6-21 竖向预应力的反变性作用

四、高层建筑和高耸结构的抗风设计要求

由于高层建筑和高耸结构的主要特点是高度较高、横截面面积相对较小，因而水平方向刚度较柔，因此，水平荷载的作用所引起的反应就会较大。

(1)为了使高层建筑和高耸结构不会发生破坏、倒塌、结构开裂和残余变形过大等现象，以保证结构的安全，结构的抗风设计必须满足强度要求。也就是说，要在设计风荷载和其他荷载组合作用下，使结构的内力满足强度或承载力设计要求。

(2)为了使高层建筑和高耸结构在风力作用下不会引起隔墙开裂、建筑装饰以及非结构构件的损坏，结构的抗风设计还必须满足刚度设计要求。也就是说，要使设计风荷载作用下的结构顶点水平位移和各层相对位移满足相关规范要求，以保证上述设备正常使用和人的舒适度，并使非结构构件不会因结构位移过大而损坏。根据高层建筑和高耸结构的相关设计规范的要求，对风力作用下高层建筑和高耸结构的顶点位移 Δ 和各层相对位移 δ 的限值规定分别见表 6-5 和表 6-6。

表 6-5　高层建筑结构水平位移限值

位移限值 结构类型	框架		框架-剪力墙	剪力墙	筒体
	实心砖填充墙	空心砖填充墙			
δ/h	1/400	1/500	1/600	1/800	1/700
Δ/H	1/450	1/550	1/800	1/1 000	1/900
注：其中 H 和 h 分别为结构总的高度和结构层高。					

表 6-6　高耸结构的水平位移限值

位移类型	Δ/H	δ/h
位移限值	1/100	1/100

(3)为了使高层建筑和高耸结构在风力作用下不会引起居住者不舒适，结构的抗风设计还必须满足舒适度的设计要求。根据国内外医学、心理学和工程学专家的实验研究结果可知，影响人体舒适度感觉的最主要因素是振动频率、振动加速度和振动持续时间。由于持续时间取决于阵风本身，而结构振动频率的调整又十分困难，因此，一般采用限制结构振动加速度的方法来满足舒适度的设计要求。由于高层建筑和高耸结构的风振反应一般以第一振型为主，且其基本周期一般大于 1 s，因此，根据国内外人体振动的舒适度界线标准建议的结构舒适度的控制界限见表 6-7。

表 6-7　人体振动舒适度控制界限

建筑类型	公寓建筑	公共建筑
界限	0.20 m/s^2	0.28 m/s^2

显然，应根据结构层的不同功能来具体选择舒适度的控制界限。

另外，除了要使结构的抗风设计满足上述的强度、刚度和舒适度的设计要求外，还需要对高层建筑和高耸结构上的外墙、玻璃、女儿墙及其他装饰构件合理设计，以防止风荷载引起此类构件的局部损坏。

第七章　洪灾及城市防洪

第一节　洪灾概述

一、洪灾的破坏作用

洪水过后，多发疾病病因源于宿主和环境两个方面，而环境是人类生存其中各种因素的总和。洪涝灾害作为病因既破坏了环境，同时，又直接损害宿主，使灾民的生命安全和疾病的流行处于危险因素之中。因此，洪涝灾害对人类造成的危害是巨大的，作用也是复杂的、多方面的。其主要表现在以下几个方面。

(一)洪涝灾害导致人群的伤亡

洪涝灾害直接淹没引起死亡或因水灾冲击建筑物的倒塌致死、致伤，同时，灾害引发的饥荒或疾病使灾民饿死或病死，这是洪涝灾害对人群最直接的危害。但不同的灾度及抗灾水平引起的死亡或伤害程度是不同的，特别是社会因素对灾害引起的伤亡有非常重要的影响。在古代中国水灾历史中，每次洪涝灾害都使大批灾民家破人亡。

(二)洪涝灾害导致生态环境的改变，引起疾病的暴发和流行

洪涝灾害淹没了农田、村庄，破坏了人们的生活、生产秩序，改变了人们的生活环境，对传染病的传染源和传播途径产生影响，从而导致传染病的流行。

1. 扩大了疫源地的影响

由于洪水淹没了某些传染病的疫源地，使啮齿类动物及其他病原宿主分散、迁移和扩大，引起某些传染病的流行。钩端螺旋体病因洪水引起疫源地的扩散，多次暴发流行。

出血热是受洪水影响很大的自然疫源性疾病。由于洪水的淹没，啮齿类动物的种群发生变化，野鼠栖息地的改变引起疫源地的变化，多次出现水灾后的出血

热暴发流行。

洪涝灾害对血吸虫的疫源地也有直接的影响，如因防汛抢险、堵口复堤的抗洪民工与疫水接触，常暴发急性血吸虫病。

2. 改变了传播途径

洪涝灾害改变生态环境，扩大了病媒昆虫滋生地，各种病媒昆虫密度增大，常导致某些传染病的流行。疟疾是常见的灾后疾病。

洪涝灾害淹没粪池、畜厩，污染水源和食物，并因灾使苍蝇大量滋生，给肠道传染病流行提供了条件。水灾之后引起霍乱、伤寒和痢疾的暴发流行曾在我国流行病学历史上留下苦痛的记录。当今世界，一些发展中国家每遭水灾也常有肠道疾病的暴发流行。由于洪水毁坏食物资源，灾民饥不择食，也增加了食源性疾病的暴发因素。

(三)人群移动引起疾病

由于洪水淹没或行洪、蓄洪，引起人群移动，一方面，传染源转移到非疫区；另一方面，易感人群进入疫区，这种人群的移迁潜存着疾病的流行因素。例如，流感、麻疹和疟疾都可因为这种移动引起流行。一些多发病如红眼睛、皮肤病等也可因人群密集和接触，增加传播概率。

(四)居住环境恶劣引起发病

洪水毁坏住房，灾民临时居住于简易棚中，灾期白天烈日暴晒，易致中暑，夜间风吹、虫咬，且灾期多暴雨，终日浸泡于雨水之中，易于着凉感冒。特别是对年老体弱者、儿童和慢性病患者增加发病和死亡的危险。

(五)个体免疫力降低、精神心理压抑，增加致病因素

受灾时食物匮乏，营养不良，免疫力降低，使机体对疾病的抵抗力下降，易于传染病的发生。由于受灾后心情焦虑，情绪不安，精神紧张和心理压抑，影响机体的调节功能，易导致疾病的发生。一些慢性非传染性疾病增加发作概率，如肺结核、高血压、冠心病及贫血等都可因此而复发或加重。

二、洪灾的分类及特点

洪灾的形成受气候、下垫面等自然因素与人类活动因素的影响。洪水可分为河流洪水、湖泊洪水和风暴潮洪水等。其中，河流洪水依照成因的不同，又可分为以下几种类型：

(1)暴雨洪水。暴雨洪水是最常见的、威胁最大的洪水。暴雨洪水是由较大强度的降雨形成的，简称雨洪。我国受暴雨洪水威胁的主要地区有73.8万平方千米，

分布在长江、黄河、淮河、海河、珠江、松花江、辽河七大江河下游和东南沿海地区。暴雨洪水的主要特点是峰高量大，持续时间长，灾害波及范围广。

(2)山洪。山洪是山区溪沟中发生的暴涨暴落的洪水。由于山区地面和河床坡降都较陡，降雨后产流和汇流都很快，形成急剧涨落的洪峰。所以，山洪具有突发性强、水量集中、破坏力强等特点，但一般灾害波及范围较小。这种洪水若形成固体径流，则称作泥石流。

(3)融雪洪水。融雪洪水主要发生在高纬度积雪地区或高山积雪地区。

(4)冰凌洪水。冰凌洪水主要发生在黄河、松花江等北方江河上。由于某些河段由低纬度流向高纬度，在气温上升、河流开冻时，低纬度的上游河段先行开冻，而高纬度的下游河段仍封冻，上游河水和冰块堆积在下游河床，形成冰坝，也容易造成灾害。在河流封冻时也有可能产生冰凌洪水。

(5)溃坝洪水。溃坝洪水是指大坝或其他挡水建筑物发生瞬时溃决，水体突然涌出，给下游地区造成灾害。溃坝洪水虽然范围不太大，但破坏力很大。另外，在山区河流上，在发生地震时，有时山体崩滑，阻塞河流，形成堰塞湖。一旦堰塞湖溃决，也会形成类似的洪水。这种堰塞湖溃决形成的地震次生水灾的损失，往往比地震本身所造成的损失还要大。

我国幅员辽阔，除沙漠、戈壁和极端干旱区及高寒山区外，大约2/3的国土面积存在不同类型和不同危害程度的洪水灾害。如果沿着400 mm降雨等值线从东北向西南画一条斜线，可将国土分为东西两部分，则东部地区是我国防洪的重点地区。

三、洪灾形成的影响因素

洪涝灾害的频繁发生有多方面的原因。影响地球气候的因子有太阳辐射、大气、海洋、水循环、雪山、冰山、陆地表面、人类活动等。洪涝灾害具有双重性，既有自然属性，又有社会属性，它的形成必须具备两方面的条件：第一，自然条件，洪水是形成洪涝灾害的直接原因，只有当洪水自然变异强度达到一定标准，才可能出现灾害，主要影响因素有地理位置、气候条件和地形地势；第二，社会经济条件，只有当洪水发生在有人类活动的地方才能成灾。受洪水威胁最大的地区往往是中下游地区，而中下游地区因其水资源丰富，土地平坦又常常是经济发达地区，洪水造成的危害和损失更大。

下面从两方面来分析洪涝灾害产生的原因。

(一)自然因素

自然因素包括太阳辐射、大气、海洋、水循环、雪山、冰山、陆地表面等。

1. 太阳辐射

太阳辐射是地球上一切生命赖以生存的基础，也是地球上一切物质运动的能量来源，太阳辐射的年内和年际变化是引起我国洪涝灾害的主要自然因素之一。

2. 大气

太阳辐射量在高低纬度间分布高度不均是引起大气运动的根本原因。太阳辐射的年内和年际变化异常引起大气运动的异常，由此引起不同地区的降雨异常，容易引发洪涝灾害。

3. 海洋

海洋是地球温度的“调节器”。海洋的地理分布对降水量影响较大。一般情况下，沿海地区降水量大，这些地区一般属于湿润地区，在大洋上形成的热带气旋，携带大量雨水，登陆陆地以后，常引起暴雨洪水、溃堤洪水和风暴潮等，洪涝灾害危害较大。

4. 水循环

海水的水循环调节全球气温，全球性的海水循环可分为暖流和寒流。当暖流和寒流流动异常，就会导致厄尔尼诺现象，例如，近年来由于秘鲁沿海的水循环异常而引起的厄尔尼诺现象，导致全球部分地区洪涝灾害损失惨重，有的地区则严重干旱少雨，旱涝分布面积广大，严重威胁人们的生产生活和社会稳定，我国也深受其害。

5. 雪山、冰山

我国气候类型多样，冬季受西伯利亚高压控制，气候严寒，江河结冰，山区则出现雪山、冰山等。到春暖花开之际，江河解冻，雪山、冰山融雪量大，常形成春汛，易引发冰凌洪水、融雪洪水。

6. 陆地表面

陆地表面也是影响洪涝的一个重要因素，在植被茂密的地区，泄洪行洪的能力较强；反之，在土地裸露、植被稀少、河道狭窄、地形地势高低崎岖的情况下，一旦遇到暴雨和大量冰雪融水容易引起洪涝灾害。

(二)社会因素和人类活动的影响

1. 社会因素

社会因素主要包括堤坝的建设与管理、防洪等以及法律、法规的颁布与实施。20 世纪 80 年代以来，洪涝灾害对我国绝大部分地区危害加重，其主要原因之一就是我国现有的防洪工程大都兴建于 20 世纪五六十年代，不少工程年久失修、带病运行和超期服役，防洪能力降低。我国部分地区水利基础薄弱，更新改造任务繁重，水文信息等基础工作薄弱，对于事关全局的重大研究不够，防洪标准有待于进一步提高。

2. 人类活动的影响

时至今日，人类活动的影响越来越大，虽然影响我国洪涝的因素是综合性的，但人类对此有不可推卸的责任。

20世纪以来，人类文明不断发展，自然灾害却不断增多，这不能不说是对“人类文明”的一种讽刺，也可以说是大自然对人类生态观念淡薄的一种惩罚。

(1)人类进入工业革命时代以来，对自然的作用和影响越来越大。人类大面积的毁林开荒，自然生态环境也越来越脆弱。人类不合理的活动和开发建设，使水土流失加剧，土地质量恶化和水体污染情况尤为严重。全国以水蚀为主的水土流失面积达179万平方千米，占国土面积的18.6%。其中，黄河和长江中下游地区水土流失最为严重。水土流失不仅使我国每年损失耕地10万亩[①]以上，而且加剧了河湖泥沙淤积，河床抬高，增加了洪涝的危害系数。

20世纪80年代以来，我国人口持续快速增长，经济发展迅速，但防洪建设落后，一部分人为了眼前利益，不顾长远发展，盲目开发，侵占河滩地，湿地大面积缩减，湖泊面积锐减，调蓄能力大幅下降。另外，在河道上乱建工程，河道变窄，威胁河道行洪，也是一大隐患。

森林砍伐→水土流失→泥沙淤积→河底河床抬高→调蓄洪峰能力衰弱→水泛滥成灾，恶性循环由此开始，人为破坏生态环境，大自然对人类进行了报复，这些深刻的教训使人们清楚地认识到保护环境的重要性。

(2)温室效应的加重，使湿润地区洪涝灾害增多。科学家们将全世界的降水资料汇总、分析后发现：20世纪由于地球温度升高0.5 ℃，许多地区变得异常干旱，而湿润地区则洪涝灾害明显增多。

人类在发展自己的同时，也给地球带来了副产品——“温室气体”。温室气体主要有水蒸气、CO_2、CO、沼气等。温室气体效应60%的原因是CO_2含量的增多。虽然地球升温有可能是其他自然因素作用的结果，但人类对加速地球升温有不可推卸的责任。从18世纪中叶工业革命开始到现在，大气中CO_2的浓度增长了26%，目前大气中CO_2浓度的年增长速度仍为0.5%。近一个世纪以来，地球温度的变化比过去几个世纪都要大，其主要原因是由于工业发展大量使用化学原料，同时，森林、植被被大面积破坏。土地退化是大气中碳含量增多的另一个主要原因。人类肆无忌惮地铲除草坪、过度放牧，使植被被大面积破坏，失去灌草天然保护屏障以后，土壤结构也逐渐被破坏，从而使储藏的碳被大量释放，增加了温室效应。

---

① 1亩=667米^2。

随着地球表面温度的升高，它所容纳的水蒸气量也不断增加，因而增加了地球表面的降水量。与25年前相比，大气中含有更多的水蒸气，但新增加的降水量如何分配呢？几乎所有的专家都确定，新增降水量的分配将会高度不均，一般规律是：易发洪水的湿润地区，洪涝灾害会增加，干旱地区则会更加干旱。

第二节　防洪设计

一、水文分析与防洪设计

(一)概述

水文水利计算是淤地坝工程设计最重要的工作过程之一，计算成果的准确与否直接关系到工程规模、工程投资及工程的正常运行，通过水文水利计算可以确定淤地坝工程的坝高、溢洪道尺寸等工程规模。

1. 水文水利计算的任务和内容

淤地坝工程水文水利计算的任务就是根据已有的水文资料，预估未来工程运行期间可能发生的洪水特征值。洪水的特征值是指洪水的洪峰、洪量、洪水过程线及输沙量等。根据国家有关规范及淤地坝工程特点，淤地坝工程水文水利计算的主要内容包括：

(1)设计、校核标准洪水的洪峰、洪量及过程线。

(2)工程断面多年平均输沙量计算。

设计标准洪水是指按工程规模、国家规范规定的以一定频率出现的洪水。在该洪水条件下，淤地坝工程应能正常运行；校核标准洪水是比设计标准洪水还要大的一定频率的洪水，在该洪水来临时，淤地坝工程主体(如大坝、溢洪道等)不应被破坏，但附属建筑物如工作桥等可以被破坏。设计标准洪水与校核标准洪水的频率根据工程规模、重要程度等按国家相关规范确定。淤地坝大多属于Ⅳ等或Ⅴ等工程，主要建筑物的大坝、溢洪道等工程级别为4级或5级。

2. 水文水利计算应注意的事项

水文水利计算要以实测资料、历史洪水调查资料为基础，以统计、相关、频率分析等为主要手段，以推求洪水、泥沙的特征值为主要目标。在资料的收集、分析、计算时应注意以下问题：

(1)基本资料的收集、整理、采用要慎重，对资料来源、可靠性、代表性、一致性等要重点审查，特别是历史洪水资料不能盲目采用，要调查其可信度。

(2)对于一些流域虽有部分洪水、泥沙资料，但资料系列较短，代表性差，应通过相关展延等手段延长资料系列，增强资料的代表性。

(3)对洪水、泥沙特征值，一般宜采用多种方法计算，经分析、论证后，根据具体情况选用。

(4)当流域特征、下垫面条件等影响计算的一些重要因素无法准确确定时，计算参数宜选择对工程运行偏于安全(对工程不利)的参数。

(二)水文调查

淤地坝工程多修建在小的河沟、河槽内，一般在附近没有水文站，甚至没有雨量站，因此，水文水利计算所需的资料就要通过水文调查等手段取得。淤地坝工程设计前，水文水利计算收集的资料主要包括两类：一是拟建工程控制断面以上流域的地形特征参数，如流域面积、流域长度、流域平均宽度、流域纵坡、植被条件、流域地貌、地质等；二是通过各种途径收集暴雨、洪水、泥沙等资料。

1. 流域的主要特征

(1)流域面积。流域面积(也称集水面积)是指河流某断面以上的集水面积，即凡降落在该集水面积上的降雨形成的地表径流，一定通过该断面流出。当不指明断面时，流域面积就是该河流总的流域面积。流域的周边称为分水线，每个流域的分水线通常由流域四周的山脊线(分水岭)和工程控制断面围成。在不致引起混淆时，有时对河流流域面积和工程控制流域面积不加区分，通称流域面积(或集水面积)。

(2)流域长度和平均宽度。流域的长度就是流域的轴长，即以流域出口断面为中心，作一系列的同心圆，交于流域分水线并将交点相连作割线，一直到流域最远分水线并与最远分水线相切，各割线中点连线(最远点连到切点)的长度就是流域长度。流域面积与流域长度的比值称为流域的平均宽度。

(3)流域纵坡。流域纵坡是指流域最远点分水岭到流域出口断面的平均坡度。不可与河流的纵坡混淆，河流纵坡是指河道纵坡，即从河源到流域出口的河道平均坡度。

以上流域特征参数是水文水利计算的关键参数，必须保证有足够的精度。这些特征参数通常采用实地测量地形图的方法，在地形图上勾画出分水线，然后用求积仪或数方格的办法量出流域面积。流域长度用上述方法在图中量出，流域平均宽度按定义算出。当没有实测地形图时，可根据 1/10 000 比例的地形图在图中量测，极个别流域没有 1/10 000 地形图时可以采用 1/50 000 地形图量测，但后者量测的精度比较低。在图中量测流域特征参数时，要特别注意地形图的比例，以免比例换算错误导致结果错误。随着全球定位系统(GPS)的普及和应用，利用全球定位仪进行流域特征值测量，速度快、效果好、效率高。

2. 水文资料的收集

资料的收集除上述流域特征参数的收集外，另一重点是水文数据、参数的收集。水文资料的收集途径主要有：附近水文站、雨量站的实测系列资料；通过实地调查得到的洪水、泥沙资料；通过省级或各地市水文手册、暴雨洪水计算图集等查用相关数值与参数；邻近流域水文站、雨量站的资料；邻近或相似流域洪水、泥沙资料或计算成果。

收集资料的项目主要有不同时段暴雨、洪水的洪峰、洪量、蒸发强度、输沙量或流域泥沙侵蚀模数、已建工程淤积量调查等。

(三)设计洪水洪峰流量计算

流域上洪水的形成过程概括起来包括两个阶段，第一阶段称为产流阶段；第二阶段称为汇流阶段。当暴雨降落到地面后，一部分降雨渗入土壤，补充土壤水分，当地表土壤水分饱和以后，再降落的雨量满足土壤的稳定入渗后，其余部分形成地表径流，这些径流一部分可能填充流域坡面上的洼地，最后剩下的雨量才是形成洪水的雨量，水文上也称为净雨。形成净雨的过程称为流域的产流过程。当流域坡面产生净雨后，这些净雨就会沿着坡面向附近小的沟道方向流动，流入各小沟道的水流汇集以后向流域出口断面处流动，在流域出口断面处形成洪水，这一过程称为流域的汇流过程。稳定渗入地下的降雨或消耗于以后的蒸发，或形成地下径流。反映洪水特征可以用洪水三要素——洪峰、洪量和历时来描述。

小流域面积上设计洪水洪峰流量计算方法主要有三种：一是推理公式法；二是地区经验公式法；三是水文比拟法。设计洪峰流量计算应从实际出发，深入调查，注重基本资料的可靠性；当有满足设计要求的实测洪水资料时，可以通过对实测资料的频率分析，直接求取设计洪水的洪峰、洪量等；当无实测资料或虽然有实测资料，但资料系列短，代表性、可靠性不高，无法直接使用这些资料，这时应根据资料条件及工程设计要求，采用多种方法计算设计洪水洪峰流量，经论证后选用；当洪水资料缺乏时，也可利用同类地区或工程附近地区的水文站实测资料，或调查洪水，通过综合分析来计算设计洪水洪峰流量；计算时应根据当地或类似地区试验数值确定梯田、林草地对洪水的影响；小型的淤地坝、塘坝、谷坊等沟道工程对设计洪水的影响一般可不予考虑。

如果流域上的暴雨资料、流域几何参数如流域长度、平均宽度、流域纵坡、流域汇流参数等容易取得，一般推荐采用推理公式法；如果不具备上述详细资料，并且有适合当地的水文手册、暴雨洪水计算手册等，可以考虑采用地区经验公式法；如果仅知道流域面积等基本参数，但邻近流域或相似流域有资料或洪水计算成果，则可以考虑采用水文比拟法。

无论采用何种方法，首先需要进行暴雨的分析计算，然后利用暴雨计算成果计算洪峰流量。通常认为，暴雨和洪水具有同频率特性，即如果一场暴雨经分析计算其频率为 2%，那么它所产生的洪峰流量的频率也是 2%。

1. 推理公式法

推理公式又称合理化公式，公式是从线性汇流理论出发，即假定暴雨在流域上的产流强度在时间上、空间上分布是均匀的，流域上平均产流强度与一定面积的乘积即为流域出口断面的流量，其最大值就是洪峰流量。洪峰流量计算公式如下：

$$Q_p=0.278\psi\frac{S_p}{\tau^n} \tag{7-1}$$

$$\tau=0.278\frac{L}{v} \tag{7-2}$$

式中　0.278——单位换算常数；

Q_p——频率为 p 的洪峰流量(m^3/s)；

ψ——洪峰径流系数，反映流域内降雨损失大小的一个参数，其意义是暴雨转变成洪水，需进行折减，它的大小与地形、地貌、植被、水土保持情况等下垫面因素有关，其大小通常为 0.9～0.95。下垫面条件越差，一般选值越大；

S_p——频率为 p 的 1 h 暴雨，也称雨力(mm/h)，如果有 1 h 暴雨的长系列资料，可以通过对其进行频率分析，求得不同频率的雨力值，如果没有长系列资料，可以查阅省、地市水文手册，按各水文手册中提供的参数、公式进行计算得出；

τ——流域汇流时间(h)；

L——流域长度，也称流程，即沿主沟道从流域出口断面至分水岭的最长距离(km)；

v——流域平均汇流速度，需要通过试算确定，一般可以取经验值 1.0～2.0 m/s，流域地形平缓时取小值，反之取大值；

n——暴雨递减指数，随地区不同而变化，可以从省或当地水文手册查用；

2. 地区经验公式法

地区经验公式是根据该地区河道上已有的水文站、雨量站等实测的暴雨、洪水、流域特征、流域下垫面等资料，经分析、计算总结出来的一套适合在本地区使用的洪峰流量计算的公式和参数。由于地区差异，这些公式及参数不经过严格论证，不能推广或移用到其他地区。

地区经验公式法的思路是先进行不同频率的暴雨分析，然后在地形图上或实地量测流域的几何特征参数，如流域面积、流域长度、河道纵坡等，然后利用公式进行设计洪峰流量的计算。

一般的洪峰流量计算公式可分为单因素公式和多因素公式。单因素计算公式的一般形式如下：

$$Q_p = C_p F^n \tag{7-3}$$

式中 F——流域面积，也称集水面积(km^2)。

所谓单因素公式，是认为洪峰流量主要与流域面积有关，式中的 C_p 是随地区和频率而变化的综合系数，n 是经验系数。由于该公式仅考虑流域面积一个因素，无法考虑地区暴雨、河道特征等的影响，该公式有一定的局限性，故现在一般不常用。目前多采用多因素公式，常用的公式形式如下：

$$Q_p = C_1 H_{24.p} F^{\frac{2}{3}} \tag{7-4}$$

$$Q_p = C_1 H_{24.p} f^{0.35} \eta F^{\frac{2}{3}} \tag{7-5}$$

式(7-4)考虑了工程控制流域面积、不同频率暴雨对洪峰流量的影响，式(7-5)除考虑工程控制流域面积、暴雨外，还考虑了流域形状系数 f 和流域上产流分布影响面积折减系数 η，考虑因素较全面，是目前常用公式。还有一些形式的公式考虑因素更多，但工程实际及理论研究均表明，并非考虑因素越多，公式计算结果就越准确、可靠。

式(7-5)中的 f 为流域形状系数，$f=\frac{F}{L}$，其中 F 为工程控制流域面积，以 km^2 计；L 为流域长度，以 km 计；η 为面积折减系数，含义是流域面积越大，暴雨在流域上分布大小差异就越大，面积越大，折减系数值应越小，该系数可按当地水文手册提供的曲线、公式等求得。需要注意的是，流域面积太小将导致计算结果误差较大，因此，要注意地区经验公式的使用范围和条件。

(四)设计洪水总量计算

设计洪水总量是指一场洪水从开始到结束，流过工程控制断面的洪水总量，它是决定淤地坝工程防洪库容大小的重要依据。与上节洪峰流量计算相应，设计洪水总量计算也可以分为推理公式法和地区经验公式法。

(1)推理公式法计算洪水总量：

$$W_p = \frac{1}{10} \alpha H_p F \tag{7-6}$$

式中 W_p——设计洪水总量($10^4\ m^3$)；

α——洪水总量径流系数，可采用当地经验值；

H_p——频率为 p 的流域中心点 24 h 雨量(mm)，可以通过水文手册等查取；

1/10——单位换算系数；

F——工程控制流域面积(km^2)。

(2)如果采用地区经验公式，设计洪水总量按式(7-7)计算：

$$W_p = AF^m \tag{7-7}$$

式中　A，m——洪水总量地理参数及指标，可由当地水文手册查用。

二、防洪减灾工程措施

当前我国防洪减灾的主要工程措施包括修筑堤防、整治河道，以便将洪水约束在河槽里并顺利向下游输送；修建水库控制上游洪水来量，调蓄洪水，削减洪峰；在重点保护地区附近修建分洪区(或滞洪、蓄洪区)，使超过水库、堤防防御能力的洪水有计划地向分滞洪区内分减，以保护下游地区的安全。另外，为掌握洪水信息，准确及时的洪水预报也是保证防洪安全的重要手段。

1. 洪水预报

防汛斗争和作战一样，“知己知彼，百战不殆”。及时报告已出现的水文现象和预报未来可能的水文发展情况，对于防汛决策部门做好防汛准备工作至关重要。水文预报工作就是防汛的耳目，特别是在遇到超标准洪水时，根据洪水预报就可以有计划地进行水库调度，启用分蓄洪工程，组织防汛抢险队伍等，使洪涝灾害减至最低限度。

根据观测，从降雨开始到洪峰出现一般只需几小时到十几小时，洪水形成过程的预报对于防汛准备是不够的。因此，在形成洪水之前加强对暴雨的预报，将显著提高预报水平。暴雨监测是暴雨洪水预报的基础。

2. 堤防与河道整治

中国现有 20 万 km 的堤防，绝大部分是土质堤防，主要分布在江河中下游及沿海地区。其中，大江大河的干流、主要支流、海堤等堤防大约有 5.6 万 km，这些堤防是我国精华地带防洪安全的屏障，是全国防洪的重点工程。黄河下游堤防、长江中游荆江大堤、淮河北大堤、洪泽湖大堤、里运河大堤、珠江的北江大堤以及钱塘江海塘等全国著名的堤防工程，都是经过数百年或数千年形成的，工程规模宏大，对今后防洪具有重要的意义。利用堤防约束河水泛滥是防洪的基本手段之一，是一项现实的、长期的防洪措施。时至今日，防洪仍然离不开堤防。

目前，我国堤防的规划设计在理论和实践方面都有所提高，但主要还停留在按照经验行事的阶段。随着人口的增加和经济的发展，堤防越修越长、越修越高。许多过去没有堤防的中小支流，也随着土地开发利用的提高、河床淤积、行洪能力下降而新修了堤防。特别是山地丘陵区的河流，往往为了保护很小的面积，修建很长、很高的堤防。这种趋势应从技术经济的合理性和可能产生的长期后果，进行综合性分析研究，不宜轻率修建。城市防洪堤是一个特殊的问题，应当结合城市规划，使城市防洪堤与城市公用设施(如道路、公园、停车场等)相结合，扩大堤防断面和堤内外的护堤带，发挥堤防的综合作用。

3. 水库工程

中国洪水灾害集中的江河中下游平原地区，洪水来量大，河道泄洪能力低，故蓄泄兼筹是防洪的基本方针。我国大多数河流的洪水是由一次或几次集中暴雨形成的，洪水涨落快，洪峰流量集中。利用水库调节洪水十分有效，许多河流上的山地丘陵区与平原区交接河段的控制性水库，对下游平原区的防洪经常起决定性作用。大江大河控制性水库枢纽工程对防洪是非常必要的。例如，黄河三门峡水库控制了黄河上中游的绝大部分流域面积，基本控制了上中游为主要来源的洪水对下游的威胁；汉江丹江口水库，控制了汉江流域面积的60%，基本控制了汉江中下游平原的洪水灾害。这些控制性水库工程，不仅本身起到显著调节洪水的作用，而且对一条河流整个防洪工程体系调度运用的可靠性和灵活性起到了保障作用，为防汛抢险创造了有利条件。

4. 分滞洪区建设

防治洪水的历史经验说明，由于我国江河洪水峰高量大，变化幅度也比较大，要做到有效地减轻洪水灾害，取得合理性和经济性最优的防洪效果，一般不可能通过采取单一的防洪工程设施实现，特别是在处理较大洪水时更是如此。成功的做法是采取综合措施，形成科学的防洪体系。也就是说每条江河要有一定标准的防洪工程控制洪水，同时，对于超过工程能力的较大洪水，也要有妥善的分洪滞洪方案。按牺牲局部，保全大局的原则，做到最大限度地减轻灾害。为了解决平原地区河道洪水来量与泄洪能力的矛盾，在遭遇超过河道堤防安全泄量的超标准洪水时，分洪道和分蓄洪区仍旧是必须采取的措施。

目前，分滞洪区运用对于削减洪峰，保护下游重要地区安全仍然具有显著的作用。据黄河、长江、淮河和海河流域资料统计，中下游平原区85处分滞洪区容量约为1 038亿 m^3。这几个流域内在防洪中起着重要作用的大型水库总库容为1 554亿 m^3，若以调洪库容占总库容1/3考虑，则蓄洪区容量远远大于水库的防洪库容。不过蓄滞洪区控制性差，调节能力低，两者的作用不尽相同，按防洪设计蓄洪区承担河道分洪流量一般占20%～40%。

当前全国主要江河河道行洪能力，大部分只防御常遇洪水(小于20年一遇的洪水)，继续修建水库调蓄控制洪水，或继续加高堤防，整治河道扩大泄洪能力，都是十分困难或作用有限的。因此，分洪道、分蓄洪区是必不可少的需要长期使用的防洪措施，特别是平原地区的大、中城市，在特大洪水时主要依靠上游或邻近地区临时分蓄洪，才能保证安全。根据上述特点，分洪道、分蓄洪区都具有双重作用，既是防洪设施，又是生产基地，每次使用都要付出极大的代价，遭受巨大的经济损失并产生一系列的社会问题，实际使用时常遭到居民和地方政府的强烈反对，不能按规划要求及时运用。正确妥善地解决防洪与生产的矛盾是分蓄洪区需要长期解决的主要问题。

5. 防汛抢险

在洪水期间，为了确保河道行洪安全，防止洪水泛滥成灾，采取紧急工程措施防止洪水出槽破堤，称为防汛抢险。我国防洪任务普遍而繁重，防洪战线长，汛期长，防洪工程措施标准低，非工程措施不够完善，防汛工作具有特殊的重要性。

我国大江大河的堤防是在长期的历史过程中逐步形成的，修筑质量差别很大，自然、人为和动物的破坏很难避免，因此，在汛期高水位下，往往容易在薄弱地段或隐患处出险。堤防险情的主要形式有以下几种：

(1)堤基、堤身渗水或漏水。

(2)管涌和流土可能引起堤身或坝身坍堤、决口等重大险情。

(3)漏洞。汛期洪水到来，堤内或坝内水位很高，堤或坝的背水坡或坡脚附近出现流水孔洞。

(4)滑坡。堤或坝的边坡由于设计施工不良、管理运用不当(如水位骤降)等原因引起的边坡失稳下滑。

(5)塌坑。塌坑有的称为陷坑或跌窝。其主要是堤基、堤身、坝基坝身内有灌、狐、鼠、蚁等动物洞穴，或有人为的洞穴，如坟墓、地窖、防空洞、树坑等，遇大水浸泡或长期雨淋，隐患附近土体湿软塌落而成的。我国已有几千年的抗洪斗争史，积累了一些防洪抢险的经验，例如，抢筑子埝防止洪水漫顶，用铁锅、棉被堵漏洞，做养水盆防止漏洞扩大，堤前植柳树防风浪等。

在防汛组织方面，1949 年以后，中央政府先后成立了“中央防汛总指挥部”“国家防汛指挥部”，各省、地、市、县成立了各级防汛指挥部。各级防汛指挥部都由各级主要行政首长任指挥，水利部门的领导任副指挥。各地驻军领导，各级财政、物资、交通、邮电、能源等部门指定专人参加指挥部工作。各级水利部门内设立防汛办公室负责日常工作。大江大河流域机构设立专门防汛部门，为统一防汛调度制订具体方案。

三、防洪工程措施的类别

我国治河防洪所采取的工程措施大体划分为泄洪工程、蓄洪工程和分洪工程三大类别。

1. 泄洪工程

泄洪工程主要指行洪河道、沿河堤防、拦河闸和穿堤涵闸，是防洪工程系统中的基础和骨干。行洪河道是宣泄洪水的通道。

2. 蓄洪工程

蓄洪工程主要指水库。水库是利用合适地形拦河筑坝，使河谷形成人工水域用以拦蓄、控制天然径流，改变其原有时空分布状况的工程。水库是控制性的防洪工程，防洪作用十分显著。水库因所处地点不同，可分为山谷水库和平原水库，其主要由拦河坝、溢洪道和输水洞等部分组成。

3. 分洪工程

分洪工程是在洪水有可能超过河道安全水位、流量时，为保护河道堤防的安全而分担超额洪水的工程设施。我国许多河流现有防洪能力不够，防洪标准不高，为了防御较大洪水，大多建有分洪工程。分洪工程因分出洪水的归宿不同，大体上有以下几种类型：

(1)直接分洪入海的称为入海减河。

(2)分洪入邻近河道或经调蓄即回归原河道的称为分洪道。

(3)分洪入邻近湖泊洼淀，停蓄一段时间后仍回归原河道。

(4)分洪入蓄洪垦殖区。

习惯上把后两类容纳洪水的地方统称为蓄滞洪区。

四、防洪工程措施的作用

(1)挡。挡主要是运用工程措施挡住洪水对保护对象的侵袭。

(2)泄。泄主要是增加河道泄洪能力，如修筑堤防、开辟分洪道、整治河道，这些措施对防御常遇洪水较为经济，容易实行，因此得到广泛的采用。

(3)蓄。蓄主要是拦蓄(滞)调节洪水，削减洪峰，为下游减少防洪负担，如修水库、分洪区(包括改造利用湖、淀工程)等。一条河流或一个地区的防洪任务，通常由多种工程措施相结合，构成防洪工程体系来承担，对洪水进行综合治理，达到预期的防洪目标。

五、水工建筑物的分类和特点及失事原因

(一)水工建筑物的分类和特点

1. 水工建筑物的分类

水工建筑物一般按其作用、用途和使用时期等来进行分类。

(1)水工建筑物按其作用可分为挡水建筑物、泄水建筑物、输水建筑物、取

(进)水建筑物、整治建筑物以及专门为灌溉、发电、过坝需要而兴建的建筑物。

①挡水建筑物。挡水建筑物是用来拦截江河，形成水库或雍高水位的建筑物，如各种坝和水闸以及沿江河海岸修建的堤防、海塘等。

②泄水建筑物。泄水建筑物是用于宣泄多余洪水量、排放泥沙和冰凌，以及为了人防、检修而放空水库、渠道等，以保证大坝和其他建筑物安全的建筑物，如各种溢流坝、坝身泄水孔、岸边溢洪道和泄水隧洞等。

③输水建筑物。输水建筑物是为了发电、灌溉和供水的需要，从上游向下游输水用的建筑物，如引水隧洞、渠道、渡槽、倒虹吸等。

④取(进)水建筑物。取(进)水建筑物是输水建筑物的首部建筑物，如引水隧洞的进水口段、灌溉渠道和供水用的进水闸、扬水站等。

⑤整治建筑物。整治建筑物是用以改善河流的水流条件，调整河流水流对河床及河岸的作用以及为防护水库、湖泊中的波浪和水流对岸坡冲刷的建筑物，如丁坝、顺坝、导流堤、护底和护岸等。

⑥专门为灌溉、发电、过坝需要而兴建的建筑物，如专为发电用的引水管道、压力前池、调压室、电站厂房；专为灌溉用的沉沙池、冲沙闸、渠系上的建筑物；专为过坝用的升船机、船闸、鱼道、过木道等。

(2)水工建筑物按其用途可分为一般性水工建筑物和专门性水工建筑物。

①一般性水工建筑物。一般性水工建筑物具有通用性，如挡水坝、水闸等。

②专门性水工建筑物。专门性水工建筑物仅用于某一个水利工程，只实现其特定的用途。专门性水工建筑物又可分为水电站建筑物、水运建筑物、农田水利建筑物、给水排水建筑物、过鱼建筑物等。

(3)水工建筑物按使用时期可分为永久性水工建筑物和临时性水工建筑物。

①永久性水工建筑物。永久性水工建筑物是指工程运行期间长期使用的建筑物，根据其重要性又可分为主要建筑物和次要建筑物。主要水工建筑物是指失事后将造成下游灾害或严重影响工程效益的建筑物，如大坝、水闸、泄洪建筑物、输水建筑物及电站厂房等；次要水工建筑物是指失事后将不致造成下游灾害，或者对工程效益影响不大并易于修复的建筑物，如挡土墙、导流墙、工作桥及护岸等。

②临时性水工建筑物。临时性水工建筑物是指工程施工期间临时使用的建筑物，如围堰、导流明渠等。

2. 水工建筑物的特点

(1)工作条件复杂。水工建筑物的地基有岩基，也有土基，情况往往比较复杂。在岩基中经常会遇到节理、裂隙、断层、破碎带、软弱夹层等地质构造；在土基中，可能会遇到压缩性大的土层，也可能会遇到流动性较大的细沙层。这些地质条件必须认真进行地基处理。水工建筑物的形式，受地形、地质、水文、施工等条件的影响，因此，每个水工建筑物都有其自身的特定条件，都具有一定的个别性。

由于上、下游存在水位差，水工建筑物一般要承受相当大的水压力作用，因此，水工建筑物及其地基必须具有足够的强度、稳定性。高水位的泄水在做好消能防冲工作的同时，还应防止高速水流产生的气蚀、磨损等破坏；另外，渗流不仅增加了建筑物荷载，也可能造成建筑物失事。在多泥沙河流中，水工建筑物将长期受泥沙淤积产生的淤沙压力作用，同时，在泄洪或发电时，还会受到泥沙的磨损作用，严重时将影响建筑物的正常工作甚至影响其寿命。

(2)施工难度大。在河道中修建的水工建筑物，需要首先解决好施工导流和截流工作，施工技术复杂，施工难度大。截流、导流、度汛需要抢时间、争进度，而且往往是在水中施工，施工程度、施工强度和施工组织出现丝毫疏漏，将延误工期，并造成损失。

水工建筑物的工程量一般都比较大，建筑物往往需要开挖一定深度的基坑，还要做一些相当复杂的基础处理。另外，水工建筑物中大体积的混凝土结构，面临必须解决混凝土的施工及大体积混凝土的温度控制措施问题。

水工建筑物往往是水下工程、地下工程多，施工条件差、干扰多、期限长，施工场地狭窄，交通运输困难，施工难度相当大。

(3)环境影响大。水工建筑物，尤其是大型水利枢纽，具有显著的经济效益、社会效益和环境效益，但也会对环境造成负面影响，如蓄水区的土地淹没、移民、水生生态系统的破坏、建筑物上游泥沙淤积、下游河道冲刷、诱发地震等问题，需要进行严格的环境影响评价，并采取有效措施，保护环境。

(4)失事的后果严重。作为蓄水、挡水的水工建筑物，其破坏和失事，往往会造成巨大灾害和损失。

(二)水工建筑物失事的主要原因

水工建筑物失事的主要原因，一般包括设计质量、控制运用、工程维护管理，以及超标准洪水、地震等。但不同的建筑物，由于工程的特点，失事的主要原因不尽相同。

1. 土石坝事故原因

(1)防洪标准低。由于规划、设计时对洪水估计偏低，致使坝顶高程不足或溢洪道设计能力太小，造成坝顶漫水直至溃坝的严重事故。

(2)出现贯穿防渗体的裂缝。由于散粒体结构土体颗粒之间存在孔隙，在荷重的作用下，孔隙将被压缩，而结构本身将产生深陷，往往引起坝体的裂缝，进而造成严重的渗漏和滑坡事故。裂缝按其生成的原因，可以分为四类，即干缩或冻融引起的裂缝；坝体变形引起的裂缝；水力劈裂作用引起的裂缝；地震引起的裂缝。

(3)由于抗剪强度不足出现大滑坡。由于岸坡逐渐产生滑动，出现崩坍，对水工建筑物和水库下游造成严重危害。

(4)护坡出现破坏。干砌块石护坡砌筑质量差；块石粒径偏小，重量不够；在块石下面没有垫层、级配不好以及块石风化等原因，使得护坡破坏。

(5)产生坝身渗漏及绕坝渗漏。坝身渗漏及绕坝渗漏严重时，将使岸坡软化，形成集中渗流通道，甚至引起岸坡塌陷和滑坡。

2. 混凝土坝事故原因

(1)抗滑稳定性不够。当坝基内存在软弱夹层时，坝和地基的抗滑稳定性不够，常常成为一种常见的最危险的病害现象。

(2)表面损坏。由于设计、施工、管理或其他方面的原因，引起不同程度的表层损坏，有蜂窝、麻面、集料架空外露、表层裂缝、钢筋锈蚀以及表层混凝土松软、脱壳和剥落等。

(3)裂缝。当混凝土坝由于温度变化、地基的不均匀沉陷，或由其他原因引起的应力和变形超过了混凝土的强度和抵抗变形的能力时，将产生裂缝。

3. 拱坝的事故原因

(1)温度变化。在运行期周围环境温度的变化，会在坝内引起温度应力。当考虑不周或者在设计组合之外运行，将有可能因拉应力过大而引起开裂事故。

(2)洪水漫顶。如果设计洪水误差过大，泄洪能力过小，造成洪水漫顶。若坝基和坝座岩体的抗冲能力不足，将会造成严重破坏事故。

(3)库内外岸坡岩体崩塌。水库蓄水后，水位的变化和地表水的渗入会引起岩体抗滑能力下降，促使岩层因蠕动而滑崩。

4. 堤防工程的事故原因

(1)漫溢。由于堤防防洪标准较低，或者遇到超标准的特大洪水时，水位陡涨，堤防来不及增厚加高，洪水将漫越堤防顶部。漫溢也可能是由于堤防局部地段塌陷等险情和风暴潮袭击所致。漫溢将会直接导致堤防溃决。

(2)冲决。堤身临近河岸，在汛期可能由于大溜顶冲，随河岸的坍塌而失事，称为冲决。冲决多发生在弯道水流的凹岸一侧，因为此处受水流顶冲和横向弯道环流的作用较强，尤其是凹岸的顶点稍下位置，是最危险的地段，有可能出现冲堤塌岸事故。

(3)溃决。在汛期高水位时，由于堤身隐患而造成堤防产生渗漏、管涌、沉陷、滑坡等险情，当抢险不及时或抢护方法不当时，将可能发生堤防塌陷而形成决口，称为溃决。

(4)凌汛险情。在北方结冰的河流，当开河解冻，冰块下泄过程中，出现冰块聚集堵塞河道的冰坝现象称为凌汛。冰坝雍高上游水位，可造成洪灾；冰坝突然溃决，可能出现垮坝洪水。

六、施工导流工程设计

(一)施工导流的概述

1. 施工导流

施工导流是指在河床中修筑围堰围护基坑，并将河道中各时期的上游来水量按预定的方式导向下游，以创造干地施工的条件。施工导流贯穿于整个工程施工的全过程，是水利水电工程总体设计的重要组成部分，是选定枢纽布置、永久建筑物形式、施工程序和施工总进度的重要因素。

2. 施工导流方案

为了解决好施工导流问题，必须做好施工导流设计。施工导流设计的任务是通过分析研究当地的自然条件、工程特性和其他行业对水资源的需求来选择导流方案，划分导流时段，选定导流标准和导流设计流量，确定导流建筑物的形式、布置、构造和尺寸，拟定导流建筑物的修建、拆除、封堵的施工方法，拟定河道截流、拦洪度汛和基坑排水的技术措施，通过技术经济比较，选择一个最经济合理的导流方案。

水利水电枢纽工程施工中所采用的导流方法，通常不是单一的，而是几种导流方法组合起来配合运用，这种不同导流时段不同导流方法的组合称为导流方案。

3. 施工导流标准

施工导流的标准是根据导流建筑物的保护对象、失事后果、使用年限和工程规模等指标，划分导流建筑物的级别(Ⅲ～Ⅴ级)，再根据导流建筑物的级别和类型，并结合风险度分析，确定相应的洪水标准。洪水标准的确定，还应考虑上游梯级水库的影响和调蓄作用。施工导流标准还包括坝体施工期临时度汛洪水标准和导流泄水建筑物封堵后坝体度汛洪水标准。

4. 导流时段

导流时段就是按照导流的各个施工阶段划分的延续时间。

导流时段的划分，实际上就是解决主体建筑物在整个施工过程中各个时段的水流控制问题，也就是确定工程施工顺序、施工期间不同时段宣泄不同的导流流量的方式，以及与之相适应的导流建筑物的高度和尺寸。因此，导流时段的确定，与河流的水文特征、主体建筑物的布置与形式、导流方案、施工进度有关。

土坝、堆石坝、支墩坝一般不允许过水，因此当施工期较长，而洪水来临前又不能完建时，导流时段就要以全年为标准，其导流设计流量，就应按导流标准选择相应洪水重现期的年最大流量。例如，安排的施工进度能够保证在洪水来临前使坝身起拦洪作用，其导流时段应为洪水来临前的施工时段，导流设计流量则为该时段内按导流标准选择相应洪水重现期的最大流量。

5. 施工导流程序

施工导流首先要修建导流泄水建筑物，然后进行河道截流修筑围堰，此后进行施工过程中的基坑排水。当主体建筑物修建到一定高程后，再对导流泄水建筑物进行封堵。

(二)施工导流的基本方式

施工导流的基本方式可分为分段围堰法导流和全段围堰法导流两种。

1. 分段围堰法导流

分段围堰法导流，也称分期导法，即分期束窄河床修建围堰，保护主体建筑物干地施工。导流分期数和围堰分段数由河床特性、枢纽及导流建筑物布置综合确定。段数分得越多，施工越复杂；期数分得越多，工期拖延越长。在工程实践中，两段两期导流采用得最多。在流量较大的平原河道或河谷较宽的山区河流上修建混凝土坝枢纽时，宜采用分期导流，这种导流方式较易满足通航、过木、排冰等要求。

(1)束窄河床导流，是通束窄后的河床泄流，通常用于分期导流的前期阶段，特别是一期导流。

(2)通过建筑物(永久建筑物或临时建筑物)导流的主要方式包括设置在混凝土坝体中的底孔导流，混凝土坝体上预留制品导流、梳齿孔导流，平原河道上的低水头河床式径流电站可采用厂房导流，这种方式多用于分期导流的后期阶段。

2. 全段围堰法导流

全段围堰法导流是指在河床内与主体工程轴线(如大坝、水闸等)上下游一定的距离，修筑拦河堰体，一次性截断河道，使河道中的水流经河床外修建的临时泄水道或永久泄水建筑物下泄。

(三)围堰施工设计

1. 选择围堰类型的基本要求

选择围堰类型时，必须根据当时当地具体条件，在满足下述基本要求的原则下，通过技术经济比较加以选定：

(1)具有足够的稳定性、防渗性、抗冲性和一定的强度。

(2)就地取材，造价便宜，构造简单，修建、拆除和维护方便。

(3)围堰布置应力求使水流平顺，不发生严重的局部冲刷。

(4)围堰接头和岸坡连接要安全可靠，不致因集中渗漏等破坏作用而引起围堰失事。

(5)在必要时，应设置抵抗冰凌、船筏冲击破坏的设施。

2. 围堰堰顶高程的确定

堰顶高程的确定，取决于导流设计流量及围堰的工作。

(1)下游围堰的堰顶高程由式(7-8)决定：

$$H_d = h_d + h_a + \sigma \tag{7-8}$$

式中 H_d——下游围堰的堰顶高程(m)；

h_d——下游水位高程(m)，可以直接由原河流水位流量关系曲线中找出；

h_a——波浪爬高(m)；

σ——围堰的安全超高(m)，一般对于不过水围堰可按规定选择，对于过水围堰可不予考虑。

(2)上游围堰的堰顶高程由式(7-9)决定：

$$H_u = h_d + Z + h_a + \sigma \tag{7-9}$$

式中 H_u——上游围堰的堰顶高程(m)；

Z——上下游水位差(m)。

纵向围堰堰顶高程要与束窄河段宣泄导流设计流量时的水面曲线相适应。因此，纵向围堰的顶面往往做成阶梯状或倾斜状，其上游部分与上游围堰同高，其下游部分与下游围堰同高。

3. 围堰施工技术

围堰施工主要有堰体的修筑与拆除、围堰的防渗防冲、围堰的接头处理等内容。

(1)土石围堰。

①土石围堰的施工。围堰的施工有水上、水下两部分。水上部分的施工与一般土石坝相同，采用分层填筑，碾压施工，并适用安排防渗墙施工；水下部分的施工，石渣、堆石体的填筑可采用进占法，也可采用各种驳船抛填水下材料。

②土石围堰的接头处理。土石围堰与岸坡的接头，主要是通过扩大接触面和嵌入岸坡的方法，以延长塑性防渗体的接触，防止集中绕渗破坏。土石围堰与混凝土纵向围堰的接头，通常采用刺墙形式插入土石围堰的塑性防渗体中，并将接头的防渗体断面扩大，以保证在任一高程处均能满足绕流渗径长度要求。

③土石围堰的拆除。土石围堰的拆除一般是在运行期的最后一个汛期后，随上游水位的下降，逐层拆除围堰背水坡和水上部分。土石围堰的拆除可用挖掘机开挖、爆破开挖或人工开挖三种方式。

(2)混凝土围堰。

①混凝土围堰多为重力式。狭窄河床的上游围堰，在堰肩地质条件允许的情况下，也可采用拱形结构。混凝土围堰的施工与混凝土坝相似。

②混凝土围堰一般需在低土石围堰保护下干地施工，但也可创造条件在水下浇筑混凝土或预填集料灌浆。

③混凝土围堰的拆除，一般只能用爆破法炸除，但应注意，必须使主体建筑物或其他设施不受爆破危害。

(3)草土围堰。

①草土围堰多用捆草法修建，它是用草做成草捆，由一层草捆、一层土料在水中进占而成。草捆是用草料包土做成直径为 0.5～0.7 m、1.2～1.8 m 的长圆体形。进占前先清理岸边，将每两束草捆用绳扎绑紧，并使草绳留出足够的长度，然后将草捆垂直于岸边并排铺放。第一排草捆沉入水中 1/3～1/2 草捆长，并将草绳固定在岸边，以便与后铺的草捆互相连接，然后在第一层草捆上后退压放第二层草捆，层间搭接可按水深大小搭叠 1/3～1/2 草捆长，如此逐层压放草捆，使其形成一个坡角为 35°～45°的斜坡，直至高出水面 1.0 m 为止。随后在草捆层的斜坡上铺一层厚 0.25～0.3 m 的散草，填补草捆间的空隙，再在散草上铺一层厚 0.25～0.3 m 的土料并用人工踏实，这样就完成了堰体压草、铺散草和铺土作业的一个工作循环，依此循环继续进行，堰体即可向前进占。

②草土围堰的拆除比较容易，一般水上部分用人工拆除，水下部分可在堰体挖一缺口，让其过水冲毁或用爆破法炸除。

(4)钢板桩格形围堰。

①格形围堰的布置首先需确定标准格体尺寸。通常采用同一尺寸的标准格体，格体可以沿直线或曲线布置。格体定线时需要考虑到格体板桩间的固有连锁关系：格体与河岸、格体与已建水工建筑物或其他形式围堰的连接方式。格形围堰格体本身一般不需要采用专门的防渗措施。为减少岩基上格体渗漏或防止格体填料从底部漏失掉，迎水面板桩必须打进基岩内 0.3～0.6 m。一般在迎水侧板桩外面浇 0.5 m 厚水下混凝土或用水泥沙袋封底。基岩渗漏常用灌浆处理。

为降低格体内浸润线高程，格体需要采取排水措施。一般是在背水侧板桩上开3 cm 直径排水孔，垂直间距为 0.5～1 m，水平间距为 1.2～2 m(即在第三根或第五根板桩上开孔)。格体填料的透水性较差时必须采取强制性排水措施，在填料底部设置排水层。

②钢板桩在格形结构中，板桩长度方向的弯曲强度不是主要的，应考虑的是板桩横向锁口抗拉强度。格体通常采用直腹形板桩，也称一字形板桩。

③格体内部填料的一般要求：

a. 填料必须具有较高的抗剪强度，应是不可压缩的。

b. 填料能自流排水，即填料可以依靠水的重力流动通过排水孔来满足排水要求。

c. 耐冲刷。

d. 具有一定的抗滑重度。

④格形围堰的施工工序依次是定位、打设模架支柱、模架就位、安插钢板桩、打设钢板桩、填充料碴、取出模架及其支柱和填充料碴到设计高度等。

a. 圆形格形围堰。圆形格形围堰每个格体为独立稳定单元。施工时每个格体可以单独回填。已建的格体可以作为相邻格体的施工平台，在急流中可以随建随填。

b. 盆形格形围堰。盆形格形围堰可以通过延长隔墙的方式来增加围堰的有效高度，钢板桩用量少，板桩的拼装和插打比较容易，但每个格体不能单独稳定，格体不能单独回填，仅能在平静的水流中施工。

c. 花瓣形格形围堰。花瓣形格形围堰的每个格体也是独立稳定单元。花瓣形格体本身用十字隔墙加固，所需板桩数量较多。

⑤钢板桩格形围堰的拆除，首先要用抓斗或吸石器将填料清除，然后用拔桩机起拔钢板桩。

七、截流

(一)截流的概念与基本方法

截流工程是指在导流泄水建筑物接近完工时，即以进占方式自两岸或一岸建筑戗堤形成龙口，并将龙口防护起来，待导流泄水建筑物完工以后，在有利时机，以最短时间将龙口堵住，截断河流。

截流的基本方法有抛投块料截流、爆破截流、下闸截流，其他还有木笼、钢板桩、草土、杩槎堰、水力冲填法截流等方法。选择截流方法应充分分析水力学参数、施工条件和难度、抛投物数量和性质，并进行技术、经济比较。

1. 抛投块料截流

抛投块料截流是最常用的截流方法，特别适用于大流量、大落差的河道上的截流。该方法是在龙口抛投石块或人工块体(混凝土方块、混凝土四面体、铅丝笼、竹笼、柳石枕、串石等)堵截水流，迫使河水经导流建筑物下泄。

采用抛投块料截流，按不同的抛投合龙方法可分为平堵、立堵、混合堵三种。

(1)平堵。平堵是先在龙口建造浮桥或栈桥，由自卸汽车或其他运输工具运来抛投料，沿龙口前沿投抛。先下小料，随着流速增加，逐渐抛投大块料，使堆筑戗堤均匀地在水下上升，直至高出水面，截断河床。一般来说，平堵比立堵的单宽流量小，最大流速也小，水流条件较好，可以减小对龙口基床的冲刷。所以，特别适用于易冲刷的地基上截流。由于平堵架设浮桥及栈桥，对机械化施工有利，因而投抛强度大，容易截流施工；但在深水高速的情况下，架设浮桥，建造栈桥比较困难。

(2)立堵。立堵是用自卸汽车或其他运输工具运来抛投料，以端进法抛投(从龙口两端或一端下料)进占戗堤，直至截断河床。立堵在截流过程中所发生的最大流速，单宽流量都较大，加之所生成的楔形水流和下游形成的立轴漩涡，对龙口及龙口下游河床将产生严重冲刷，因此，不适用于地质不好的河道上截流，否则需要对河床做妥善防护。立堵无须架设浮桥或栈桥，简化了截流准备工作，因而赢得了时间，节约了投资，在许多水利工程中(岩质河床)广泛应用。

(3)混合堵。混合堵是采用立堵与平堵相结合的方法。有先平堵后立堵和先立堵后平堵两种。用得比较多的是首先从龙口两端下料，保护戗堤头部，同时，进行护底工程并抬高龙口底槛高程到一定高度，最后用立堵截断河流。

2. 爆破截流

在坝址处于峡谷地区、岩石坚硬、岸坡陡峻、交通不便或缺乏运输设备时，可采用定向爆破截流。在合龙时，为了瞬间抛入龙口大量材料封闭龙口，除用定向爆破岩石外，还可在河床上预先浇筑巨大的混凝土块体，将其支撑体用爆破法炸断，使块体落入水中，将龙口封闭。

3. 下闸截流

在泄水道中预先修建闸墩，最后采用下闸的方式截断水流。

(二)减少截流难度的主要技术措施

截流工程是整个水利枢纽施工的关键，它的成败直接影响工程进度。截流工程的难易程度取决于河道流量，泄水条件，龙口的落差、流速，地形地质条件，材料供应情况及施工方法、施工设备等因素。减少截流难度的主要技术措施包括：加大分流量，改善分流条件；改善龙口水力条件；增大抛投料的稳定性，减少块料流失；加大截流施工程度等。

1. 加大分流量，改善分流条件

分流条件好坏直接影响到截流过程中龙口的流量、落差和流速。分流条件好，截流就容易；反之，就困难。改善分流条件的措施有以下几项：

(1)合理确定导流建筑物尺寸、断面形式和底高程。

(2)确保泄水建筑物上下游引渠开挖和上下游围堰拆除的质量。

(3)在永久泄水建筑物泄流能力不足时，可以专门修建截流分水闸或其他形式泄水道帮助分流。

(4)增大截流建筑物的泄水能力。

2. 改善龙口水力条件

龙口水力条件是影响截流的重要因素，改善龙口水力条件的措施有双戗截流、三戗截流、宽戗截流、平抛垫底等。

(1)双戗截流。双戗截流采取上下游二道戗堤，协同进行截流，以分担落差。通常采取上下戗提立堵。常见的进占方式有上下戗轮换进占、双戗固定进占和以上两种进占方式混合使用。也有以上戗进占为主，由下戗配合进占一定距离，局部雍高上戗下游水位，减少上戗进占的龙口落差和流速。

双戗进占，可以起到分摊落差，减轻截流难度，便于就地取材，避免使用或少使用大块料、人工块料的作用。但二线施工，施工组织较单戗截流复杂；二戗堤进度要求严格，指挥不易；软基截流，若双线进占龙口均要求护底，则大大增加了护底的工程量；在通航河道，船只需要经过两个龙口，困难较多，因此，双戗截流应谨慎采用。

(2)三戗截流。三戗截流利用第三戗堤分担落差，可以在更大的落差下用来完成截流任务。

(3)宽戗截流。宽戗截流增大戗堤宽度，以分散水流落差，从而改善龙口水流条件。增大戗提宽度，工程量也大为增加，与上述扩展断面一样可以分散水流落差，从而改善龙口水流条件。但是进占前线宽，要求投抛强度大，所以，只有当戗堤可以作为坝体(土石坝)的一部分时，才宜采用；否则用料太多，过于浪费。

(4)平抛垫底。平抛垫底对于水位较深，流量较大，河床基础覆盖层较厚的河道，常采取在龙口部位一定范围抛投适宜填料，抬高河床底部高程，以减少截流抛投强度，降低龙口流速，达到降低截流难度的目的。

3. 增大抛投料的稳定性，减少块料流失

增大抛投料的稳定性，减少块料流失的主要措施有采用特大块石、葡萄串石、钢构架石笼、混凝土块体等来提高投抛的本身稳定，也可在龙口下游平行于戗堤轴线设置一排拦石坎来保证抛投料的稳定，防止抛投料的流失。

4. 加大截流施工强度

加大截流施工强度，加快施工速度，可减少龙口的流量和落差，起到降低截流难度的作用，并可减少投抛料的流失。加大截流施工强度的主要措施有加大材料供应量、改进施工方法、增加施工设备投入等。

(三)截流材料尺寸的确定

在截流中，合理选择截流材料的尺寸或重量，对于截流的成败和节省截流费用具有很大意义。尺寸或重量取决于龙口流速。采用块石和混凝土块体截流时，所需材料尺寸可通过水力计算初步确定，也可以按照经验选定，然后，考虑该工程可能拥有的起重运输设备能力，综合确定。

(四)截流材料数量的确定

1. 不同粒径材料数量的确定

无论是平堵截流还是立堵截流，原则上都可以按合龙过程中水力参数的变化来计算相应的材料粒径和数量。常用的方法是将合龙过程按高程(平堵)或宽度(立堵)划分成若干区段，然后按分区最大流速计算出所需材料粒径和数量。实际上，每个区段也不是只用一种粒径材料，所以，设计中均参照国内外已有工程经验来决定不同粒径材料的比例。例如，平堵截流时，最大粒径材料数量可按实际使用区段考虑，也可按最大流速出现时起，直到戗堤出水时所用材料总量的70％～80％考虑。立堵截流时，最大粒径材料数量，常按困难区段抛投总量的1/3考虑。

2. 备料量

备料量的计算，可以设计戗堤体积为准，另外还得考虑各项损失。平堵截流的设计戗堤体积计算比较复杂，需要按戗堤不同阶段的轮廓计算。立堵截流戗堤断面为梯形，设计戗堤体积计算比较简单。戗堤顶宽视截流施工需要而定，通常取10～18 m，可保证2～3辆汽车同时卸料。备料量的多少取决于对流失量的估计。实际工程的备料量与设计用量之比多为1.3～1.5，个别工程达到2.0。

第八章　城市防雷、防爆及防空工程

第一节　防雷、防爆概述

一、防雷的概念

雷电是自然界中一种激烈的放电现象，由此引起的雷电灾害被联合国列为十大自然灾害之一，每年都要给人民的生命和财产安全造成严重的损失和威胁。特别是随着电子及信息时代的到来，这种损失越加显现出来。现代电子设备广泛使用CMOS集成电路芯片，承受过电压的能力较差，一个很小的过电压就可能使存储的信息受到干扰或丢失，严重时还可能将元器件烧毁，使系统瘫痪，甚至伤害工作人员。

雷电的侵袭有多种途径，一般可分为直击雷(雷电直接击中物体)、传导雷(通过架空线路等载体将远处的雷电波引入)、雷电电磁感应(闪电放电时，瞬间变化的电磁场使得附近的导体上产生很高的感应电压)，以及由雷电而引起的地电压反击。实践证明，传导雷和雷电电磁感应的侵入途径广泛，引发的破坏最为频繁，在雷灾的统计中占80%左右。传导雷、雷电电磁感应和地电压反击主要通过以下形式损坏设备。

1. 供电线路

从供电部门送出的电源线大都是架空的，架空线路很容易感应到雷电，而供电线路是一个互通的配电网，一旦电源线的某处感应到了雷电，则雷电会沿供电线传递到很远的用电设备，并将设备损坏。

2. 信号线路

现在已是网络社会，人们可足不出户而办天下大事。设备之间的信息交流就是通过各种信号线路来传递数据的，这些信号线路在室外有些架空，有些走电缆沟，任何一种情况都会感应到雷电，并通过信号线路传递到远处的设备并将设备损坏。

3. 电磁感应

大多数机房或设备所在的场所都没有完善的电磁屏蔽措施，一旦附近发生较强雷电时，由闪电引发的交变电磁场将分布在很广的空间，使得处于其中的金属物体(包括电源线、信号线、设备本身等)产生感应电压，当这个感应电压达到一定值时，就有可能引发放电现象，从而造成设备损坏。

4. 地反击

一台设备(或一个小的局域网)同时接到两个以上彼此没有直接电器连接的接地体，当这些地网因雷击而存在较高电位差时，此电位差会沿接地线而直接加在同一设备上，这样设备内就存在电位差，如果此电位差超出设备的耐压值，设备就会被损坏。例如，现在不少地方的计算机网络有防雷地和直流地两组没有直接连接的地，如雷击时防雷地为高电位，而直流地可能为低电位，这样计算机网络内就存在电位差，此电位差则可能将设备损坏。

综合防雷就是要针对直击雷、传导雷、雷电电磁感应和地电压反击而设计的比较全面的防雷措施。

二、防雷的方法

(一)防雷的基本措施

(1)防雷装置是利用其高出被保护物的凸出地位，把雷引向自身，然后通过引下线和接地装置，把雷电流泄入大地。常见的防雷装置有避雷针、避雷网、避雷带、避雷线、避雷器等。

根据保护的对象不同，接闪器可选用避雷针、避雷线、避雷网或避雷带。避雷针主要用于建筑物和构筑物的保护；避雷线主要作为电力线路的保护；避雷网和避雷带主要用于建筑物的保护；避雷器是防止雷电侵入波的一种保护装置。

(2)电离防雷是一种新技术，它由顶部的电离装置、地下的地电流收集装置及连接线组成。电离防雷装置是利用雷云的感应作用，或采用放射性元素在电离装置附近形成强电场，使空气电离，产生向雷云移动的离子流。这样，雷云所带电荷便得以缓慢中和并泄漏，从而使空气电场强度不超过空气的击穿强度，消除落雷条件，抑制雷击发生。

(3)可燃、易燃液体贮罐的防雷措施有以下几项：

①金属油罐的防雷。因为金属油罐本身就有着良好的屏蔽性能，只要油罐顶板有足够的厚度，利用自身的保护是可以满足要求的。当油罐顶板厚度大于 3.5 mm 且

装有呼吸阀时，可不设防雷装置。但油罐体做良好的接地，接地点不少于两处，间距不大于 30 m，当罐顶板厚度小于 3.5 mm 时，虽装有呼吸阀，也要在罐顶装设避雷针，且避雷针与呼吸阀的水平距离不应小于 3 m。保护范围高出呼吸阀不应小于 2 m。

②非金属油罐的防雷。非金属油罐的防雷应采用独立的避雷针，以防直接雷击。同时，还应有防雷电感应措施。对覆土厚度大于 0.5 m 的地下非金属油罐，可不考虑防雷措施。但呼吸阀、量油孔、采光孔应做良好接地，接地点不少于两处。

(二)防雷电的方式

防雷电的方式有常规和非常规两种。

1. 常规防雷电

常规防雷电可分为防直击雷电、防感应雷电和综合性防雷电。防直击雷电的避雷装置一般由三部分组成，即接闪器、引下线和接地体；接闪器又可分为避雷针、避雷线、避雷带、避雷网。防感应雷电的避雷装置主要是避雷器。对同一保护对象同时采用多种避雷装置，称为综合性防雷电。避雷装置要定期进行检测，防止因导线的导电性差或接地不良起不到保护作用。

(1)避雷针防雷电。避雷针防雷电是以避雷针作为接闪器的防雷电。避雷针通过导线接入地下，与地面形成等电位差，利用自身的高度，使电场强度增加到极限值的雷电云电场发生畸变，开始电离并下行先导放电；避雷针在强电场作用下产生尖端放电；形成向上先导放电；两者会合形成雷电通路，随之泄入大地，达到避雷效果。

实际上，避雷装置是引雷针，可将周围的雷电引来并提前放电，将雷电电流通过自身的接地导体传向地面，避免保护对象直接遭到雷击。

安装的避雷针和导线通体要有良好的导电性，接地网一定要保证尽量小的阻抗值。

(2)避雷线防雷电。避雷线防雷电是通过防护对象的制高点向另外制高点或地面接引金属线的防雷电。根据防护对象的不同，避雷线可分为单根避雷线、双根避雷线或多根避雷线。可根据防护对象的形状和体积具体确定采用不同截面面积的避雷线。避雷线一般采用截面面积不小于 35 mm^2 的镀锌钢绞线。它的防护作用等同于在弧垂上每一点都是一根等高的避雷针。

(3)避雷带防雷电。避雷带防雷电是指在屋顶四周的女儿墙或屋脊、屋檐上安装金属带做接闪器的防雷电。避雷带的防护原理与避雷线一样，由于它的接闪面积大，接闪设备附近空间电场强度相对比较强，更容易吸引雷电先导，使附近尤其比它低的物体受雷击的概率大大减少。避雷带的材料一般选用直径不小于 8 mm 的圆钢，或截面面积不小于 48 mm^2、厚度不少于 4 mm 的扁钢。

(4)避雷网防雷电。避雷网分为明网和暗网。明网防雷电是将金属线制成的网，架在建(构)筑物顶部空间，用截面面积足够大的金属物与大地连接的防雷电；暗网是利用建(构)筑物钢筋混凝土结构中的钢筋网进行雷电防护。如果每层楼的楼板内的钢筋与梁、柱、墙内的钢筋有可靠的电气连接，并与层台和地桩有良好的电气连接，形成可靠的暗网，则这种方法要比其他防护设施更为有效。无论是明网还是暗网，网格越密，防雷的可靠性越好。

(5)避雷器防雷电。避雷器，又称为电涌保护器。避雷器防雷电是把因雷电感应而窜入电力线、信号传输线的高电压限制在一定范围内，保证用电设备不被击穿。常用的避雷器种类繁多，可分为放电间歇型、阀型和传输线分流型三大类。

设备遭雷击受损通常有四种情况：一是直接遭受雷击而损坏；二是雷电脉冲沿着与设备相连的信号线、电源线或其他金属管线侵入使设备受损；三是设备接地体在雷击时产生瞬间高电位形成地电位“反击”而损坏；四是设备安装的方法或安装位置不当，受雷电在空间分布的电场、磁场影响而损坏。加装避雷器可把电器设备两端实际承受的电压限制在安全电压内，起到保护设备的作用。

(6)综合性防雷电。综合性防雷电是相对于局部防雷电和单一措施防雷电的一种防雷电方式。设计时除针对被保护对象的具体情况外，还要了解其周围的天气环境条件和防护区域的雷电活动规律，确定直击雷和感应雷的防护等级和主要技术参数，采取综合性防雷电措施。程控交换机、计算机设备安置在窗户附近，或将其场所安置在建筑物的顶层都不利于防雷电。将计算机房放在高层建筑物顶四层，或者设备所在高度高于楼顶避雷带，这些做法都非常容易遭受雷电袭击。

2. 非常规防雷电

目前，除前面介绍的常规防雷装置外，也有采用激光束引雷、火箭引雷、水柱引雷、放射性避雷针、排雷器等防雷装置进行雷电防护，这些防雷装置称为非常规防雷装置。大多数非常规防雷装置还处于研究实验阶段，对新的更为有效的避雷技术的探索仍在继续。

(三)防雷的技术

针对雷电的危害，一般认为防雷必须是全面的。其主要包括六个方面：控制雷击点(采用大保护范围的避雷针)、安全引导雷电流入地网、完善的低阻地网、消除地面回路、电源的浪涌冲击防护、信号及数据线的瞬变保护。

在科学技术日益发展的今天，虽然人类不可能完全控制暴烈的雷电，但是经过长期摸索与实践，已积累很多有关防雷的知识和经验，形成一系列对防雷行之有效的方法和技术，这些方法和技术对各行各业预防雷电灾害具有普遍的指导意义。

1. 接闪

接闪就是让在一定范围内出现的闪电能量按照人们设计的通道泄放到大地中。地面通信台站的安全在很大程度上取决于能不能利用有效的接闪装置，将一定保护范围的闪电放电捕获，并纳入预先设计的对地泄放的合理途径之中。避雷针是一种主动式接闪装置，其英文原名是 Lightning Conductor，原意是闪电引导器，其功能就是把闪电电流引导入大地。避雷线和避雷带是在避雷针基础上发展起来的。采用避雷针是最首要、最基本的防雷措施。

2. 均压连接

接闪装置在捕获雷电时，引下线立即升至高电位，会对防雷系统周围的还处于低电位的导体产生旁侧闪络，并使其电位升高，进而对人员和设备构成危害。为了减少这种闪络危险，最简单的办法是采用均压环，将处于低电位的导体等电位联结起来，一直到接地装置。台站内的金属设施、电气装置和电子设备，如果与防雷系统的导体，特别是接闪装置的距离达不到规定的安全要求时，则应该用较粗的导线将它们与防雷系统进行等电位联结。这样在闪电电流通过时，台站内的所有设施立即形成一个“等电位岛”，保证导电部件之间不产生有害的电位差，不发生旁侧闪络放电。完善的等电位联结还可以防止闪电电流入地造成的低电位升高所产生的反击。

3. 接地

接地就是让已经纳入防雷系统的闪电能量泄放入大地，良好的接地才能有效地降低引下线上的电压，避免发生反击。过去要求电子设备单独接地，目的是防止电网中杂散电流或暂态电流干扰设备的正常工作。20 世纪 90 年代以前，部队的通信导航装备以电子管器件为主，采用模拟通信方式，模拟通信对干扰特别敏感，为了抗干扰，所以都采取电源与通信接地分开的办法。现在，防雷工程领域不提倡单独接地。在 IEC 标准和 ITU 相关标准中都不提倡单独接地，美国标准 IEEE Std 1100—1992 更尖锐地指出：不建议采用任何一种所谓分开的、独立的、计算机的、电子的或其他这类不正确的大地接地体作为设备接地导体的一个连接点。接地是防雷系统中最基础的环节。接地不好，所有防雷措施的防雷效果都不能发挥出来。防雷接地是地面通信台站安装验收规范中最基本的安全要求。

4. 分流

分流就是在一切从室外来的导线（包括电力电源线、电话线、信号线、天线的馈线等）与接地线之间并联一种适当的避雷器。当直接雷或感应雷在线路上产生的过电压波沿着这些导线进入室内或设备时，避雷器的电阻突然降到低值，近于短路状态，将闪电电流分流入地。分流是现代防雷技术中迅猛发展的重点，是防护各种电气电子设备的关键措施。近年来，频繁出现的新形式雷害几乎都需要采用这种方式来解决。由于雷电流在分流之后，仍会有少部分沿导线进入设备，这对于不耐高压的微电子设备来说仍是很危险的，所以，对于这类设备在导线进入机壳前应进行多级分流。

现在避雷器的研究与发展，也超出了分流的范围。有些避雷器可直接串联在信号线或天线的馈线上，它们能让有用信号顺畅通过，而对雷电过压波进行阻隔。

采用分流这一防雷措施时，应特别注意避雷器性能参数的选择，因为附加设施的安装或多或少地会影响系统的性能。例如，信号避雷器的接入应不影响系统的传输速率；天馈避雷器在通带内的损耗要尽量小；若使用在定向设备上，不能导致定位误差。

5. 屏蔽

屏蔽就是用金属网、箔、壳、管等导体将需要保护的对象包围起来，阻隔闪电的脉冲电磁场从空间入侵的通道。屏蔽是防止雷电电磁脉冲辐射对电子设备影响的最有效方法。

三、防爆的概念

1. 爆炸必须具备的三个条件

(1)爆炸性物质：能与氧气(空气)反应的物质，包括气体、液体和固体(气体：氢气、乙炔、甲烷等；液体：酒精、汽油；固体：粉尘、纤维粉尘等)。很多生产场所都会产生某些可燃性物质。煤矿井下约有2/3的场所存在爆炸性物质；在化学工业中，有80%以上的生产车间区域存在爆炸性物质。

(2)空气或氧气：空气中的氧气是无处不在的。

(3)点燃源：包括明火、电火花、机械火花、静电火花、高温、化学反应、光能等。在生产过程中大量使用电气仪表，各种摩擦的电火花、机械磨损火花、静电火花、高温等不可避免，尤其当仪表、电气发生故障时。

2. 防爆

客观上很多工业现场满足爆炸条件。当爆炸性物质与氧气的混合浓度处于爆炸极限范围内时，若存在爆炸源，将会发生爆炸。因此，采取防爆就显得很必要。

防止爆炸的产生必从三个必要条件来考虑，限制了其中的一个必要条件，就限制了爆炸的产生。

在工业过程中，通常从下述三个方面着手对易燃易爆场合进行处理：

(1)预防或最大限度地降低易燃物质泄漏的可能性。

(2)不用或尽量少用易产生电火花的电器元件。

(3)采取充氮气之类的方法维持惰性状态。

四、安全防爆的基础知识和防爆措施

(一)对于气体爆炸危险场所的区分等级

(1)0 级区域。在正常情况下，爆炸气体混合物连续存在的场所。

(2)1 级区域。在正常情况下，爆炸气体混合物有可能存在的场所。

(3)2 级区域。在正常情况下，不存在爆炸气体混合物出现的场所。在不正常情况下，有可能短时出现的场所。

(二)对于粉尘爆炸危险场所的区分等级

(1)10 级区域。在正常情况下，爆炸粉尘与空气的混合物连续存在的场所。

(2)11 级区域。在正常情况下，不存在爆炸粉尘和空气的混合物。在不正常情况下，有可能短时间出现的场所。

(三)防爆等级

1. 本质安全型(i)

本质安全型(i)是指该设备的全部电路为本质安全电路(在正常工作或规定故障状态下产生的电火花和热效应均不能点燃爆炸性气体混合物的电路)，其可分为 ia 级和 ib 级。

(1)ia 级：在正常工作，一个故障和两个故障时均不能点燃爆炸性气体混合物的电气设备。

(2)ib 级：在正常工作，一个故障时不能点燃爆炸性气体混合物的电气设备。

2. 隔爆型(d)

隔爆型(d)是指该设备的外壳能承受内部爆炸性气体混合物的爆炸压力，并阻止内部的爆炸向外壳周围爆炸性混合物传播。

3. 增安型(e)

增安型(e)是指采取措施提高安全程度，以避免在正常和认可的过载条件下产生电弧、火花或危险温度的电气设备。

(四)防爆要求

(1)对于 0 级或者 10 级区域，选择本质安全型电气设备。

(2)对于 1 级区域，选择隔爆型或者增安型电气设备。

第二节　防雷、防爆、防空工程

一、高层建筑防雷工程

(一)高层建筑防雷的特点

高层建筑通常是指 10 层及 10 层以上的住宅建筑或其他高度超过 24 m 的公共建筑。这些建筑物高度高，容易遭受直接雷击，特别是高度超过 100 m 时，预计遭受的雷击次数与它的高度成正比。高层建筑也是人员密集的场所，建筑物内配置的设备多且复杂，特别是广泛采用集成电路为核心的电子计算机之类的电子设备，这些设备的元器件集成度高，耐冲击电压、电磁脉冲干扰能力差，一旦遭受破坏，不仅造成的直接经济损失大，而且由此产生的社会影响也大。高层建筑的防雷，不仅要做好直击雷的防护，还要做好雷电波的侵入、雷电感应、地电位反击等方面的防护措施。随着国民经济的高速发展，城市中高层建筑拔地而起，做好高层建筑的防雷，把雷电造成的损失减少到最低程度，显得更加重要。

(二)高层建筑的雷电防护措施

这里的高层建筑的雷电防护包括：

1. 直击雷的防护

高层建筑直击雷的防护主要采用避雷带(网)作为接闪器，即在建筑物顶部四周遭受雷击的部位按防护等级安装相应尺寸的避雷带(网)。但由于建筑物上往往还有一些其他设施，如各种电器、空调散热器、冷却塔等凸出屋面的物体，不在上述避雷针(网)接闪器的保护范围之内，需要采用避雷针来进行保护。采用避雷针时，一般与避雷带联合使用。在计算避雷针的高度时，可将屋面作为滚球的支撑面，但不可将天面向外延伸作为支撑面，还可以采用作图法来计算。

2. 侧击雷的防护

第一、二级高层建筑物的高度已经超过滚球半径，容易遭受来自侧面，甚至自上面的雷电的袭击，因此，对第一、二级防雷建筑，侧击雷的防护也十分重要。由于高层建筑基本上属于钢筋混凝土结构，可以充分利用柱子内的钢筋作为防雷引下线。按相关规范要求，每隔三层应将竖向的金属管道、梁内的钢筋与柱子内作为引下线的钢筋作电位联结，30 m 以上的部分的钢构架、外墙金属门窗、金属栏杆等都要与柱子内的作为引下线的钢筋做等电位联结。

(三)地网与公用接地系统

建筑物内有多种接地，常见的有防雷接地、交流工作接地、屏蔽接地、防静电接地、设备保护接地等。每种接地对接地电阻都有一定的要求。为防止低电位反击，每个接地网必须留有足够的安全距离。对于高层建筑，很难找到能满足安全距离的多个地网的场地，因此，往往采用联合接地的方式，即共用一个地网。地网的电阻值按上述的各种地网的最小要求值确定。按相关规范要求，在钢筋混凝土结构的高层建筑中应充分利用建筑物基础形成的自然接地体地网，当自然接地体的接地电阻达不到设计要求时，在建筑物四周再增加环形人工辅助地网。

(四)雷电波侵入防护措施

为了防御雷击时产生的电磁波沿着金属管道和金属线路侵入室内，要求进入高层建筑的金属管道在进出建筑物处与防雷接地装置连接，通信线路尽量利用屏蔽电缆或穿金属管道埋地进入室内。在入户处应将电缆屏蔽层、金属管道做接地处理，对于建筑物室外的节日彩灯、航空障碍灯、广告牌等设施的电源线路也应穿金属管道或使用屏蔽电缆，并做接地处理和安装过电压保护器。大型金属构件如电梯轨道等也应与接地装置做等电位联结。

(五)其他防雷措施

大部分的高层建筑物采用高压线路直接引入配电室，在室内进行变电供电。楼内有多种电子设备，如计算机网络系统、火灾自动报警和消防联动控制系统、安全防范系统、有线广播系统、以程控交换机为核心的通信系统、建筑设备的监控系统等。对这些设备做过电防护通常采取以下措施：

(1)在变压器的高低压侧分别安装电源防雷器，防止雷电被其他线路侵入。

(2)电源线路的过电压保护，根据建筑物雷击风险评估和信息系统的重要性，确定雷电防护等级。在低压供电线路上安装2～4级防雷器，防雷器的参数和安装要符合相关规范要求，防雷器之间要尽量做到能量配合，当遭受电压袭击时不出现“盲点”，以便能对设备进行可靠保护。对室外用电设备，如节日彩灯等，必须在这些用电设备的开关内侧安装电源防雷器，防止雷电产生的过电压进入电源系统。

(3)对于通信设备、监控、安全防范、有线电视等进出建筑物的通信、监控线路做过电压防护，按相关规范要求，在设备的配线架、进出建筑物的线路、设备的端口上安装1～3级与设备适配的信号防雷器。

二、建筑物内电源系统的防雷保护措施

建筑物内电源系统的防雷保护包括配电变压器的防雷保护和接到建筑物内电

子设备的电源系统的防雷保护。

(一)配电变压器的防雷保护

配电变压器是交流供电系统的重要设备，对配电变压器采取防雷保护措施，一方面可以防止变压器自身受到雷电过电压的损坏，提高向建筑物内电子设备供电的可靠性；另一方面也可以防止雷电过电压波通过变压器传到建筑物内的电源系统，使电子设备得到保护。在变压器的高、低压侧均装设避雷器。高压侧装设三个串联间隙氧化锌避雷器；低压侧也装设三个串联间隙氧化锌避雷器。高压侧的三个避雷器应尽量靠近变压器，其接地端直接与变压器的金属外壳相连，以减小雷电暂态电流在引线寄生电感上产生的压降。当雷电过电压波沿高压线路传到变压器时，高压侧避雷器动作，由于它们的接地端与变压器金属外壳及低压侧中性点都连在一起后接地，作用在变压器高压侧主绝缘上的电压只是避雷器的残压，而不含接地电阻及接地引下线寄生电感上的压降。通常，仅在高压侧装设三个避雷器还不能完全保护变压器，其原因有以下几个方面：

(1)雷击于低压线路或低压线路受到附近雷击时的感应作用，使变压器低压侧绝缘损坏。

(2)雷击于高压线路或高压线路遭受附近雷击时的感应作用，此时高压侧三个避雷器动作，流过避雷器的雷电暂态电流会在接地电阻及接地引下线寄生电感上产生压降，这一压降会作用在低压侧中性点上，而低压侧的出线此时相当于经出线波阻抗接地，因此，这一压降的绝大部分加在低压绕组上，经电磁耦合，在高压绕组上将会按变压器的变比出现很高的感应电势。由于高压绕组的出线端电位此时已被避雷器固定，同时，在高压绕组中感应的电位分布在中性点呈现出最高值，这样就有可能造成变压器绝缘的击穿。这种由高压侧避雷器动作在低压侧造成高电位，再通过电磁耦合变换到高压侧的过程称为反变换过程。

(3)低压线路遭受雷电感应或直接雷击时，雷电过电压作用于低压绕组，并按变比耦合到高压绕组。由于低压侧的绝缘裕度比高压侧大，有可能在高压侧先引起绝缘击穿，这一过程称为正变换过程。

为了抑制由正、反变换过程产生的暂态过电压，需要在低压侧也装设三个低压氧化锌避雷器，避雷器的接地应就近接在变压器的金属外壳上。这三个避雷器能够限制低压侧出现的暂态过电压，从而有效地抑制正、反变换过程在高压侧产生的暂态过电压。

(二)建筑物内电子设备的电源系统的防雷保护

建筑物内电子设备使用的交流电源通常是由供电线路从户外交流电网引入的。当雷击于电网附近或直击于电网时，能够在线路上产生过电压波，这种过电压波沿线路传播进入户内，通过交流电源系统侵入电子设备，造成电子设备的损坏。同时，雷电过电压波也能从交流电源侧或通信线路传播到直流电源系统，危及直流电源及其负载电路的安全。随着各种先进电子设备广泛配备于各类建筑物中，电子设备的电源系统的防雷问题正普遍受到关注。

对于建筑物内电子设备的保护而言，一般应首先在供电线路进入建筑物的入口处设置保护装置，这样做可以将沿供电线路袭来的雷电过电压侵入波防护于建筑物之外，那些高精尖的电子设备，还需要在它们的电源输入端前设置保护装置。

为了避免雷电由交流供电电源线路入侵，可在建筑物的变配电所的高压柜内的各相安装避雷器作为一级保护，在低压柜内安装氧化锌防雷装置作为第二级保护，以防止雷电侵入建筑物的配电系统。为谨慎起见，可在建筑物各层的供电配电箱中安装电源避雷器作为三级保护，并将配电箱的金属外壳与建筑物的接地系统可靠连接。

1. 电子设备电源的单级保护

当雷击输电线或雷闪放电在输电线附近时，都将在输电线路上形成雷电冲击波，其能量主要集中在工频为几百赫兹的低端，容易与工频回路耦合。雷电冲击波从配电线路进入电子设备的电源模块，以及从配电线路感应到同一电缆沟内的自控网络线上进入电子设备的通信模块的概率比从天线和信号线路进入的要高得多。因此，配电线路的防雷是电源系统防雷的重要部分。配电系统在高、低压进线都已安装有避雷装置，但自控电子设备的电源机盘仍会遭受雷击而损坏。这是因为这些措施的保护对象是电气设备，而自控设备耐过压能力低，同时，这些避雷器启动电压高而且有些有较大的分散电容，与设备负载之间形成分流的关系，导致加在自控设备上的残压高，极易造成电子信息系统设备的损坏。

2. 电子设备电源的三级保护

用单一的器件或单级保护很难满足电子信息设备对电源的要求，所以，对电源防雷应采取多级保护措施。具体级数根据实际情况而定。

第一级在变压器二次侧，主要泄放外线等产生的过电压，电流大，启动电压高(920～1 800 V)。第二级在各控制站电子设备专用隔离变压器前，主要泄放第一级残压、配电线路上感应出的过电压和其他用电设备的操作过电压，其电流居中，启动电压居中(470～1 800 V)。隔离变压器的安装非常重要，它能有效抑制各种电磁干扰，对雷电波同样有效。末级在PLC或其他电子设备专用电源模板前，主要泄放前面的残压，完全可达到相位输出，其残压低，响应时间快。

三、城市人民防空工程

(一)认识人防

1. 人民防空

人民防空是指动员和组织人民群众防备敌人空中袭击、消除空袭后果所采取的行动，简称人防。外国多将民众参与实施的战时防空与平时救灾相结合，称为民防。

2. 人防的方针

人防的方针是长期准备、重点建设、平战结合。

3. 人防的原则

人防的原则是与经济建设协调发展，与城市建设相结合。

4. 人防的任务

人防的任务是国家根据国防需要，动员和组织群众采取防护措施，防范和减轻空袭危害。

5. 人防的防护措施

(1)群众自身采取的防护措施，通过接受人民防空教育，熟悉和掌握防空的基本知识和技能以及在特殊情况下的求生技能等，达到自救互救、自我保护的目的。

(2)政府动员和组织群众采取的防护措施，主要是按照人防的要求，修建人民防空工程、通信、警报设施，做好城市人口疏散和安置的准备，制订重要经济目标防护和抢修方案，组建群众防空组织等，达到保护人民生命和财产安全的目的。

(二)人防工程的分类

1. 按功能分类

按功能可将人防工程分为指挥工程、医疗救护工程、防空专业队工程、人员掩蔽工程和配套工程五类，并组成效能配套的人民防空工程体系。

(1)指挥工程。指挥工程是指各级人防指挥所及其通信、电源、水源等配套工程的总称。其是人防指挥机构在战时实施有效指挥的重要场所，是城市人防工程的建设重点。

(2)医疗救护工程。医疗救护工程是在遭受空袭时救治伤员的地下医院工程。根据作用及规模不同，其可分为中心医院、急救医院及救护站工程三种。

(3)防空专业队工程。防空专业队工程是为保障防空专业队(包括抢险抢修队、医疗救护、消防、治安、防化防疫、通信、运输七种队伍)掩蔽和执行某些勤务而修建的人防工程。其规模根据掩蔽专业队人数和车辆数的实际需要确定。

(4)人员掩蔽工程。人员掩蔽工程是战时用于各级党政机关，以及团体、企业、事业单位、居民区的留城人员掩蔽的人防工程。其可分为两类：一类是战时留城的地级及以上党政机关和重要部门用于集中办公的人员掩蔽工程；另一类是战时留城的一般人员掩蔽工程，用以解决城市公共场所和人口密集地区人员掩蔽。

人员掩蔽工程应根据人员掩蔽工程战时的作用分为一等、二等。一等为战时有人员进出要求的人员掩蔽工程，即战时坚持工作的政府各部门、城市居民生活必需的部门(如供电、供气、食品、电信、供水等)、重要厂矿企业的人员掩蔽工程；二等为战时不坚持工作，基本上没有人员进出要求的工程，即居民区人员掩蔽工程。区别是战时能否坚持工作和有无人员进出要求。体现在防护标准上，就是战时对通风和人员洗消的要求，即在防化方面的要求不同。

(5)配套工程。配套工程主要有各类物资库、区域电站、供水站、食品站、生产车间、疏散干(通)道、警报站、核生化监测中心等。

2. 按项目建设性质分类

按项目建设性质可将人防工程分为新建、续建、扩建、加固、改造、口部处理和维护管理等项目。

(1)新建工程。新开始建设项目，包括建设项目总体设计或初步设计范围内，在使用功能上有内在联系、实行统一投资、统一建设的各单项工程。

(2)续建工程。以前年度已经正式开工(包括停建、缓建项目)，而跨入报告年度内继续施工的工程项目。

(三)人防工程的基本组成

1. 结构(能使建筑成形并能承载的构件)

结构按防护功能可分为防护结构(有抵御预定武器破坏功能)和非防护结构。

2. 防护层(分人工防护层和自然防护层)

防护层是结构上能起防护作用的岩、土或其他覆盖材料。

施工过程中未被扰动的称为自然防护层；由回填土等单一材料构成的人工防护层称单层式防护层；设有遮弹层从而使结构不承受局部破坏作用的人工防护层称为成层式防护层。

3. 建筑设备

保障建筑有效空间达到预定环境标准所需的设备称为建筑设备，也称内部设备。其包括通风、空调、给水、排水、供电、照明、电梯等设备。在战时使用的一般人防工程中的建筑设备很简单，甚至仅有简易照明设备，最复杂的则为通风设备。大型人防指挥工程、通信工程则通常有完善的建筑设备，包括柴油电站。

4. 防护设备

防护设备是防护工程中主要用来阻挡冲击波、毒剂等从孔口进入工程安全防护区的设备。

一般人防工程多用的是小型防护设备，例如，门孔宽、高为 3 m 以下，通风量在 20 000 m^3/h 以下的防护设备。

5. 建筑装修(防火、防潮、防震)

除平战结合的工程外，人防工程的装修主要以简单适用，满足功能需要为主。

6. 密闭区和非密闭区(清洁区和染毒区)

有集体防护要求和能力的区域称为密闭区，也称清洁区；无集体防护要求和能力的区域称为非密闭区，也称染毒区。最后一道密闭门以内的区域即为密闭区，以外的为非密闭区。密闭区的大小主要取决于建筑的防毒要求。

7. 主体和口部

(1)主体。防护工程中战时达到人员或物资掩蔽所需防护要求的区域称为主体。主体与密闭区的范围相同。

(2)口部。主体与地表面相连通的部分称为口部。其主要供人员、车辆等进出使用，属于非密闭区。

四、建(构)筑物防火防爆措施

在《建筑设计防火规范》(GB 50016—2014)中，将建筑物分为 4 个耐火等级。对建筑物的主要构件，如承重墙、梁、柱、楼板等的耐火性能均做出了明确规定。在建筑设计时，对那些火灾危险性特别大的，使用大量可燃物质和贵重器材设备的建筑，在容许的条件下，应尽可能采用耐火等级较高的建筑材料施工。在确定耐火等级时，各构件的耐火极限应全部达到要求。

(一)合理布置有爆炸危险的厂房

(1)除有特殊需要外，一般情况下，有爆炸危险的厂房宜采用单层建筑。

(2)有爆炸危险的生产不应设在地下室或半地下室。

(3)敞开式或半敞开式建筑的厂房，自然通风良好，因而能使设备系统中泄漏出来的可燃气体、可燃液体、蒸气及粉尘很快地扩散，使之不易达到爆炸极限，有效地排除形成爆炸的条件。但对采用敞开或半敞开式建筑的生产设备和装置，应注意气象条件对生产设备和操作人员健康的影响等，并妥善合理地处理夜间照明、雨天防滑、夏日防晒、冬季防寒和有关休息等方面的问题。

(4)对单层厂房来说，应将有爆炸危险的设备配置在靠近一侧外墙门窗的地方。工人操作位置在室内一侧，且在主导风向的上风位置。配电室、车间办公室、更衣室等有火源及人员集中的用房，采用集中布置在厂房一端的方式，防爆墙与生产车间分隔，以确保安全。

(5)有爆炸危险的多层厂房的平面设备布置，其原则基本上与单层厂房相同，但对多层厂房不应将有爆炸危险的设备集中布置在底层或夹在中间层，应将有爆炸危险的生产设备集中布置在顶层或厂房一端的各楼层。

(二)采用耐火、耐爆结构

(1)对有爆炸危险的厂房，应选用耐火、耐爆较强的结构形式，以避免和减轻现场人员的伤亡和设备物资的损失。

(2)厂房的结构形式有砖混结构、现浇钢筋混凝土结构、装配式钢筋混凝土结构和钢框架结构等。在选型时，应根据它们的特点，以满足生产与安全的一致性及使用性和节约投资等方面综合考虑。

(3)钢结构厂房的耐爆强度很高，但受热后由于钢材的强度大大下降(如温度升到 500 ℃时，其强度只有原来的 1/2)，耐火极限低，在高温时将失去承受荷载的能力，所以对钢结构的厂房，其容许极限温度应控制在 400 ℃以下。对于可发生 400 ℃以上温度事故的厂房，如用钢结构则应在主要钢构件外包上非燃烧材料的被覆，被覆的厚度应满足耐火极限的要求，以保证钢构件不致因高温而降低强度。

(三)设置必要的泄压面积

有爆炸危险的厂房，应设置泄压轻质屋盖、泄压门窗、轻质外墙。布置泄压面，应尽可能靠近爆炸部位，泄压方向一般向上；侧面泄压应尽量避开人员集中场所、主要通道及能引起二次爆炸的车间、仓库。

对有爆炸危险厂房所规定的泄压面积与厂房体积的比值(m^2/m^3)应采用 0.05～0.22。当厂房体积超过 1 000 m^3，采用上述比值有困难时，可适当降低，但不宜小于 0.03 m^2/m^3。

(四)设置防爆墙、防爆门、防爆窗

(1)防爆墙应具有耐爆炸压力的强度和耐火性能。防爆墙上不应开通气孔道，不宜开普通门、窗、洞口，必要时应采用防爆门窗。

(2)防爆门应具有很高的抗爆强度，需采用角钢或槽钢、工字钢拼装焊接制作门框骨架，门板则以抗爆强度高的装甲钢板或锅炉钢板制作。门的铰链装配时，应衬有青铜套轴和垫圈；门扇的周边衬贴橡皮带软垫，以排除因开关时由于摩擦碰撞可能产生的火花。

(3)防爆窗的窗框及玻璃均应采用抗爆强度高的材料。窗框可用角钢、钢板制作，玻璃则应采用夹层的防爆玻璃。

(五)不发火地面

不发火地面按构造材料性质可分为两大类，即不发火金属地面和不发火非金属材料地面。不发火金属地面材料一般常用铜板、铝板等有色金属制作；不发火非金属材料地面又可分为不发火有机材料地面和不发火无机材料地面。不发火有机材料地面，是采用沥青、木材、塑料、橡胶等材料敷设的，由于这些材料的导电性差，具有绝缘性能，因此对导走静电不利，当用这些材料时，必须同时考虑导走静电的接地装置。不发火无机材料地面，是采用不发火水泥石砂、细石混凝土、水磨石等无机材料制造，集料可选用石灰石、大理石、白云石等不发火材料，由于这些石料在破碎时多采用球磨机加工，为防止可能带进的铁屑，在配料前应先用磁棒搅拌石子以吸掉钢屑铁粉，然后配料制成试块，进行试验，确认为不发火后才能正式使用。

在使用不发火混凝土制作地面时，分格材料不应使用玻璃，而应采用铝或铜条分格。

(六)露天生产场所内建筑物的防爆

敞开布置生产设备、装置，使生产实现露天化，可以不需要建造厂房。但按工艺过程的要求，还需建造中心控制室、配电室、分析室、办公室、生活室等用房，这些建筑通常设置在有爆炸危险场所内或附近。这些建筑自身内部不产生爆炸性物质，但它处于有爆炸危险场所范围，生产设备、装置或物料管道的跑、冒、滴、漏而逸出或挥发的气体，有可能扩散到这些建筑物内，而这些建筑物在使用过程中又有产生各种火源的可能，一旦着火爆炸将波及整个露天装置区域，所以，这些建筑必须采取有效的防爆措施。其包括以下几项：

(1)保持室内正压。一般采用机械送风，使室内维持正压，从而避免室内爆炸性混合物的形成，排除形成爆炸的条件。送风机的空气引入口必须置于气体洁净的地方，防止可燃气体或蒸气的吸入。

(2)开设双门斗。

(3)设耐爆固定窗。

(4)采用耐爆结构。

(5)室内地面应高出露天生产界区地面。

(6)当由于工艺布置要求建筑留有管道孔隙及管沟时，管道孔隙要采取密封措施，材料应为非燃烧体填料；管沟则应设置阻火分隔密封。

(七)排水管网的防爆

排水管网的防爆应采取合理的排水措施，连接下水主管道处应设水封井。对工艺物料管道、热力管道、电缆等设施的地面管沟，为防止可燃气体或蒸气扩散到其他车间的管沟空间，应设置阻火分隔设施，例如，在地面管沟中段或地下管沟穿过防爆墙外设阻火分隔沟坑，坑内填满干砂或碎石，以阻止火焰蔓延及可燃气体或蒸气、粉尘扩散窜流。

(八)防火间距

在总平面布置设计时，要留有足够的防火间距。在此间距内不得有任何建(构)筑物和堆放危险品。防火间距计算方法是以建筑物外墙凸出部分算起；铁路的防火间距，是从铁路中心线算起；公路的防火间距是从邻近一边的路边算起。

防火间距的确定，应以生产可能产生的火灾危险性大小及其特点来综合评定。其考虑原则如下：

(1)发生火灾时，直接与其相邻的装置或设施不会受到火焰加热。

(2)邻近装置中的可燃物(或厂房)，不会被辐射热引燃。

(3)燃烧着的液体从火灾地点流不到或飞散不到其他地点。

我国现行的设计防火规范，如《建筑设计防火规范》(GB 50016—2014)、《石油化工企业设计防火规范》(GB 50160—2008)等，对各种不同装置、设施、建筑物的防火间距均有明确规定，在总平面布置设计时都应遵照执行。

(九)安全疏散设施及安全疏散距离

安全疏散设施包括安全出口，即疏散门、过道、楼梯、事故照明和排烟设施等。

一般来说，安全出口的数目不应少于 2 个(层面面积小、现场作业人员少者除外)。过道、楼梯的宽度是根据层面能容纳的最多人数在发生事故时能迅速撤出现场为依据而设计的，所以必须保证畅通，不得随意堆物，更不能堆放易燃易爆物品。疏散门应向疏散方向开启，不能采用吊门和侧拉门，严禁采用转门，要求在内部可随时推动门把手开门，门上禁止上锁。疏散门不应设置门槛。

为防止在发生事故时照明中断而影响疏散工作的进行，在人员密集的场所、地下建筑等疏散过道和楼梯上均应设置事故照明和安全疏散标志，照明应使用专用的电源。

甲、乙、丙类厂房和高层厂房的疏散楼梯应采用封闭楼梯间，高度超过 32 m 且每层人数在 10 人以上的，宜采用防烟楼梯间或室外楼梯。

参考文献

References

[1] 刘毅．地面沉降研究的新进展与面临的新问题[J]. 地学前缘，2001，8(2)：273-278.

[2] 段永侯．我国地面沉降研究现状与21世纪可持续发展[J]. 中国地质灾害与防治学报，1998，9(2)：1-5.

[3] 阎文中．西安地面沉降成因分析及其防治对策[J]. 中国地质灾害与防治学报，1998，9(2)：27-32.

[4] 薛禹群，张云，叶淑君，等．中国地面沉降及其需要解决的几个问题[J]. 第四纪研究，2003，23(6)：585-593.

[5] 江见鲸，叶志明．土木工程概论[M]. 北京：高等教育出版社，2001.

[6] 李国强，黄宏伟，郑步全．工程结构荷载与可靠度设计原理[M]. 北京：中国建筑工业出版社，1999.

[7] 曹振熙．工业、民用与交通建筑荷载学[M]. 西安：陕西科学技术出版社，1994.

[8] 黄本才．结构抗风分析原理及应用[M]. 上海：同济大学出版社，2001.

[9] 万艳华．城市防灾学[M]. 北京：中国建筑工业出版社，2003.

[10] 周云．土木工程防灾减灾学[M]. 广州：华南理工大学出版社，2002.

[11] 过镇海，时旭东．钢筋混凝土的高温性能及计算[M]. 北京：清华大学出版社，2003.

[12] 韩丽，曾添文．生态风险评价的方法与管理简介[J]. 重庆环境科学，2001，23(3)：21-24.